全国中等职业学校机械类专业通用教材
全国技工院校机械类专业通用教材（中级技能层级）

计算机制图——AutoCAD

（修订版）

人力资源社会保障部教材办公室组织编写

中国劳动社会保障出版社

简　介

本书主要内容有：初步体验 AutoCAD 2014、AutoCAD 2014 绘图基础、尺寸标注、综合演练、绘制轴测图和三维实体图。

本书由果连成、闵泽生主编，丁建春、张展宁、王红续、梁陈剑、余顺图、马明星、杨文进、陈尧剑参编。

图书在版编目(CIP)数据

计算机制图：AutoCAD / 人力资源社会保障部教材办公室组织编写. --2 版. --北京：中国劳动社会保障出版社，2020

全国中等职业学校机械类专业通用教材　全国技工院校机械类专业通用教材. 中级技能层级

ISBN 978-7-5167-4415-4

Ⅰ.①计…　Ⅱ.①人…　Ⅲ.①AutoCAD 软件-中等专业学校-教材　Ⅳ.①TP391.72

中国版本图书馆 CIP 数据核字(2020)第 046525 号

中国劳动社会保障出版社出版发行

（北京市惠新东街 1 号　邮政编码：100029）

*

三河市潮河印业有限公司印刷装订　　新华书店经销

787 毫米×1092 毫米　16 开本　11.5 印张　268 千字

2020 年 6 月第 2 版　　2025 年 1 月第 6 次印刷

定价：22.00 元

营销中心电话：400-606-6496

出版社网址：http://www.class.com.cn

http://jg.class.com.cn

目　录

第一章

初步体验AutoCAD 2014

一、教学目标

1. 了解 AutoCAD 2014 工作界面的组成。
2. 掌握 AutoCAD 2014 程序的启动与退出方法。
3. 熟悉 AutoCAD 2014 的文件管理。
4. 掌握 AutoCAD 2014 绘图区的简单设置。
5. 掌握 AutoCAD 2014 的对象选择与视窗控制。

AutoCAD 2014 是一款计算机图形数字化设计软件，广泛应用于机械、建筑和电气等工程设计领域。计算机绘图改变了传统的设计思想，降低了产品的设计成本，实现了产品设计的自动化，简便灵活、精准高效的特点使其成为当今工程设计人员的“标准语言工具”。用户在学习这款软件时，首先应当掌握它的基础操作。

本章将由实例展开介绍 AutoCAD 2014 程序的启动与退出、AutoCAD 2014 的工作界面以及文件管理系统等基本操作知识。

二、实践操作

1. 启动 AutoCAD 2014

在微型计算机上安装好 AutoCAD 2014 软件后，打开软件，双击 Windows 桌面上生成的 AutoCAD 2014 快捷图标 ，进入 AutoCAD 2014 的经典工作界面，如图 1－1 所示。

AutoCAD 2014 的工作界面主要由 9 部分组成，即标题栏、菜单栏、工具栏（如标准、绘图、修改、标注等工具栏）、绘图区、十字光标、坐标系、工具选项板控制栏、命令行和状态栏。用户根据需要可在绘图区左上方（图 1－2）的“工作空间”控制窗口，单击其中的小三角“▼”，在出现的下拉菜单中有 4 种工作空间可供选择。本教材主要以常用的“AutoCAD 经典”工作界面进行介绍，“草图与注释”等工作界面可由读者根据需要自行比照学习。

2. 新建文件

“新建文件”用于创建一张新的空白文件，具体操作步骤如下：

（1）选择下拉菜单“文件｜新建”选项，系统会弹出“选择样板”对话框，如图 1－3 所示。

（2）在“选择样板”对话框中选择“acadiso”样板文件（即“无样板公制”文件），然后单击对话框上的 打开(O) 按钮，系统会新建一个文件。

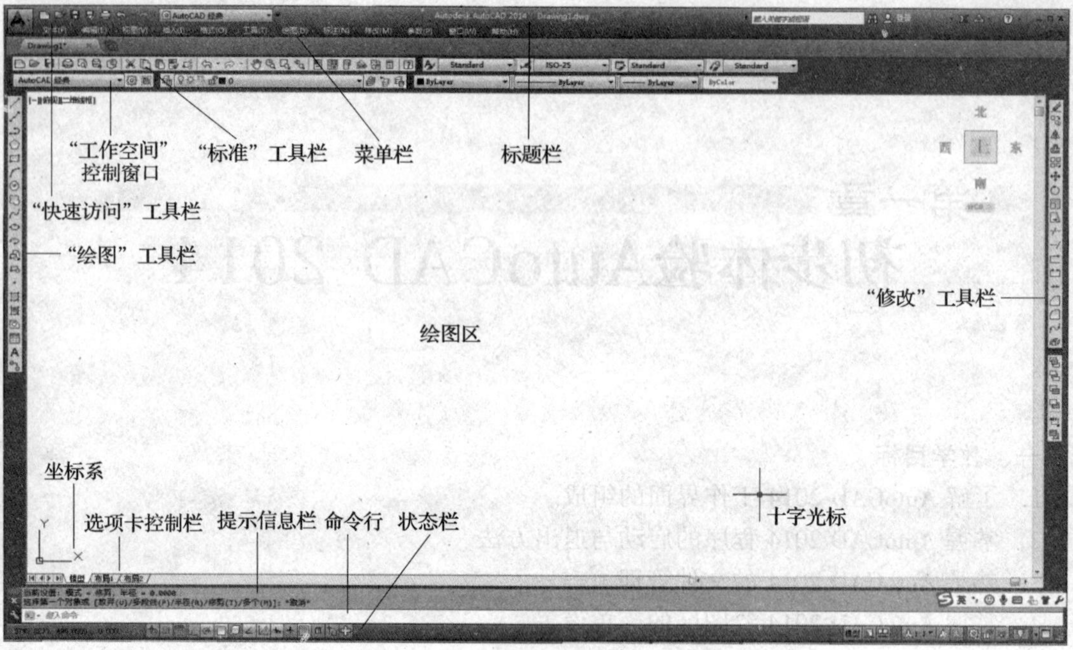

图 1－1　AutoCAD 2014 的经典工作界面

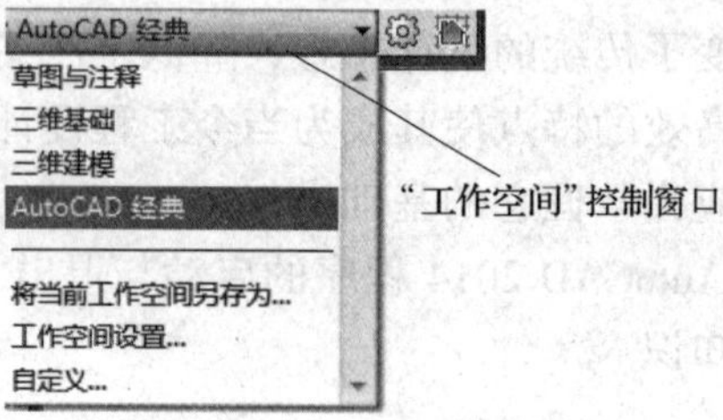

图 1－2　"工作空间"控制窗口与下拉菜单

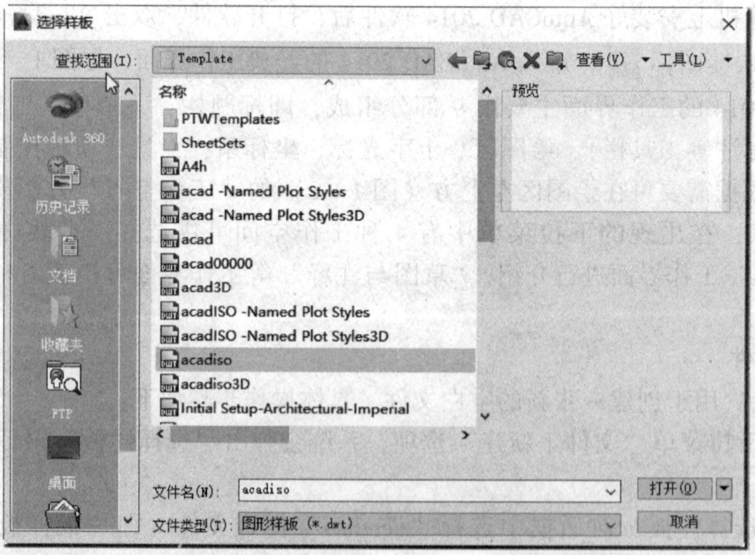

图 1－3　"选择样板"对话框

3. 设置绘图区的颜色、光标的大小及曲线分辨率

光标的大小及曲线分辨率是设置绘图环境的基本参数。在用 AutoCAD 2014 绘制图形前，绘图区的颜色一般设置为黑色或白色（系统默认为黑色）；光标的大小一般采用默认的，也可根据需要自行适当放大；曲线分辨率表现为圆弧和圆的平滑度，一般设置为“10000”（系统默认为“1000”），这样在显示圆弧时会更加平滑。三种参数的具体设置步骤如下：

（1）选择下拉菜单“工具 | 选项”命令，出现“选项”对话框，在该对话框中单击“显示”选项卡，如图 1－4 所示。

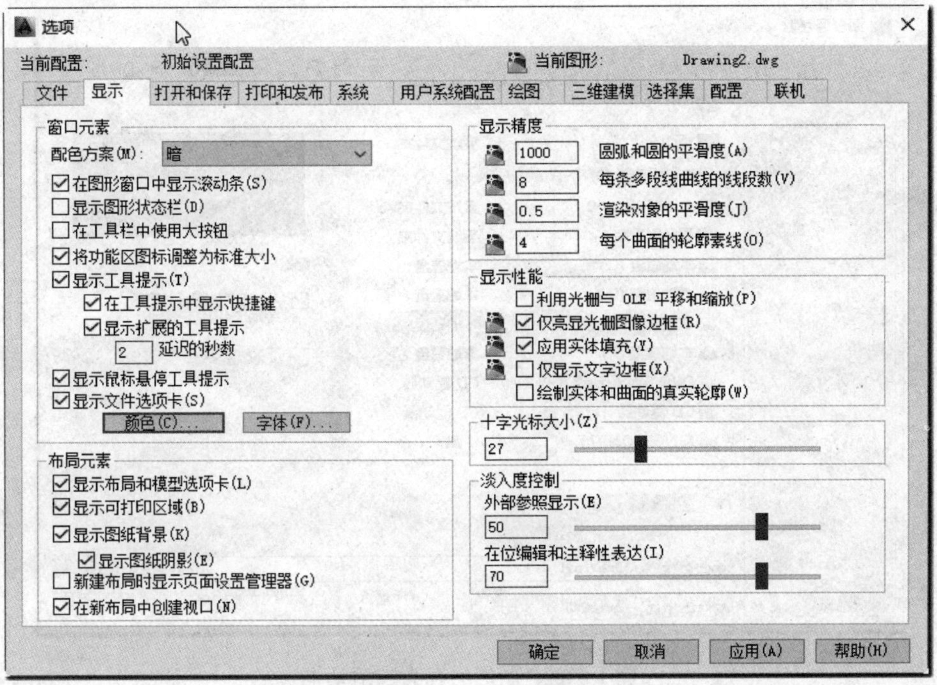

图 1－4 “选项”对话框

（2）在“选项”对话框上的“窗口元素”列表框内，单击 颜色(C)... 按钮，系统会弹出“图形窗口元素”对话框。

（3）在“图形窗口元素”对话框中，单击“颜色”列表框的下拉按钮，系统弹出“颜色”下拉菜单，在其中选择白色为当前色，如图 1－5 所示。

（4）单击“图形窗口元素”对话框下边的 应用并关闭(A) 按钮，返回“选项”对话框，颜色设置完毕。

（5）在“选项”对话框中的“显示精度”列表框内，将“圆弧和圆的平滑度”编辑框内的“1000”改为“10000”。

（6）对于十字光标的大小设置，用户可根据需要在“十字光标大小”设置选项下方推动灰色小滑块，或在编辑框内输入大小值调节十字光标的大小，可将数值调到 30，以便在布局中使用。

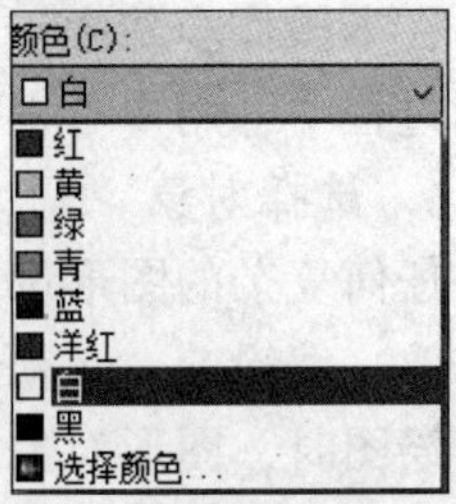

图 1－5 “颜色”下拉菜单

（7）依次单击“选项”对话框上的“应用”和“确定”按

钮，保存参数设置，返回绘图区。

4. 保存文件

当绘制完图形后，需要将其存盘，方便以后查看或使用。在 AutoCAD 2014 中，可以利用“保存”命令对图形进行存盘。具体操作步骤如下：

（1）选择下拉菜单“文件|保存”选项，系统弹出如图 1－6 所示的“图形另存为”对话框，在此对话框内设定好图形的保存位置（存盘路径）、文件名以及文件类型，通常图形文件为“＊. dwg”，样板文件为“＊. dwt”。

图 1－6 “图形另存为”对话框

（2）单击对话框右下角的 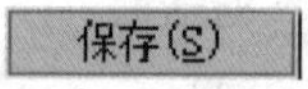

按钮，即可将图形命名后存盘。

5. 打开文件

在日常绘图过程中，随时都可能需要打开一个或多个已存盘的文件，在 AutoCAD 2014 中，可以利用“打开”命令打开存盘文件。具体操作步骤如下：

（1）选择下拉菜单“文件 | 打开”选项，系统弹出“选择文件”对话框，在对话框中选择“Drawing1. dwg”文件，如图 1－7 所示。

（2）单击对话框上的 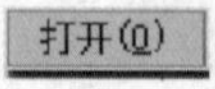

按钮，即可打开“Drawing1. dwg”文件。

在本操作步骤中，为了配合下一步选择对象操作，打开了一个具体的图形文件。在实际应用过程中，用户可根据自己的存盘路径和文件名灵活运用打开操作。

6. 选择对象

任何复杂的图形都是在若干基本图形的基础上进行修改、编辑而成的，在对基本图形进行修改、编辑前，必须选择这些图形对象，然后对其进行修改。因此，在用 AutoCAD 2014 进行绘图时，图形对象的选择是一项很重要的操作。

具体操作步骤如下：

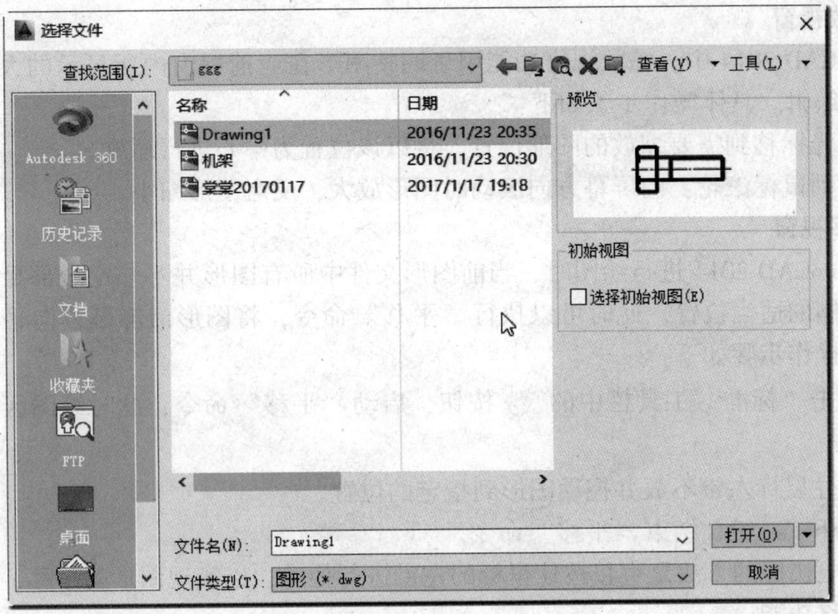

图 1－7 “选择文件”对话框

（1）移动光标到刚刚打开的“Drawing1. dwg”文件中螺栓主视图最右端垂直线上，如图 1－8 所示。

（2）单击鼠标左键，垂直线上出现了三个小方格，此时垂直线处于被选中状态，如图 1－9 所示。

（3）按下 Esc 键，撤销选择。

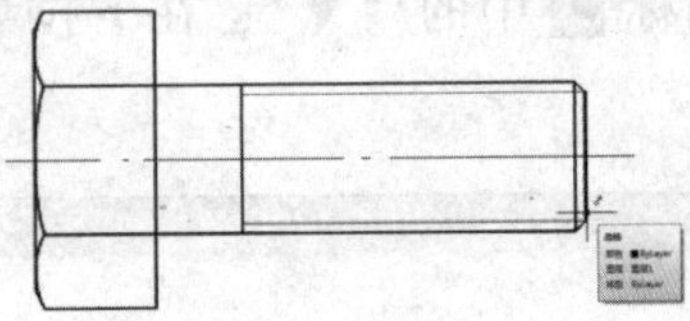

图 1－8 将光标移到最右端垂直线上

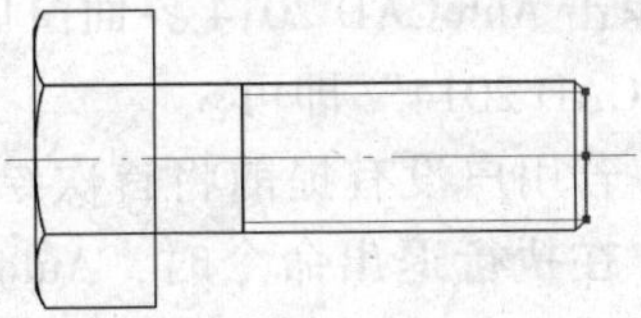

图 1－9 单击后右端垂直线被选中

注意：上述操作是在用户没有进入某一修改命令时对对象进行的选择，当用户执行某一修改命令后，系统将会自动进入点选模式（最基本的选择对象的方式，此方式一次仅能选择一个基本图形对象），当命令行出现“选择对象”的操作提示时，光标由十字形切换到矩形方块状，用户只需将选择框放在对象的边沿上（图 1－10）并单击鼠标左键，即可选择该对象，被选择的对象呈虚线显示，如图 1－11 所示。

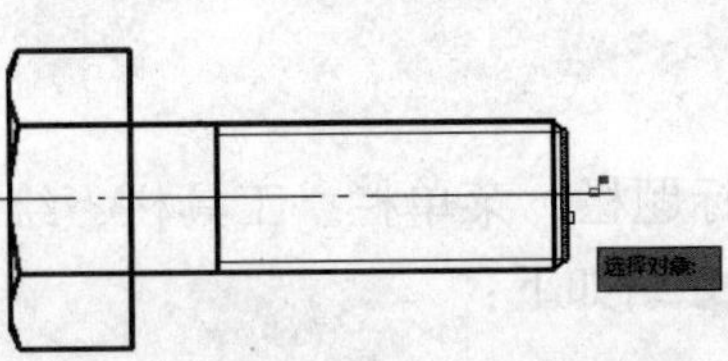

图 1－10 将方块状光标移到右端垂直线上

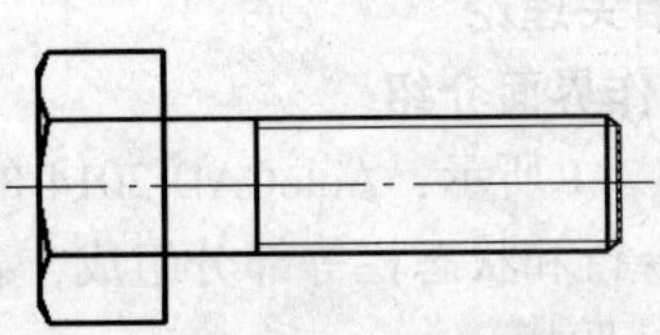

图 1－11 被选中线段呈虚线显示

7. 缩放视窗

在 AutoCAD 2014 中，缩放视窗功能用于调整图形在当前视窗内所显示的大小，以方便用户观察和编辑。具体操作步骤如下：

（1）将光标移到需要缩放的图形位置，将以该位置为中心进行缩放。

（2）滚动鼠标滚轮：向屏幕方向滚动时图形放大，反之图形缩小。

8. 平移视窗

在用 AutoCAD 2014 进行绘图时，当前图形文件中所有图形并不一定全部显示在屏幕内或在图形绘制的适当位置，此时可以执行“平移”命令，将图形沿屏幕方向平移到合适的位置。具体操作步骤如下：

（1）单击“标准”工具栏中的按钮，启动“平移”命令，此时绘图区会出现手掌似的光标。

（2）按住鼠标左键不放并拖动图形到指定的位置。

（3）按下 Esc 键，结束“平移”命令。

技巧：更快捷的方法是直接按住鼠标的左键进行拖动，以实现图形的平移，放开左键便自动结束平移功能。

实战训练：利用图 1－11 试一试图形的缩放和平移。

9. 退出 AutoCAD 2014

当要关闭 AutoCAD 2014 时，可以采用以下任意一种方法：

（1）单击 AutoCAD 2014 界面窗口右上角的关闭按钮。

（2）按下键盘上的 Alt＋F4 组合键。

（3）单击下拉菜单“文件 | 退出”命令。

（4）单击 AutoCAD 2014 界面窗口左上角程序图标中的“▼”，在下拉菜单中选择“退出 AutoCAD 2014”即可。

注意：若用户没有提前将首次绘制的图形进行保存，在执行退出命令时，AutoCAD 2014 将弹出如图 1－12 所示的警示信息框。若单击 是(Y) 按钮，系统将弹出“图形另存为”对话框，用于对图形进行命名保存；若单击 否(N) 按钮，系统将放弃存盘，退出 AutoCAD 2014 程序；若单击 取消 按钮，系统将取消退出命令，返回 AutoCAD 2014 的工作界面。

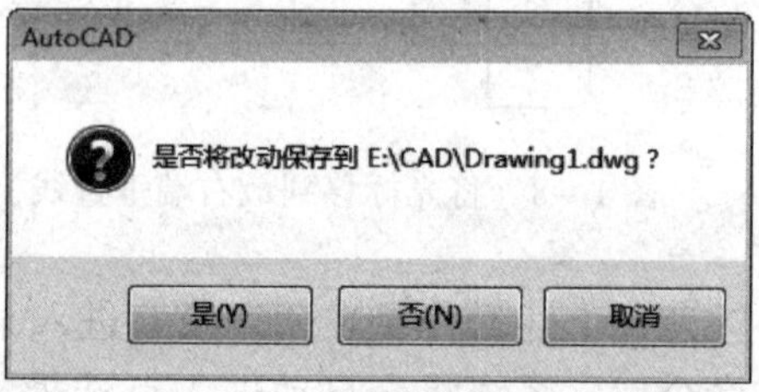

图 1－12　AutoCAD 2014 的警示信息框

三、相关理论

1. 工作界面介绍

如图 1－1 所示，AutoCAD 2014 的工作界面由标题栏、菜单栏、工具栏、绘图区、十字光标、命令行和状态栏等部分组成，各模块的具体介绍如下：

（1）标题栏

标题栏位于工作界面的顶部，用于显示当前正在运行的程序名及当前打开的图形文件名。标题栏最左边的按钮是 AutoCAD 2014 的菜单浏览器按钮，单击此按钮可以打开一个下拉菜单（图 1－13），从中可以选择新建、打开、保存、关闭等功能；下拉菜单右侧是按时间顺序显示的“最近使用的文档”，以便编辑和查找。双击此按钮，可以关闭当前的应用程序。

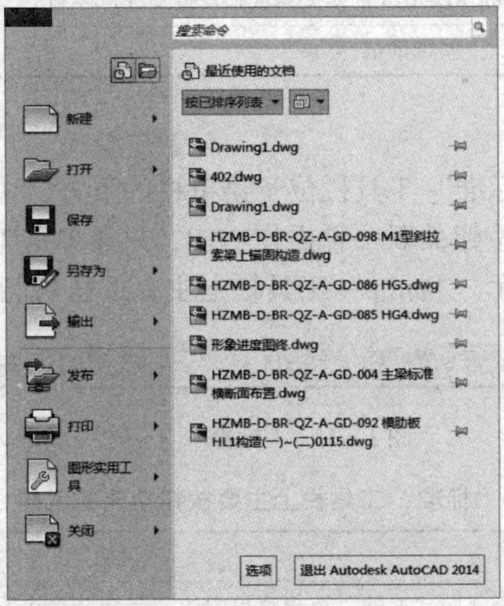

图 1－13　单击 AutoCAD 2014 程序图标后出现的下拉菜单

标题栏右上角有三个按钮，依次为最小化按钮、恢复窗口大小按钮和关闭按钮，可分别对 AutoCAD 2014 窗口进行最小化、恢复窗口大小和关闭操作。

（2）菜单栏

菜单栏位于标题栏的下方（图 1－14），单击菜单栏中任何一个菜单名称，都会弹出相应的下拉菜单，这里几乎包含了 AutoCAD 2014 中全部的功能命令，通过单击下拉菜单中的任一命令选项，即可完成与该项目对应的操作。

图 1－14　菜单栏

部分菜单的主要功能见表 1－1。

表 1－1　　部分菜单的主要功能

菜单名	功能描述
文件	用于对图形文件进行管理、打印、输出等，如新建、打开、保存等
编辑	用于对文件进行一些常规编辑，如复制、剪切等
视图	用于管理视图内图形的显示及着色等，如缩放、平移等
格式	用于设置与绘图环境有关的参数，如图层、颜色、线型等
工具	用于设置一些辅助的绘图工具和图形资源的组织管理工具
绘图	几乎包含了 AutoCAD 2014 中所有的绘图命令

续表

菜单名	功能描述
标注	用于对当前图形进行尺寸标注和尺寸编辑等，包含了所有的标注命令
修改	用于对图形进行编辑操作，包含了所有图形的编辑命令
窗口	用于对 AutoCAD 2014 的多文档状态及位置进行控制
帮助	为用户提供一些帮助信息

（3）工具栏

1）“标准”工具栏。“标准”工具栏位于菜单栏的下方，主要用于管理图形文件和进行一般的图形编辑操作，每个按钮关联一种操作功能，只需单击工具栏上相应的按钮即可执行对应的功能，如图 1－15 所示。“标准”工具栏上主要按钮功能的说明见表 1－2。

图 1－15 “标准”工具栏

表 1－2　“标准”工具栏上主要按钮功能的说明

图标	名称	说明
	新建	NEW 命令（同“文件”下拉菜单中的“新建”命令），单击该按钮，系统出现“选择样板”对话框，然后在该对话框中选择一种样板文件，新建一个图形文件
	打开	OPEN 命令（同“文件”下拉菜单中的“打开”命令），单击该按钮可以打开一个已经绘制的图形文件
	保存	SAVE 命令（同“文件”下拉菜单中的“保存”命令），单击该按钮可以保存一个已经绘制的图形文件
	剪切	CUTCLIP 命令，单击该按钮可以将选择的图形剪切到剪贴板上
	复制	COPYCLIP 命令，单击该按钮可以将选择的图形复制到剪贴板上
	粘贴	PASTECLIP 命令，单击该按钮可以将选择的图形粘贴到剪贴板上
	特性匹配	MATCHPROP 命令，单击该按钮后选择图形的线条，再选择其他线条，则后面选择的线条的特性自动改变为先选择的线条的特性
	放弃	单击该按钮将放弃刚执行的操作
	实时平移	PAN 命令，单击该按钮可以对图形进行移动，以便观察图形
	实时缩放	ZOOM 命令，单击该按钮后按住鼠标左键进行拖动，将对图形进行放大或缩小（向上拖动放大图形，向下拖动缩小图形）
	窗口缩放	单击该按钮后，在绘图区中指定一个矩形窗口，被指定区域将根据矩形窗口与屏幕的比例放大后显示出来
	窗口恢复	单击该按钮，系统将返回上一个窗口

2）“绘图”工具栏和“修改”工具栏。在启动 AutoCAD 2014 后，这两个工具栏分别位于工作界面的两侧。其中左侧“绘图”工具栏中的各命令按钮主要用于绘制各种常用图形，右侧“修改”工具栏中的各命令按钮主要用于修改已绘制的图形，如图 1－1 所示。它们当中每个按钮的功能将在以后的章节中详细介绍。

（4）命令行

命令行位于绘图窗口下方，进入 AutoCAD 2014 后，在命令行中显示“键入命令”提示（图 1－1），该提示表明系统等待用户输入命令。当系统处于命令执行过程中时，命令行将显示各种操作提示（如指定下一点、错误、取消、命令分析等信息）；当命令执行后，命令行又回到“键入命令”状态，等待用户输入新的命令。

命令行是用户与 AutoCAD 2014 直接进行对话的窗口。在绘图的整个过程中，用户应该随时留意命令行中的提示内容，因为它是 AutoCAD 2014 与用户交流信息的渠道，这些信息记录了 AutoCAD 2014 与用户的交流过程。通过命令行右侧的滚动条可以查看更多的信息，或按下 F2 键，打开如图 1－16 所示的 AutoCAD 2014 文本窗口，查看更多的提示信息。

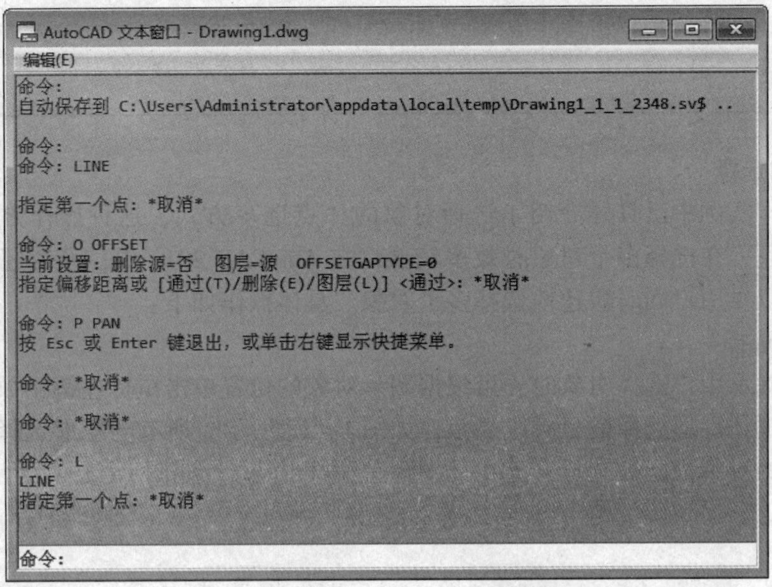

图 1－16　AutoCAD 2014 文本窗口

（5）状态栏

状态栏位于命令行下方，如图 1－17 所示，主要用来显示 AutoCAD 2014 当前的状态。状态栏的左端用于显示当前十字光标所处位置的三维坐标值。状态栏中间是 AutoCAD 2014 的各种辅助绘图按钮，如捕捉、栅格、线宽、正交等（其功能说明见表 1－3），当光标移到某一按钮上稍作停顿时，即在该按钮旁出现该按钮的功能提示框（也可通过单击鼠标右键，在出现的“设置菜单”中不选中“使用图标”选项，使图标按钮变为文字按钮）。单击这些开关按钮，可以进行开关状态切换。

图 1－17　状态栏

表 1 – 3　　　　　　　　　　　　状态栏部分按钮的功能说明

按钮	功能	快捷功能键	说明
	捕捉模式	F9	限制十字光标按指定栅格间距移动
	栅格显示	F7	以栅格的形式直观显示作图区域，即图形界限
	正交模式	F8	锁定光标按水平或垂直方向移动
	极轴追踪	F10	引导光标按指定的角度移动
	对象捕捉	F3	打开或关闭对象捕捉
	线宽		显示或隐藏线宽

2. 对象的选择

在上述操作实例中已具体介绍了选择对象的“点选”方式，这种操作方式一次只能选择一个基本对象，在选择多个对象时效率较低。在 AutoCAD 2014 中，系统还提供了窗交选择和窗口选择以供用户同时快速地选择多个对象。具体操作如下：

（1）窗交选择

当命令行提示用户选择对象时，可根据图形对象的位置单击鼠标左键不放，从右至左拖出一矩形选择框，矩形选择框呈虚线显示，如图 1 – 18 所示，所有与矩形选择框相交和完全位于选择框内的对象都能被选择（选中的对象呈虚线状态），如图 1 – 19 所示。

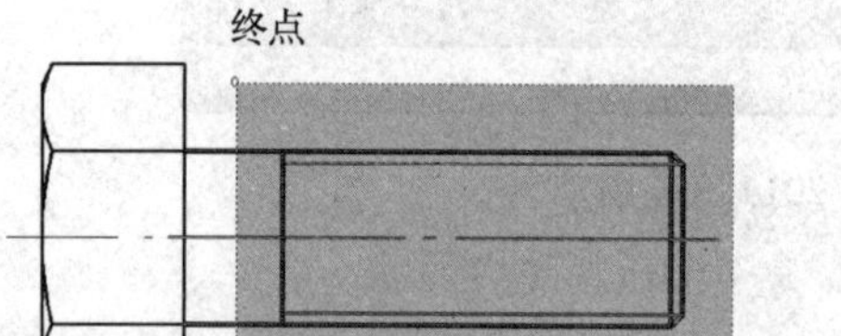

图 1 – 18　窗交选择框

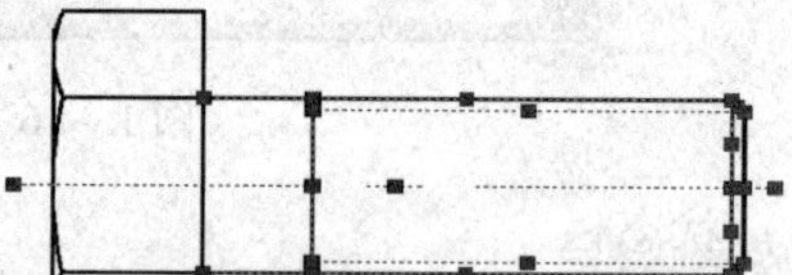
图 1 – 19　窗交选择结果

（2）窗口选择

当命令行提示用户选择对象时，可根据图形对象的位置单击鼠标左键不放，从左至右拖出一矩形选择框，矩形选择框呈细实线显示，如图 1 – 20 所示，所有完全位于选择框内的对象都能被选择（选中的对象呈虚线状态），但与矩形框相交的对象不能被选择，如图 1 – 21 所示。

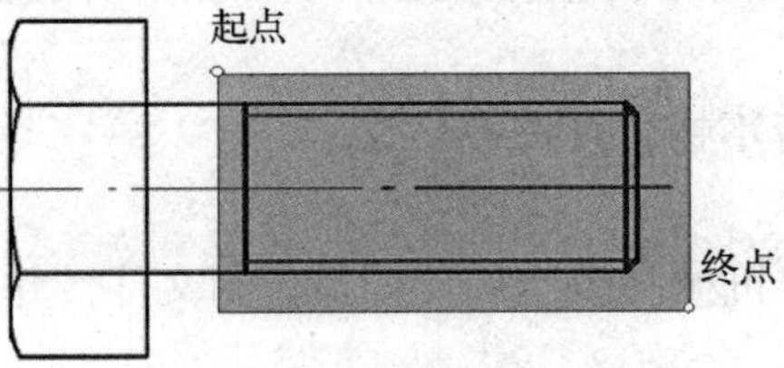

图 1－20　窗口选择框

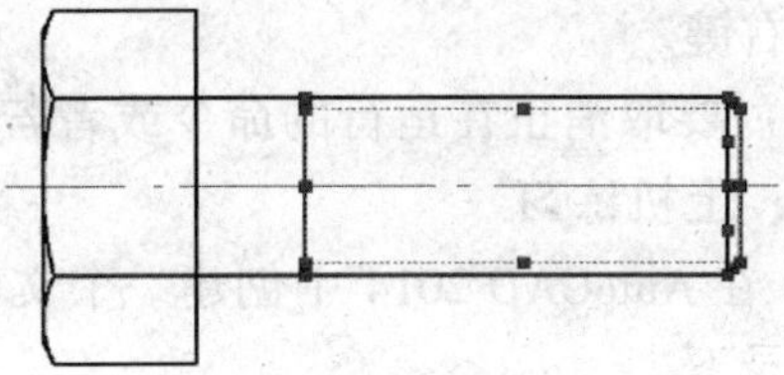

图 1－21　窗口选择结果

注意：建立矩形窗口与其对角起点和终点的左右有关，与点的上下无关。简言之，右起点为交选，左起点为窗选。

3. 视窗控制

在上述实例操作中具体介绍了控制视窗的“缩放视窗”和“平移视窗”命令，AutoCAD 2014 还提供了多种对视窗的操作命令，其常用的“比例缩放”具体操作步骤如下：

（1）选择下拉菜单“视图 | 缩放 | 比例”选项，启动比例缩放命令。

（2）在命令行提示符后面输入比例因子“2×”，按下 Enter 键，视窗会放大到两倍，如图 1－22 所示。

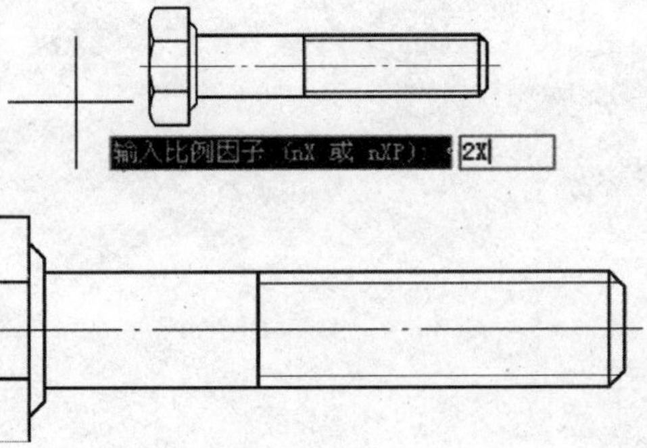

图 1－22　缩放前后比较

四、操作要点

1. 绘图姿势

在用 AutoCAD 2014 绘图时，绘图员上身坐姿要直，通常左手放在键盘上，用于控制键盘，其中拇指主要控制空格键；右手主要控制鼠标。保持良好的绘图姿势，减少疲劳，提高绘图效率。

2. 鼠标

在用 AutoCAD 2014 绘图中采用三键鼠标时，鼠标左键用于选择对象、指定位置、执行命令等，中间滚轮键可用于缩放和平移，鼠标右键常用于查找快捷菜单、选项和命令。

3. 注意事项

（1）要打开关于正在运行的命令信息的“帮助”，只需按 F1 键。

（2）结束命令用 Enter 键或空格键；要重复上一个命令，可再按 Enter 键或空格键。为便于理解，本教材多以 Enter 键解读。

（3）要查看各种选项，需选择一个对象，然后单击鼠标右键，或在用户界面元素上单击鼠标右键。

（4）要取消正在运行的命令或者若感觉运行不畅，可按 Esc 键。

五、上机练习

1. 在 AutoCAD 2014 中创建一个文件名为“机械制图”的无样板公制文件，并保存到 C 盘根目录下。

2. 在系统默认状态下，将绘图区的颜色设置为“白色”，曲线分辨率调为“5000”，光标的大小设置为“6”。

第二章
AutoCAD 2014绘图基础

§2-1 绘制三角形与内切圆

一、教学目标

1. 掌握直线段的基本绘制方法。
2. 熟悉点的坐标及输入法。
3. 掌握圆的绘制方法。
4. 掌握对象捕捉的设置。

二、任务分析

机械图样是由简单的基本图形元素组成的，包括直线、圆、圆弧、矩形等，在AutoCAD 2014中掌握这些基本图形的画法是整个CAD绘图的基础。本章将通过绘制如图2－1所示的三角形内切圆，介绍在AutoCAD 2014中直线和圆的绘制方法以及精确捕捉绘图辅助工具的使用。

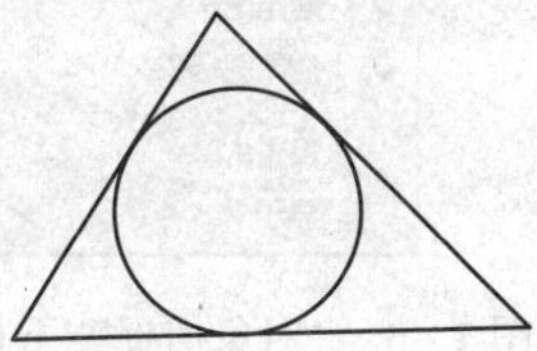

图2－1　三角形内切圆

三、实践操作

1. 新建文件

选择下拉菜单“文件|新建”命令，新建一个“无样板公制(acadiso)”文件。

2. 绘制任意三角形

(1) 单击“绘图”工具栏中的直线命令按钮，启动直线命令绘制第一条直线，命令行的显示操作如下：

```
命令：_ line
指定第一点：
        //在绘图区移动光标至适当位置，单击鼠标左键指定一点，作为直线的起点
指定下一点或［放弃（U)]：
        //在绘图区移动光标至适当位置，单击鼠标左键指定一点，作为直线的终点
指定下一点或［放弃（U)]：                    //按下Enter键，结束操作
```

绘制结果如图 2－2 所示。

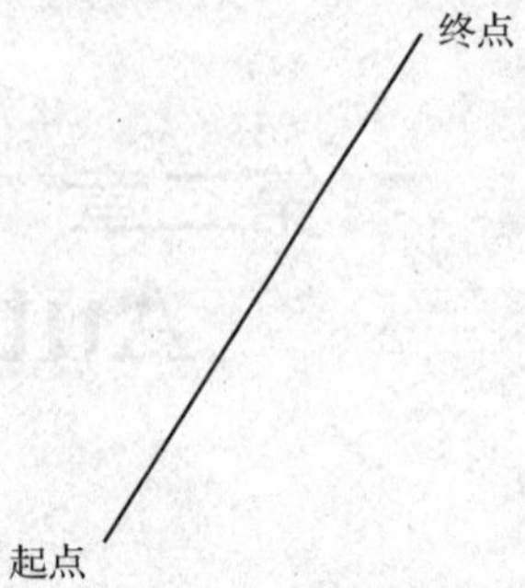

图 2－2　画第一条直线

（2）设置对象捕捉。“对象捕捉”功能是专用于精确捕捉图形对象特征点的工具，具体设置方法有以下两种：

方法一：

移动光标到状态栏中的对象捕捉按钮上，单击鼠标右键，系统弹出如图 2－3 所示的下拉菜单。若单击其中某一图标会出现方框，则该功能处于选中的捕捉状态，如端点、圆心、交点等。

方法二：

1）在打开的图 2－3“对象捕捉”下拉菜单中，单击“设置”选项，系统会弹出“草图设置”对话框（图 2－4），单击“对象捕捉”选项卡。

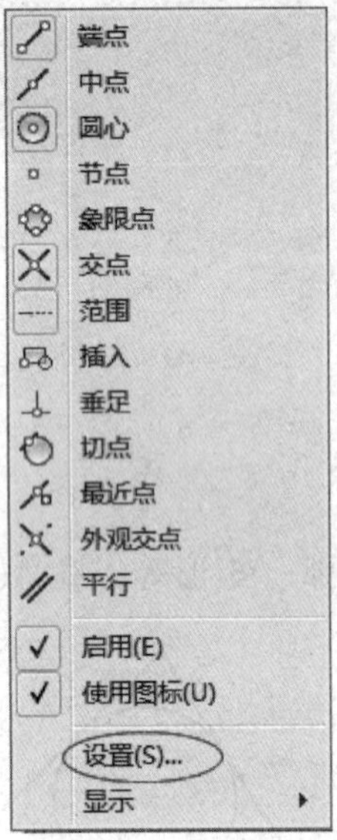

图 2－3　“对象捕捉”下拉菜单

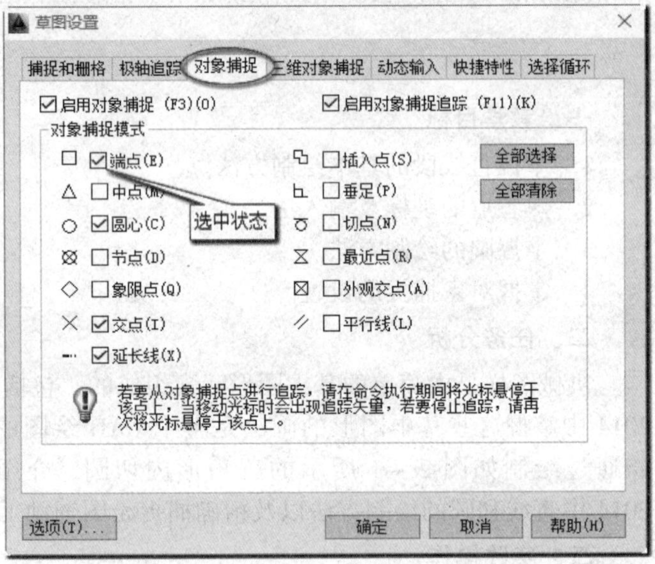

图 2－4　“草图设置”对话框

2）在对话框上分别单击特征点选项前面的小方格，使系统默认的对象特征点“中点”“节点”“象限点”“垂足”等处于选中状态。

3）单击对话框上的 确定 按钮，保存设置。

注意，当对象捕捉按钮没有处于凹陷状态时（即没有启动），再次移动光标到按钮上，单击鼠标左键即打开“对象捕捉”功能。

（3）单击“绘图”工具栏中的按钮，启动直线命令绘制第二条直线，命令行的显示操作如下：

命令：_line

指定第一点：//移动光标捕捉第一条直线的终点（由于打开了“对象捕捉”工具，当光标接近第一条直线的终点时，系统会自动捕捉它而且提示“端点”）作为第二条直线的起点，如图 2－5 所示指定下一点或［放弃（U）］：

//移动光标在绘图区适当位置单击鼠标左键指定一点，作为直线的终点

指定下一点或［放弃（U）］：　　//按下 Enter 键，结束命令

绘图结果如图 2－6 所示。

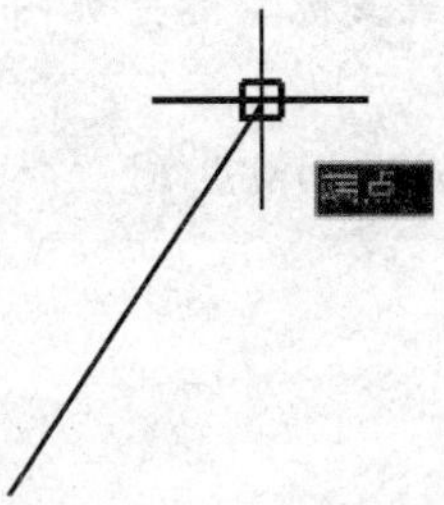

图 2－5　捕捉端点

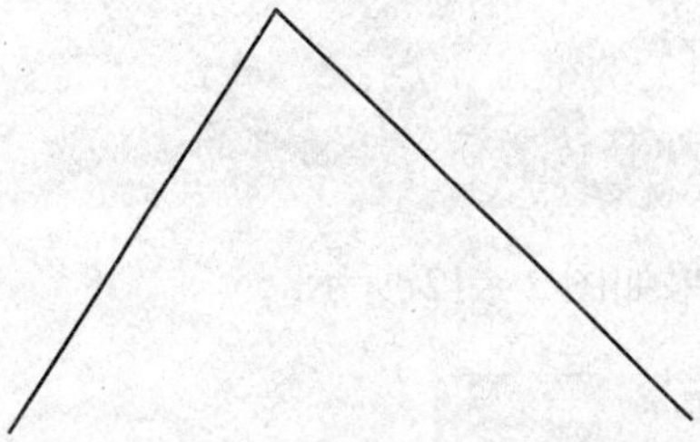

图 2－6　第二条直线绘制结果

（4）重复直线操作，绘制第三条直线，命令行的显示操作如下：

命令：_line

指定第一点：

//移动光标捕捉第二条直线的终点作为第三条直线的起点，如图 2－7 所示

指定下一点或［放弃（U）］：

//移动光标捕捉第一条直线的起点作为第三条直线的终点

指定下一点或［放弃（U）］：　　//按下 Enter 键，结束操作

绘制结果如图 2－8 所示。

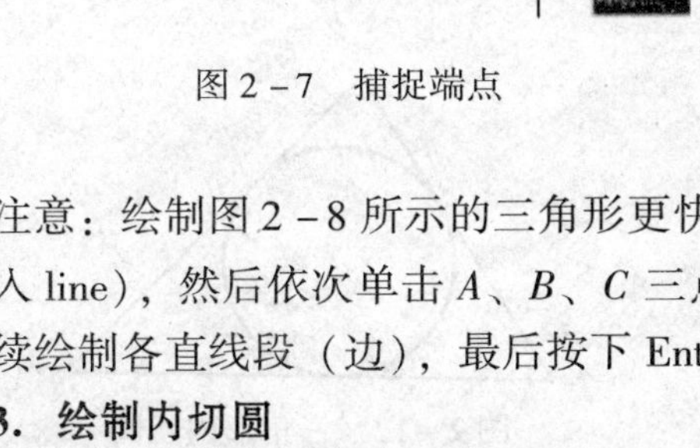

图 2－7　捕捉端点

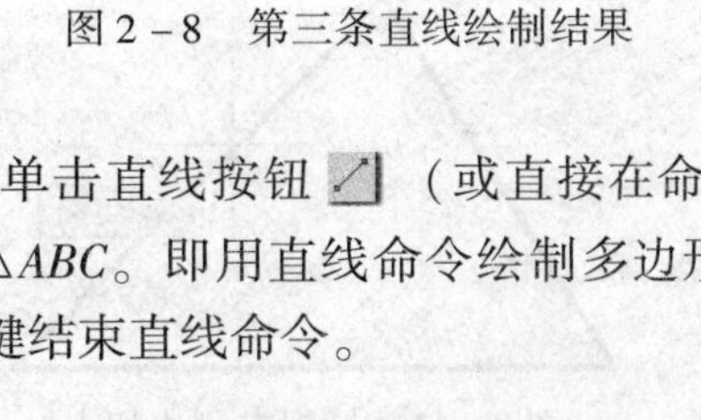

图 2－8　第三条直线绘制结果

注意：绘制图 2－8 所示的三角形更快捷的方法是单击直线按钮（或直接在命令行中输入 line），然后依次单击 *A*、*B*、*C* 三点便可得到 $\triangle ABC$。即用直线命令绘制多边形时，可连续绘制各直线段（边），最后按下 Enter 键或空格键结束直线命令。

3. 绘制内切圆

选择下拉菜单“绘图 | 圆 | 相切、相切、相切”命令（图 2－9），激活相切三点命令方式绘制圆，命令行的显示操作如下：

命令：_circle
指定圆的圆心或［三点（3P）/两点（2P）/相切、相切、半径（T）］：_3p 指定圆上的第一点：//移动光标到三角形的底边上，当系统提示“递延切点”时，单击鼠标左键，如图 2-10 所示
指定圆上的第二个点：//移动光标到三角形的右侧边上，当系统提示“递延切点”时，单击鼠标左健，如图 2-11 所示
指定圆上的第三个点：
//移动光标到三角形的左侧边上，当系统提示“递延切点”时，单击鼠标左键

绘图结果如图 2-12 所示。

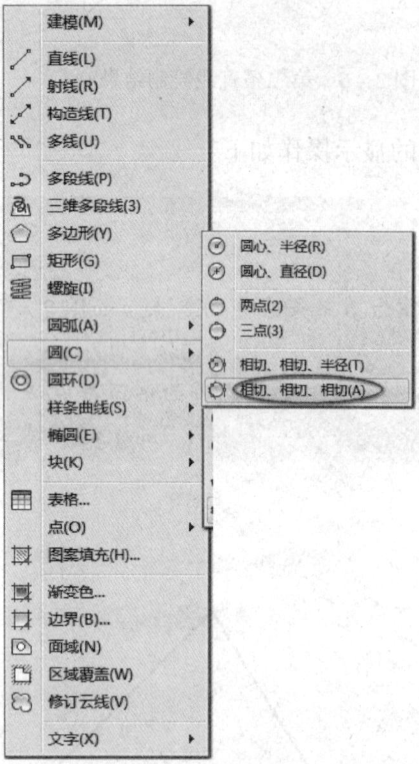

图 2-9 “绘图”菜单

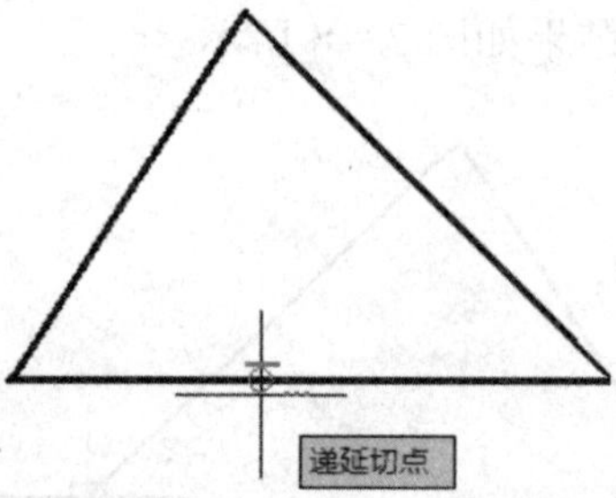

图 2-10 捕捉底边切点

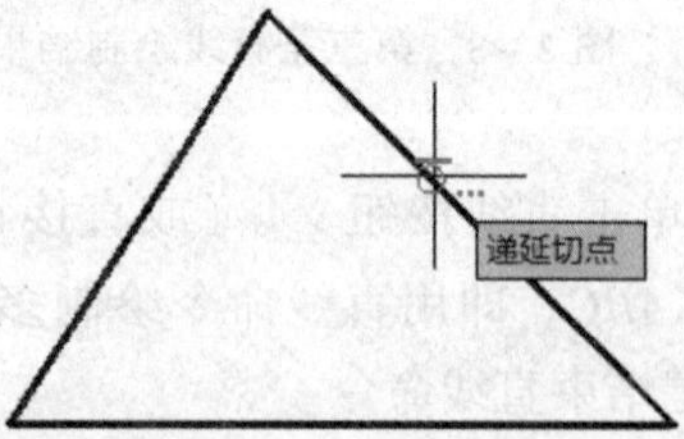

图 2-11 捕捉右侧边切点

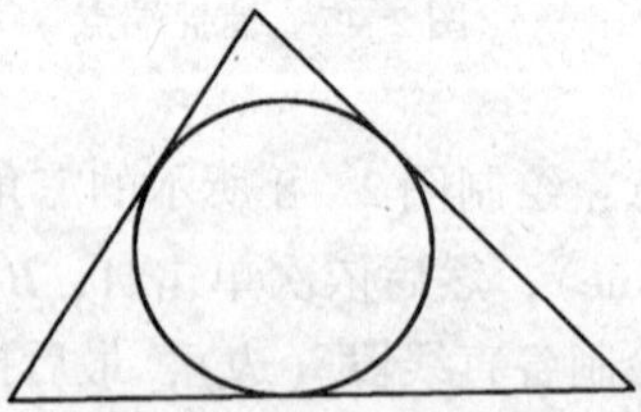
图 2-12 三角形内切圆

四、相关理论

1. 对象捕捉

在绘图过程中，用户经常需要精准地根据对象的一个点来绘制图形，如曲线上的中点、端点、交点、切点等，此时就需要启动对象捕捉工具，将十字光标强制性地准确定位在对象特定位置上。例如，需要将直线端点作为起点再绘制一条直线时，仅靠视觉是无法准确无误地选择端点位置的，使用对象捕捉功能，就可以将十字光标准确地定位在对象点上。

在上述实例操作中已具体介绍了对象捕捉参数的设置操作步骤，此外还需要指出的是，不要一次将太多的对象捕捉特征点设置为选中状态，否则系统在自动捕捉特征点时会引起混乱，反而影响绘图。

2. 点坐标输入方式

AutoCAD 2014 提供了四种点坐标的输入方式，即绝对直角坐标点的输入、相对直角坐标点的输入、绝对极坐标点的输入及相对极坐标点的输入。各种输入方式的介绍如下：

（1）绝对直角坐标点的输入

绝对直角坐标是以坐标系原点为参考点来定位其他点的。在 AutoCAD 2014 的默认状态下，当前视图为正交视图，用户在输入坐标点时，只需输入点的 x 坐标值和 y 坐标值即可，其表达式为（x，y）。当视图为轴测图或三维视图时，点坐标的表达式为（x，y，z），用户直接输入该点的 x、y、z 绝对坐标值来表示该点即可。

注意：在输入点的坐标值时，其数字和逗号应在“英文”输入方式下进行，坐标中的 x 和 y 之间必须以逗号隔开，且标点为英文标点。

（2）相对直角坐标点的输入

相对直角坐标是指某一点对于参照点的 X 轴、Y 轴、Z 轴三个方向上的坐标差，其表达式为（@x，y，z）。在输入相对坐标前必须加符号“@”，表示“相对于”。

在坐标系中，如 A 点的绝对坐标为（100，100），B 点的绝对坐标为（200，200），那么 B 点相对于 A 点的相对坐标为（@100，100）。

注意：绘制直线时常运用相对直角坐标点的输入方式，就是把上一点作为参照点，后续操作中将会频繁使用，这样便于点的定位。

（3）绝对极坐标点的输入

绝对极坐标也是以坐标系原点作为参考点，通过某点相对于原点的极半径（极长）r 和极角 θ 来定义点的。其表达式为（$r<\theta$），r 表示点与原点之间的极半径，即长度，θ 表示某点连接原点的边线与 x 轴的夹角。在默认设置下，AutoCAD 2014 是以逆时针来测量角度的。水平向右为 0°，竖直向上为 90°，水平向左为 180°，竖直向下为 270°。

如图 2－13 所示，直线 OA 的端点 A 极坐标为（40＜30），直线 OB 的端点 B 极坐标为（30＜－45）或（30＜315）。

注：输入时不含括弧“( )”。

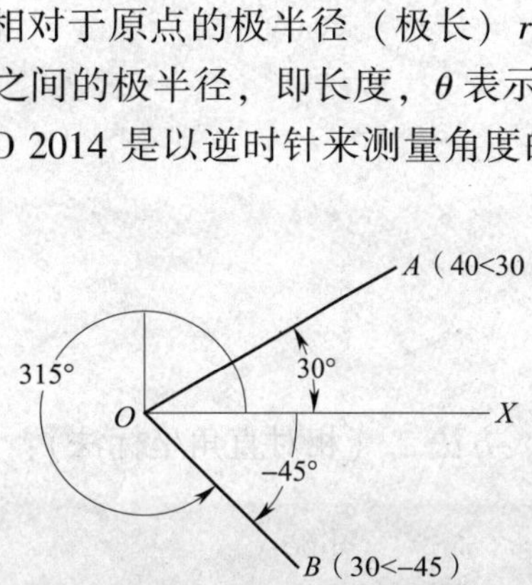

图 2－13　极坐标

（4）相对极坐标点的输入

相对极坐标就是使用某点相对于参照点的极半径

（极长距离）和偏移的极角来表示的，其表达式为（@ $r<\theta$），其中 r 为极半径，表示目标点与参照点之间的距离；θ 表示极角，表示目标点、参照点连线与坐标系 X 轴的正向夹角。

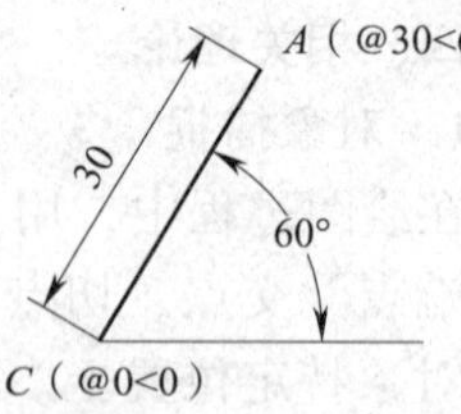

图 2－14　相对极坐标

如图 2－14 所示的相对极坐标，直线 AC 长 30 mm，与水平正方向的倾斜角为 60°，其端点 A 相对于端点 C（参照点）的相对极坐标为（@30 <60），其中 30 为极半径（AC 两点距离，即 AC 直线段长度），60 为极角。此坐标点输入方式在后续的绘图过程中将会经常应用。

3．直线

在 AutoCAD 2014 中，“直线”命令用于在两点之间绘制直线，可以按用户给定的起点和终点绘制一系列连续的直线段，每条直线段都是一个独立的对象。调用此命令的方法还有以下两种：

（1）选择下拉菜单“绘图 | 直线”命令。

（2）在命令行中输入“line”（快捷键“L”）后按 Enter 键（或空格键）。

在上述实例操作中，都是用鼠标拾取绘图区点的方式绘制各直线的，AutoCAD 2014 还提供了其他多种绘制直线的方式，如在命令行输入点坐标的方式。

下面以绘制如图 2－15 所示的等腰直角三角形为例，介绍绘制直线的三种方法。

方法一（绝对直角坐标法）：选择下拉菜单“绘图 | 直线”命令，绘制等腰直角三角形，命令行的显示操作如下：

```
命令：_line
指定第一点：                          //输入第一点坐标“100，100”并按下 Enter 键
指定下一点或［放弃（U）］：            //输入第二点坐标“100，200”并按下 Enter 键
指定下一点或［放弃（U）］：            //输入第三点坐标“200，100”并按下 Enter 键
指定下一点或［闭合（C）/放弃（U）］：  //输入“c”并按下 Enter 键，闭合直线
```

绘图结果如图 2－15 所示。

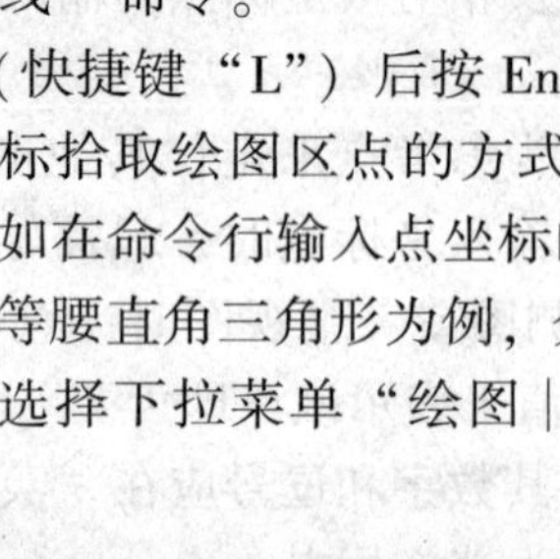

图 2－15　等腰直角三角形

方法二（相对直角坐标法）：

```
命令：_line
指点第一点：                //在绘图区移动光标至适当位置，单击鼠标左键指定一点
```

```
指定下一点或［放弃（U）］：
                    //输入“@100，0”按下 Enter 键或空格键，绘制出水平直角边
指定下一点或［放弃（U）］：//输入“@－100，100”并按下 Enter 键，绘制出斜边
指定下一点或［闭合（C）放弃（U）］：//输入“c”并按下 Enter 键，闭合铅垂直边
```

方法三（相对极坐标法）：

```
命令：_L                                                  //按 Enter 键
指点第一点：            //在绘图区移动光标至适当位置，单击鼠标左键拾取一点
指定下一点或［放弃（U）］：//输入“@100<－90”按下 Enter 键，绘制出铅垂直角边
指定下一点或［放弃（U）］：//输入“@100<0”按下 Enter 键，绘制出水平直角边
指定下一点或［闭合（C）放弃（U）］：   //输入“c”按下 Enter 键，绘制出斜边
```

更快捷的绘图方法如下：

用右手操作鼠标控制指向（极角），用左手操作键盘输入极半径，即可快速完成等腰直角三角形的绘制。具体操作如下：

```
命令：_L                                                  //按 Enter 键
指点第一点：            //在绘图区移动光标至适当位置，单击鼠标左键指定一点
指定下一点或［放弃（U）］：
          //用光标导航铅垂向下，输入“100”并按下回车键，绘制出铅垂直角边
指定下一点或［放弃（U）］：
          //用光标导航水平向右，输入“100”并按下回车键，绘制出水平直角边
指定下一点或［闭合（C）放弃（U）］：//输入“c”并按下 Enter 键，绘制出斜边
```

在上述实例中输入的坐标值是点的绝对直角坐标值，它是相对于 AutoCAD 2014 默认的绝对坐标原点的。通常绘图时多采用相对坐标。在此需要指出的是，在用绝对坐标方式绘制直线时，一定要关闭状态栏的 DYN （“动态输入”工具）。

4. 构造线

在 AutoCAD 2014 中可以创建向两端无限延伸的直线，这种直线称为构造线，在辅助绘图时经常用作辅助线。调用“构造线”命令的方法有以下三种：单击“绘图”工具栏中的构造线命令按钮；选择下拉菜单“绘图｜构造线”命令；在命令行中键入“xline”（或 xl），并按下 Enter 键。

现通过绘制水平构造线和 45°构造线介绍构造线的绘制方法，具体操作步骤如下：

（1）绘制水平构造线

单击“绘图”工具栏中的按钮，启动构造线命令，命令行的显示操作如下：

```
命令：_xline
指定点或［水平（H）/垂直（V）/角度（A）/二等分（B）/偏移（O）］：
    //按照方括号内的提示输入“h”并按下 Enter 键，切换到绘制水平构造线模式，
```

如图 2－16 所示
指定通过点：　　　　　　　　//移动方块光标在绘图区指定一点以定位构造线
指定通过点：　　　　　　　　//按下 Enter 键，结束操作

图 2－16　绘制水平构造线

（2）绘制 45°构造线

单击“绘图”工具栏中的 按钮，启动构造线命令，命令行的显示操作如下：

命令：_xline
指定点或［水平（H）/垂直（V）/角度（A）/二等分（B）/偏移（O）］：
　　//按照方括号内的提示输入“a”并按下 Enter 键，切换到绘制角度构造线模式，
如图 2－17 所示
输入构造线的角度（0）或［参照（R）］：//输入构造线的角度“45”并按下 Enter 键
指定通过点：　　　　　　　　//移动光标在绘图区指定一点以定位构造线

绘制结果如图 2－18 所示。

绘制垂直构造线或其他角度的构造线可分别根据命令行的提示进入垂直构造线模式或角度构造线模式进行设置即可。

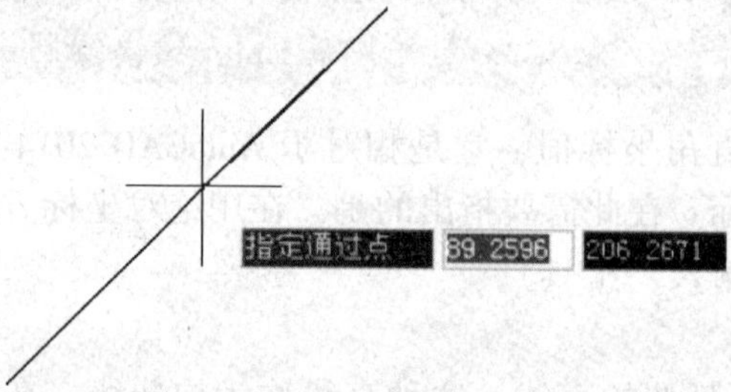

图 2－17　绘制 45°构造线

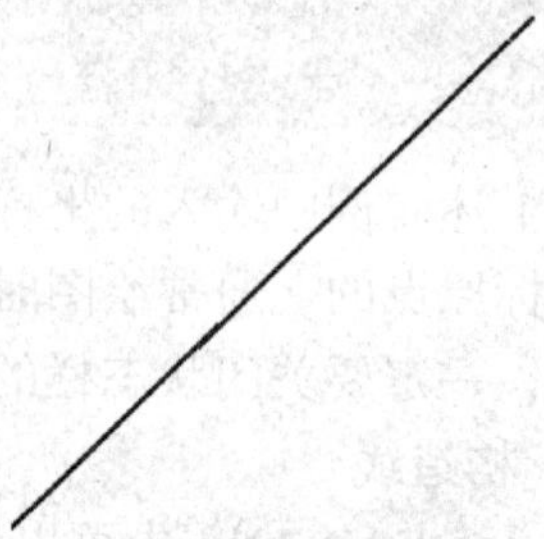

图 2－18　绘制结果

5. 圆

圆是图形中一种常见的实体，是构图的基本单元，它可以表示圆柱、轴、孔等。在 AutoCAD 2014 中，利用圆命令绘制的圆是一种封闭的曲线，且是一个单独闭合对象。调用圆命令的方法还有单击“绘图”工具栏中的 按钮及在命令行中输入“circle”后按下 Enter 键。

如前文绘制三角形内切圆实例中的图 2－12 所示，选择下拉菜单“绘图｜圆”命令后会展开画圆菜单。从下拉菜单可以看到，AutoCAD 2014 为用户提供了六种画圆方式，此处介绍其中四种。

(1) 用“圆心、半径”方式画圆

选择下拉菜单“绘图 | 圆 | 圆心、半径”命令，激活“圆心、半径”命令，命令行的显示操作如下：

命令：_circle
指定圆的圆心或［三点（3P）/两点（2P）/相切、相切、半径（T）］：
//在绘图区适当位置指定一点作为圆的圆心点
指定圆的半径或［直径（D）］：
//输入圆的半径“50”（图 2－19），按下 Enter 键，结束操作

绘制结果如图 2－20 所示。

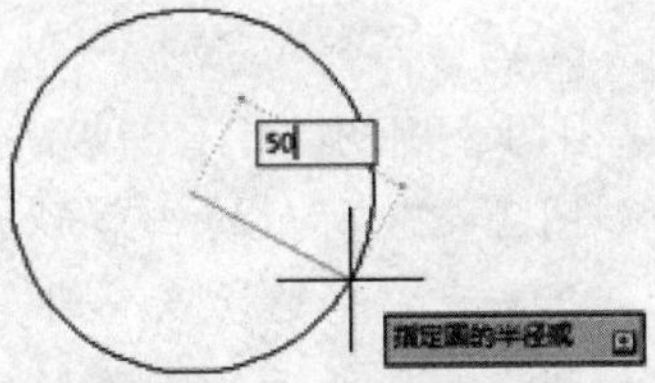

图 2－19　输入圆的半径

图 2－20　绘制结果

(2) 用“圆心、直径”方式画圆

选择“圆心、直径”命令，命令行的显示操作如下：

命令：_circle
指定圆的圆心或［三点（3P）/两点（2P）/相切、相切、半径（T）］：
//在绘图区适当位置指定一点作为圆的圆心点
指定圆的半径或［直径（D）］<22.6189>：　//输入 d 并按 Enter 键
指定圆的直径<45.2379>：
//输入圆的直径“100”（图 2－21），按下 Enter 键，结束操作

绘制结果同图 2－20。

(3) 用“两点”方式画圆

此方式用于指定两点画圆，其两点作为圆的直径端点，当直径位置确定后，圆也就确定了。

选择“两点”命令，命令行的显示操作如下：

命令：_circle
指定圆的圆心或［三点（3P）/两点（2P）/相切、相切、半径（T）］：_2p
指定圆直径的第一个端点：　//在绘图区适当位置指定一点作为圆的直径的一个端点
指定圆直径的第二个端点：
//在绘图区适当位置指定另一点作为圆的直径的另一个端点（图 2－22）

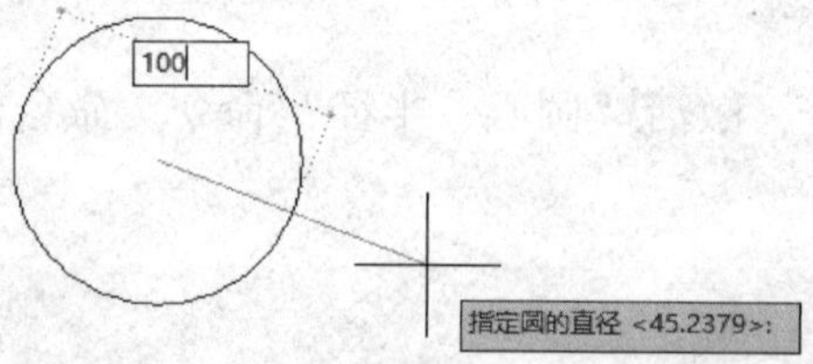

图 2-21　输入圆的直径“100”

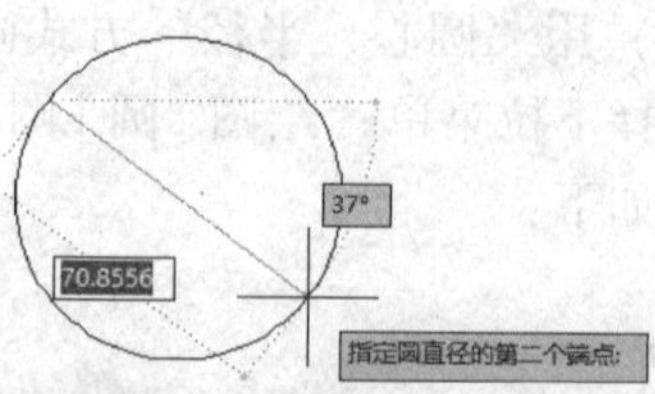

图 2-22　指定直径端点画圆

(4）用“相切、相切、半径”方式画圆

此种画圆方式是通过拾取两个相切对象，并指定圆的半径画圆。操作步骤如下：

1）利用“直线”命令绘制如图 2-23 所示的任意三角形。

2）选择“两点”命令，命令行的显示操作如下：

命令：_circle
指定圆的圆心或［三点（3P）/两点（2P）/相切、相切、半径（T）］：_ttr
指定对象与圆的第一个切点：//移动光标到如图 2-23 所示的三角形 *a* 边上，当系统提示“递延切点”时，单击鼠标左键
指定对象与圆的第二个切点：//移动光标到如图 2-23 所示的三角形 *b* 边上，当系统提示“递延切点”时，单击鼠标左键
指定圆的半径：//输入相切圆的半径并按下 Enter 键

绘制结果如图 2-24 所示。

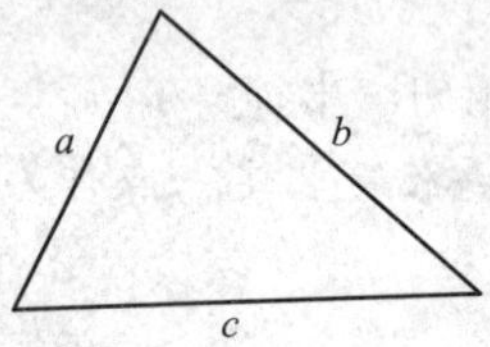

图 2-23　绘制任意三角形

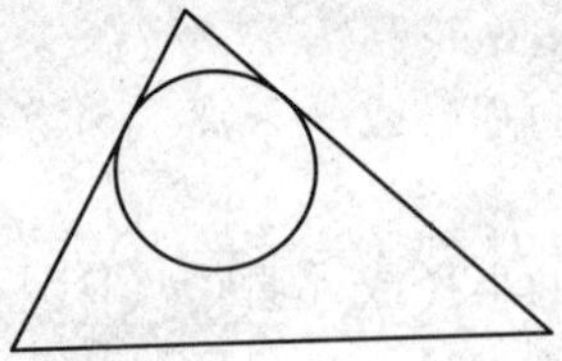

图 2-24　绘制与两边相切圆

6. 快捷键

为提高在 AutoCAD 2014 中的绘图速度，读者在学习掌握各种绘图和编辑命令的基础上，应尝试熟记和应用相应的命令快捷键（表 2-1），以使自己尽快从绘图新手晋升为 CAD 绘图高手。

表 2-1　AutoCAD 2014 绘图与编辑常用快捷键

命令名	快捷键	命令名	快捷键
直线	L	圆弧	A
构造线	XL	圆	C
多段线	PL	样条曲线	SPL
多边形	POL	椭圆	EL
矩形	REC	写块	WB
删除	E	平移	M
复制	CO	旋转	RO

续表

命令名	快捷键	命令名	快捷键
镜像	MI	修剪	TR
偏移	O	延伸	EX
阵列	AR	倒角	CHA
插入块	INS	圆角	F
创建块	B	分解	EXPL
图案填充	H	打断	BR
单行文字	DT	对齐标注	DIMALI
多行文字	MT	线性标注	DIML

五、上机练习

1. 用 AutoCAD 2014 绘制如图 2－25 所示的图形。

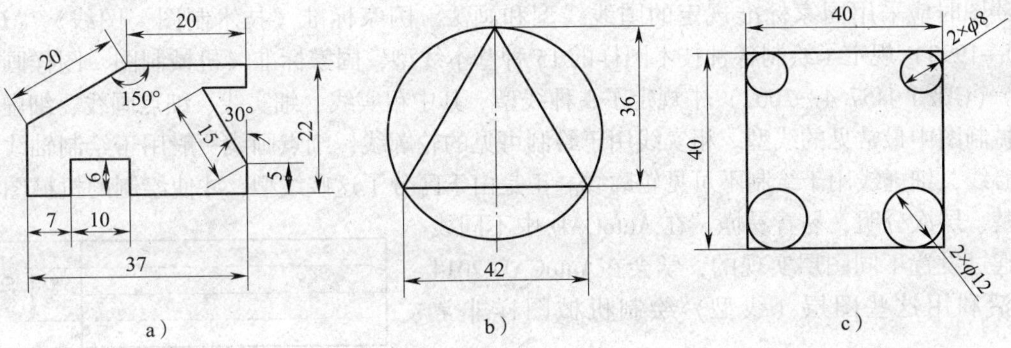

图 2－25　练习一

【提示：可利用对象捕捉工具捕捉中点、端点或切点；绘制轮廓直线时可利用输入点相对直角坐标或极坐标的形式。】

2. 用 AutoCAD 2014 绘制如图 2－26 所示的图形。

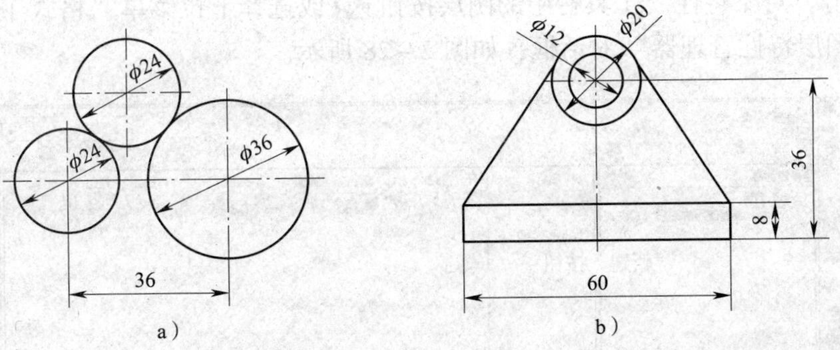

图 2－26　练习二

【提示：可先利用“直线”命令绘制中心线（直线），再利用对象捕捉工具捕捉切点，绘制相切圆或切线。】

§2-2 绘制空心轴

一、教学目标

1. 掌握图层的设置方法。
2. 熟练运用直线命令操作。
3. 掌握直线的编辑操作。
4. 熟悉图层及其特性的控制。

二、任务分析

绘图时应采用国家标准规定的图线线型和画法。国家标准《技术制图　图线》（GB/T 17450—1998）规定了绘制各种技术图样的15种基本线型，国家标准《机械制图　图样画法 图线》（GB/T 4457.4—2002）中规定了9种线型。其中粗实线、细实线、细点画线、细虚线是在机械制图中最常见的线型。粗实线用于绘制可见的轮廓线，细点画线一般用于绘制轴线和对称中心线，细虚线用于绘制不可见轮廓线。正是由于区分了这些线型，才使绘制的机械图样条理清楚、层次分明、易看易懂。在AutoCAD中不同线型是通过设置不同图层实现的，学会在AutoCAD 2014中灵活利用这些图层（线型）绘制机械图样非常重要。

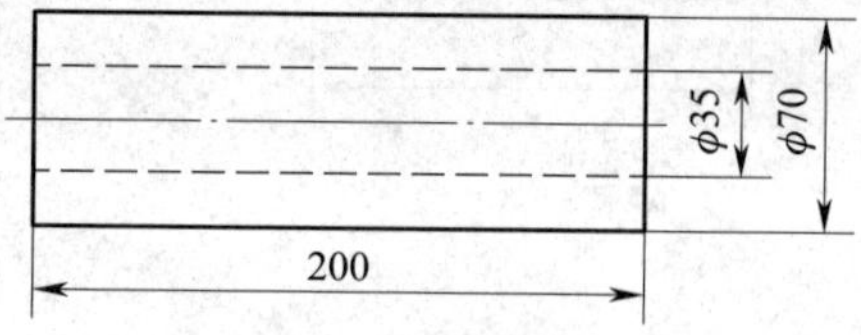

图2－27　空心轴

本节将通过绘制如图2－27所示的空心轴来介绍AutoCAD 2014中图层设置方面的相关知识。

三、实践操作

1. 新建图层

（1）单击“对象特性”工具栏中的图层按钮 或选择下拉菜单“格式｜图层”选项，系统弹出“图层特性管理器”对话框，如图2－28所示。

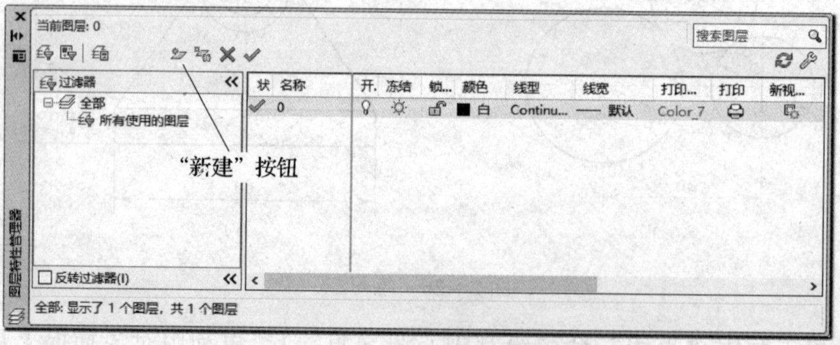

图2－28　“图层特性管理器”对话框

（2）单击“图层特性管理器”对话框中的“新建”按钮 ，AutoCAD 2014 将会新建一个名叫“图层 1”的图层，此时“图层 1”处于可编辑状态，将其改为“粗实线”，按下 Enter 键，新建完毕，如图 2－29 所示。

图 2－29　创建“粗实线”图层

（3）参照上述步骤继续创建图层名为“细实线”“中心线”和“虚线”的图层，创建结果如图 2－30 所示。

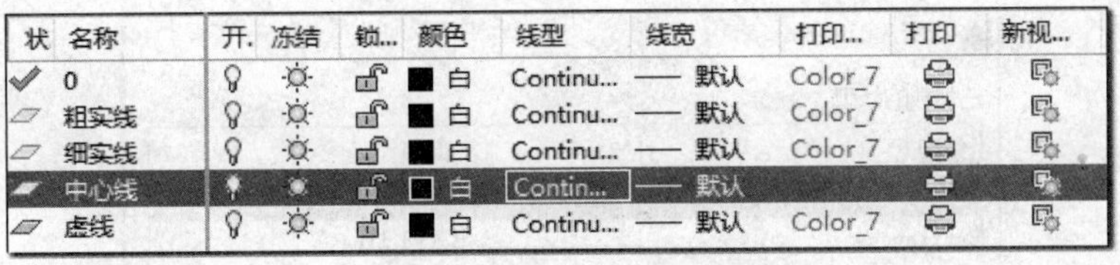

图 2－30　新创建图层

2. 设置图层线型

在 AutoCAD 2014 中允许用户为每个图层设置一种线型，在默认状态下，线型为连续的直线型，线型名称显示为“Continuous”，可根据需要为每个图层设置相应的线型。具体操作步骤如下：

（1）在如图 2－30 所示新建的图层中选中“中心线”图层，单击“线型”列对应的“Contin...”，系统弹出“选择线型”对话框，如图 2－31 所示。

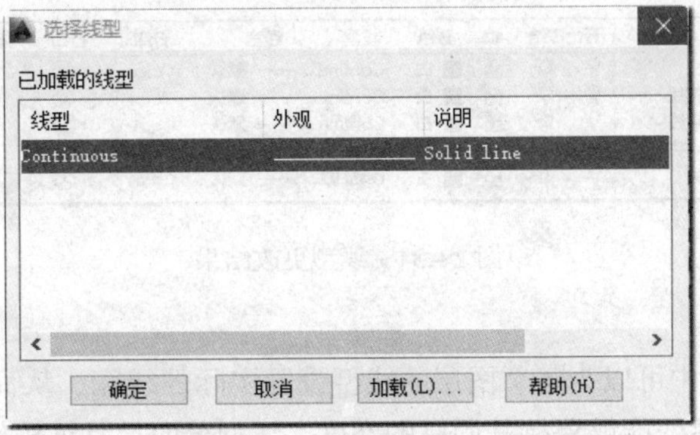

图 2－31　“选择线型”对话框

（2）在初始状态下系统只提供了直线型（Continuous）一种线型，单击“选择线型”对话框上的按钮 加载(L)... ，弹出“加载或重载线型”对话框，如图 2－32 所示。

（3）从“加载或重载线型”对话框中选取“CENTER2”线型，然后单击对话框上的 确定 按钮，将“CENTER2”线型加载到“选择线型”对话框的线型列表中。

（4）从图 2－33 所示的“选择线型”对话框的线型列表中选中“CENTER2”线型，单击 确定 按钮，更改“中心线”图层的线型为“CENTER2”线型。

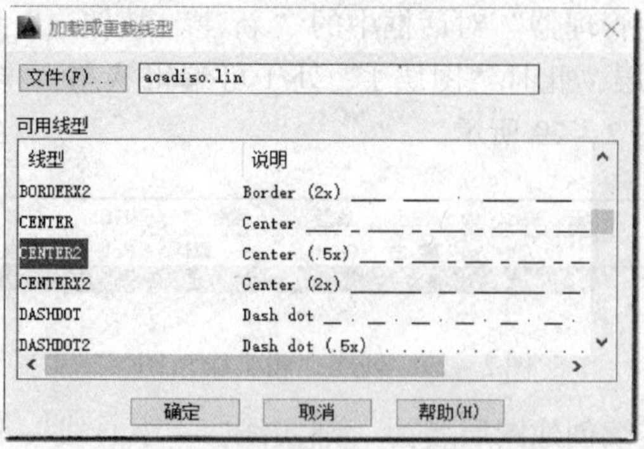

图 2 – 32　“加载或重载线型”对话框

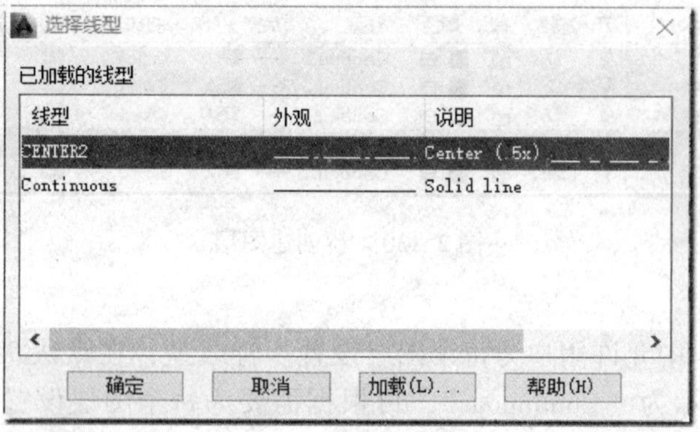

图 2 – 33　选择中心线

（5）参照上述操作，把“虚线”图层的线型更改为“DASHDOT”线型，更改结果如图 2 – 34 所示。

图 2 – 34　线型更改结果

3. 设置图层线宽

在 AutoCAD 2014 中可以为每个图层的线型设置实际的线宽，从而使绘制的图形在打印时或经某些软件输出后，能够保持其固有的宽度，线型分明。具体操作步骤如下：

（1）在图 2 – 30 新建的图层中选中“中心线”图层，单击“线宽”对应的列，系统弹出“线宽”对话框，如图 2 – 35 所示。

（2）在此对话框中选中“0. 18 mm”线宽，然后单击对话框上的 

按钮，将该图层的线宽更改为 0. 18 mm。

（3）参照上述操作，把“细实线”“粗实线”“虚线”图层的线宽分别更改为“0. 18 mm”“0. 35 mm”“0. 18 mm”。

线宽默认值是 0. 25 mm，按国家标准规定，机械制图通常采用粗、细两种线宽，其粗线、细线的比例为 2∶1，为此在 AutoCAD 2014 中将粗线和细线的线宽设为 0. 3 mm 和 0. 15 mm（也可设置为 0. 35 mm 和 0. 18 mm）。当打开状态栏中 线宽 按钮时，只对线宽设置在 0. 3 mm 及以上的线型显示出其线宽；关闭 线宽 按钮，所有不同线宽的线型显示都一样粗细。

4. 设置图层的颜色

依照国家标准《机械工程 CAD 制图规则》（GB/T 14665—2012），屏幕显示的图线应按表 2－2 中提供的颜色显示，并要求相同类型的线型采用相同的颜色。

表 2－2　　图线类型与颜色

图线类型	屏幕上的颜色
粗实线	白色
细实线	绿色
波浪线	
双折线	
细虚线	黄色
粗虚线	白色
细点画线	红色
粗点画线	棕色
细双点画线	粉红色

在用 AutoCAD 2014 绘制图形时，为了区分不同的图层，用户可以为每个图层设置不同的颜色。具体的操作步骤如下：

（1）在如图 2－30 所示新建的图层中选中“中心线”图层，单击该图层的颜色图标，系统弹出“选择颜色”对话框，如图 2－36 所示。

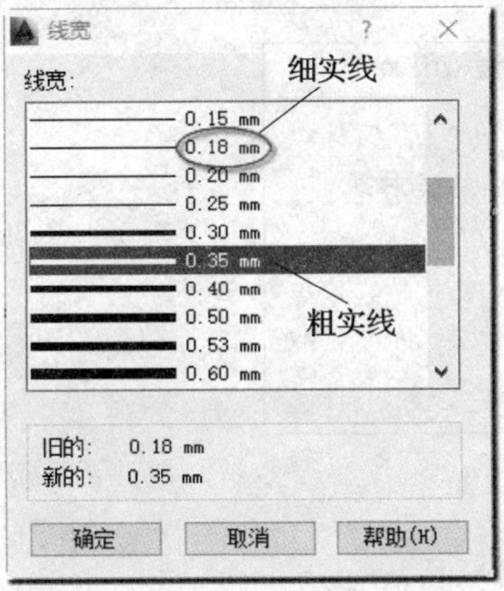

图 2－35 “线宽”对话框

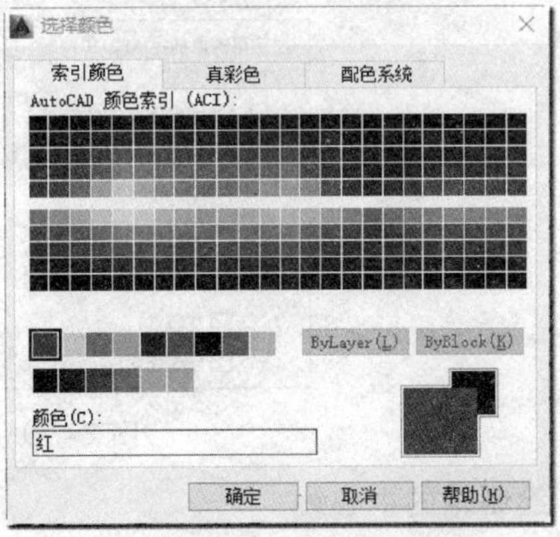

图 2－36 “选择颜色”对话框

（2）在此对话框中选中“红”色，然后单击对话框上的 确定 按钮，该图层的颜色即更改为红色了。

（3）参照上述操作，把“细实线”“虚线”图层的颜色分别更改为“绿”“黄”。更改结果如图 2－37 所示。

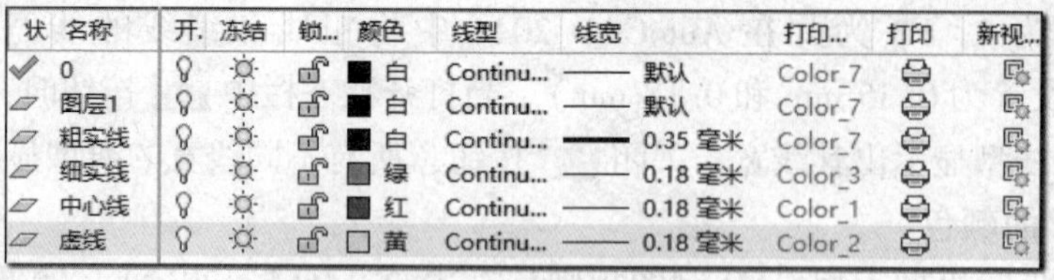

状	名称	开.	冻结	锁...	颜色	线型	线宽	打印...	打印	新视...
✓	0				白	Continu...	—— 默认	Color_7		
	图层1				白	Continu...	—— 默认	Color_7		
	粗实线				白	Continu...	—— 0.35 毫米	Color_7		
	细实线				绿	Continu...	—— 0.18 毫米	Color_3		
	中心线				红	Continu...	—— 0.18 毫米	Color_1		
	虚线				黄	Continu...	—— 0.18 毫米	Color_2		

图 2－37　颜色设置结果

关闭如图 2－28 所示“图层特性管理器”对话框即完成整个图层的设置。

5. 设置当前图层

在 AutoCAD 2014 中，虽然允许用户设置很多图层，但当前绘图图层只能有一个，称为“当前层”，用户只能在当前层上绘制图形，且绘制的图形的属性也从属于当前层的属性。系统默认的当前层为 0 层，因此，在绘图时应根据要绘制对象的属性把相应的图层设置为当前层。例如，绘制中心线时就要先把“中心线”图层设置为当前层。具体操作步骤如下：

（1）单击“对象特性”工具栏的“图层控制”列表框旁的“ ”，打开图层列表。

（2）从列表中单击“中心线”图层，即可将该层设置为当前层，如图 2－38 所示。

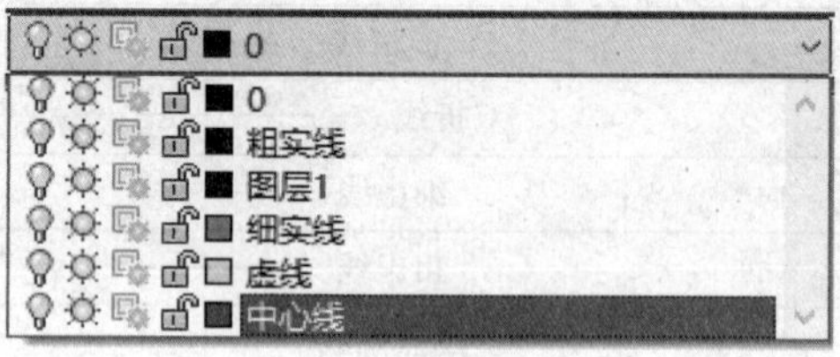

图 2－38　“图层控制”列表

6. 启用“正交”功能

单击状态栏的 正交 按钮，启用“正交”功能。

7. 启用“对象捕捉”功能

单击状态栏的 对象捕捉 按钮，启用“对象捕捉”功能，并设置对象捕捉参数，如图 2－39 所示。

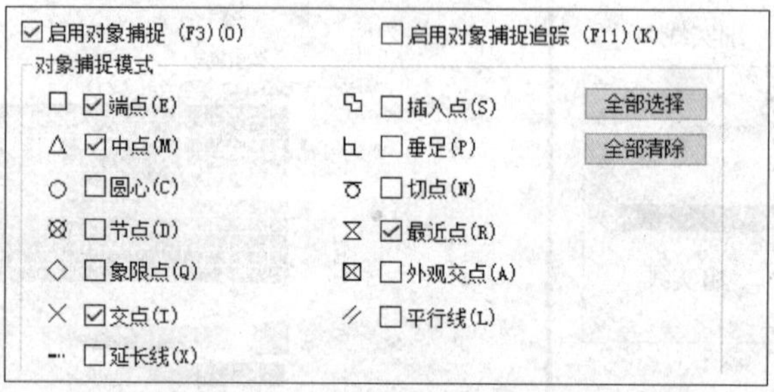

图 2－39　对象捕捉参数设置

8. 绘制轴的中心线

单击“绘图”工具栏的直线命令按钮 ，绘制中心线。命令行的显示操作如下：

```
命令：_line
指定第一点：                //在绘图区适当位置单击鼠标左键，指定一点作为直线起点
指定下一点或［放弃（U）］：     //输入相对坐标值“@210，0”，按下 Enter 键
指定下一点或［放弃（U）］：     //按下 Enter 键，结束命令操作
```

绘制结果如图 2－40 所示。

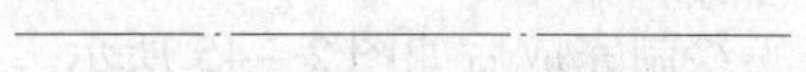

图 2－40　空心轴中心线

9. 绘制空心轴

（1）将“粗实线”图层设置为当前图层。

（2）单击“绘图”工具栏直线命令按钮，绘制轴的外轮廓线，命令行的显示操作如下：

```
命令：_line
指定第一点：　　　　　　　　　　//移动光标捕捉中心线的右端点作为绘制起点
指定下一点或［放弃（U）］：　　　//输入相对坐标值“@0，35”并按下 Enter 键
指定下一点或［放弃（U）］：　　　//输入相对坐标值“@－200，0”并按下 Enter 键
指定下一点或［闭合（C）/放弃（U）］：
　　　　　　　　　　　　　　　　//输入相对坐标值“@0，－70”并按下 Enter 键
指定下一点或［闭合（C）/放弃（U）］：
　　　　　　　　　　　　　　　　//输入相对坐标值“@200，0”并按下 Enter 键
指定下一点或［闭合（C）/放弃（U）］：　//输入“c”并按下 Enter 键，结束操作
```

绘制完成后轴的外轮廓如图 2－41 所示。

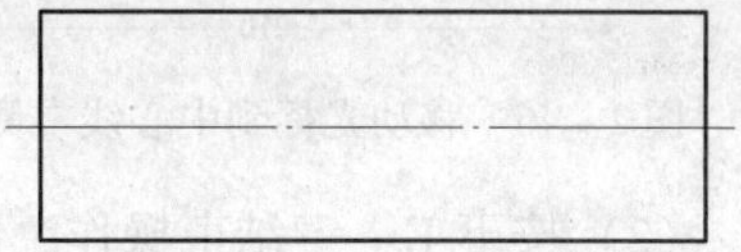

图 2－41　轴的外轮廓

（3）将“虚线”图层设置为当前层。

（4）单击“绘图”工具栏的直线命令按钮，绘制空心轴的内轮廓线，命令行的显示操作如下：

```
命令：_line
指定第一点：　　　　//移动光标捕捉轴右侧外轮廓线的上四分之一点（图 2－42）
指定下一点或［放弃（U）］：　　　//输入相对坐标值“@－200，0”并按下 Enter 键
指定下一点或［放弃（U）］：　　　　　　　　　　//按下 Enter 键，结束命令操作
```

绘制完成后如图 2－43 所示。

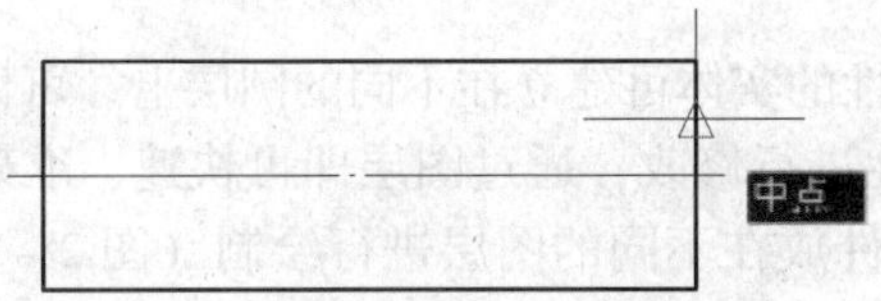

图 2－42　捕捉右侧直线上四分之一点

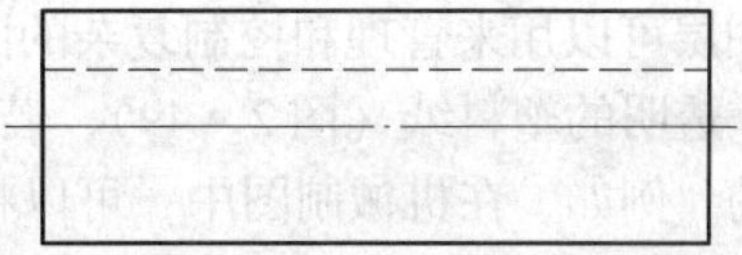

图 2－43　完成虚线绘制

重复直线命令，绘制空心轴的另外一条内轮廓线，命令行显示操作如下：

```
命令：_line
指定第一点：　　　　//移动光标捕捉轴右侧外轮廓线的下四分之一点（图 2－44）
指定下一点或［放弃（U）］：　　　//输入相对坐标值“@－200，0”并按下 Enter 键
指定下一点或［放弃（U）］：　　　　　　　　　　　//按下 Enter 键，结束操作
```

绘制完成后如图 2－45 所示。

图 2－44　捕捉右侧直线下四分之一点

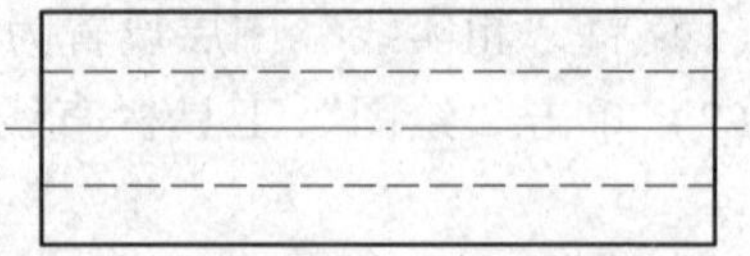

图 2－45　绘制结果

10. 调整中心线

（1）移动十字光标到中心线上，单击鼠标左键选中中心线，此时中心线上将会出现三个小方块夹点，然后移动十字光标到最右侧的夹点上，如图 2－46 所示。

单击鼠标左键把中心线夹点水平向右（左）拖动，将中心线拉长（缩短），使中心线两端超出轮廓线 3 mm 左右后，再次单击鼠标左键，如图 2－47 所示。

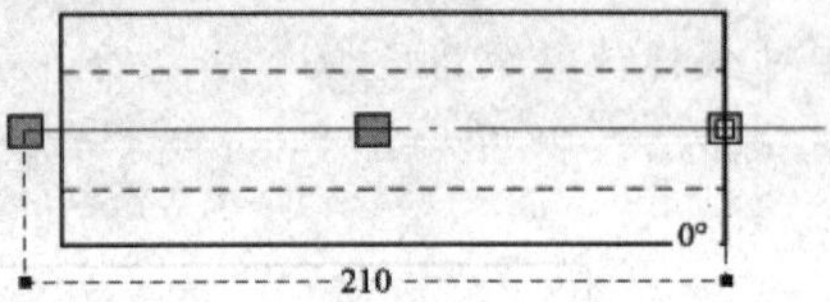

图 2－46　移动光标到中心线右侧小方块夹点

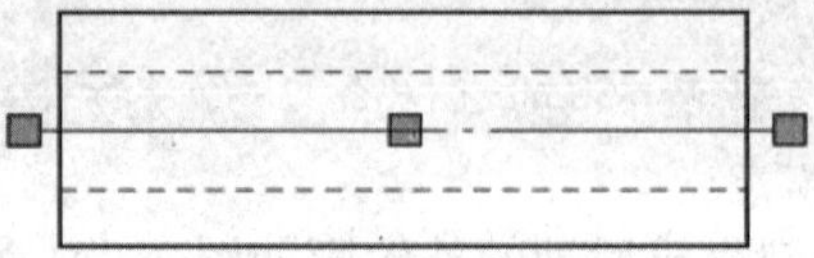

图 2－47　调整中心线

（2）按下 Esc 键结束操作，整个空心轴绘制完毕，如图 2－48 所示。

通过操作夹点是调整直线段长度和位置的快捷操作方法。

1）单击并拖动直线段两端的某一夹点，可将直线段拉长或缩短。

2）单击并拖动直线段中间的夹点，可将直线段平移到适当位置放开即可。

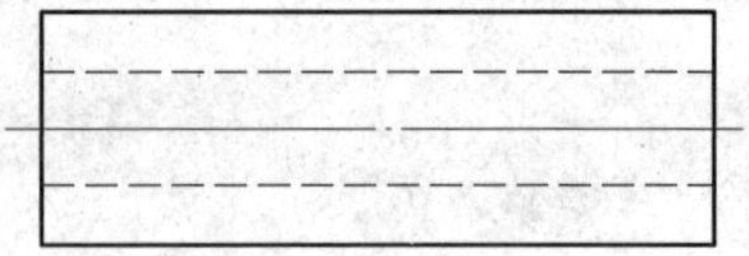

图 2－48　结束操作

具体的拉伸和拉长对象操作将在后续的绘图过程中详细介绍。

四、相关理论

1. 图层

图层可以用来管理和控制复杂的图形，不同属性的实体可建立在不同的图层上。可以将图层看作透明的塑料纸（图 2－49），若要对实体属性进行修改，通过图层即可快速、准确地达到目的。例如，在机械制图中，可以将机器的各零件放在不同的图层进行绘制（图 2－49a），

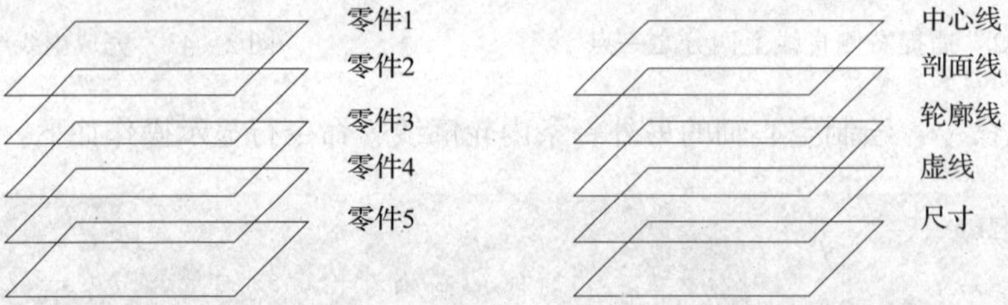

图 2－49　图层可理解为透明纸

或将某一零件的不同属性图线、文字及尺寸放到不同图层进行绘制（图 2-49b），若某个零件或某种图线（文字和尺寸）出现问题，只在相关图层进行修改即可。在上面实例的图层操作中，已经介绍了图层的一些基本设置，除此之外还有一些常用的图层操作，具体介绍如下：

（1）图层的删除

在绘图过程中，当一些图层不需要时，可以将它删除。操作步骤如下：

1）单击“对象特性”工具栏上的图层按钮，系统弹出“图层特性管理器”对话框。

2）选中要删除的图层，单击“图层特性管理器”对话框上的删除图层图标按钮，即可删除该图层。

注意：在删除图层时，0 层是默认层、当前层、含有实体的层和外部引用的依赖层，不能被删除。

（2）图层的打开与关闭

绘图时，为便于编辑或清晰地显示所执行的操作，可将某些图层暂时“关闭”，使其不显示。具体操作如下：

1）单击“对象特性”工具栏上的图层按钮，系统弹出“图层特性管理器”对话框。

2）单击要关闭的某些图层的图标，使其变暗，如图 2-50 所示，将粗实线和尺寸两个图层关闭，此时在绘图区相应的两个图层内容不再显示；再次单击，可恢复显示。

注意：此时对当前图层无法关闭，如单击虚线层的图标则无效。

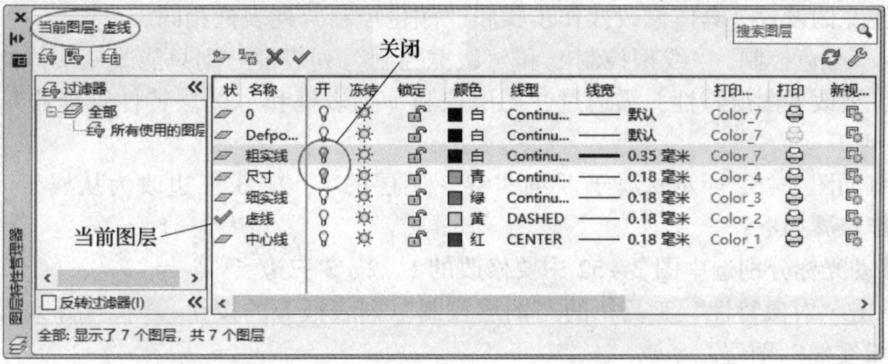

图 2-50　图层的显示控制

（3）图层的冻结与解冻

绘制复杂图形时，为便于删除、修剪等编辑操作，可对某些图层暂时“冻结”，使其不显示。具体操作如下：

1）单击“对象特性”工具栏上的图层按钮，系统弹出“图层特性管理器”对话框。

2）单击要冻结的某些图层的图标，使其变暗成为，此时在绘图区相应的两个图层内容不再显示；再次单击可解冻。

（4）图层的锁定与解锁

图层的锁定是将某一图层固定，在编辑操作时不受任何影响。

类似于图层的冻结与解冻操作，在“图层特性管理器”对话框中，单击要锁定的图层对应的锁定图标，使其变成锁定状态，此时在绘图区相应的图层对象稍有变暗，但无法对其进行选择、修剪、删除等编辑操作。再次单击图标，使其恢复解锁状态。

（5）对象特性的修改

在上面的图层操作中，已经具体介绍了图层对象特性（如线宽、线型及颜色等）的设置方法。在 AutoCAD 2014 中，还可以随时利用“对象特性”工具栏查看和修改选定实体的颜色、线型、线宽、图层等特性。

“对象特性”工具栏如图 2－51 所示，通常位于绘图区上方。

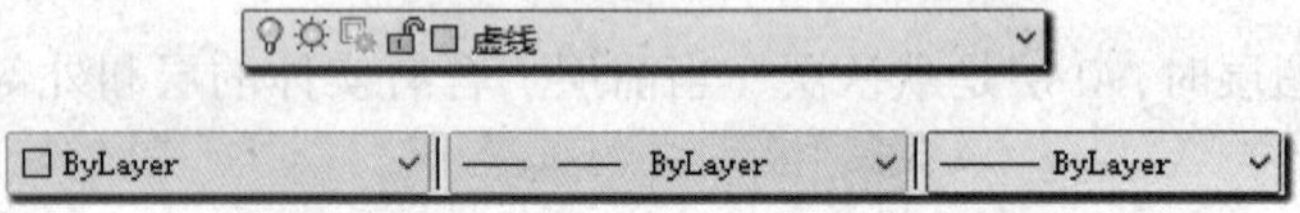

图 2－51 “对象特性”工具栏

图 2－51 上的第一层列表框为“图层控制”列表框，前面已做了叙述。其下面最左端的列表框为“颜色控制”列表框，该列表中列出了图形可用的颜色，列表默认状态为“ByLayer”，意思是随层，也就是说起始实体的颜色是相应图层上设置的颜色。当需要改变某对象的颜色时，可首先选中该对象，然后单击“颜色控制”列表框，在下拉菜单中选中所需的颜色，按下 Esc 键即可。

后面的两个列表框依次为“线型控制”列表框和“线宽控制”列表框，它们分别实现对线型和线宽的设置，具体修改操作步骤和“颜色控制”列表框相同。

注意：“颜色控制”“线型控制”和“线宽控制”列表框分别只能改变实体的颜色、线型、线宽，要改变图层特性，需通过“图层控制”列表框和“图层特性管理器”对话框来改变。

例：将如图 2－52 所示从属于“细实线”图层的 1、2、3 三边改为从属于“粗实线”图层。操作步骤如下：

1）移动光标分别选中图 2－52 中要修改的 1、2、3 三边。

2）单击“对象特性”工具栏的“图层控制”列表框旁的按钮，打开列表框，选择其中的“粗实线”图层。

3）按下 Esc 键，结果如图 2－53 所示。

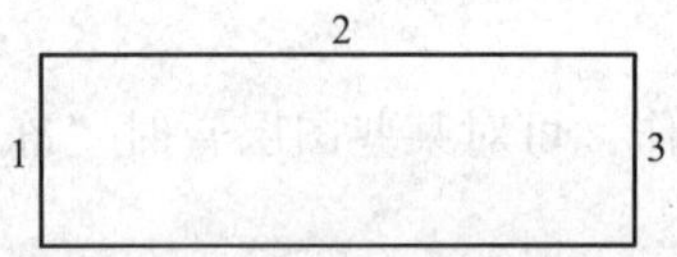

图 2－52 修改前的矩形框

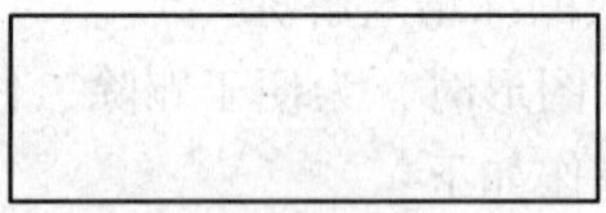

图 2－53 修改后的矩形框

经上述操作后，1、2、3 三边就具有了“粗实线”图层的特性（如颜色、线型及线宽等）。

2. 正交功能

在上述绘制空心轴的实例操作中已应用了正交功能，它用于将光标强行控制在水平或垂直方向上，以辅助绘制水平或垂直的线段。需要指出的是，在标准直角坐标系中，激活该功能后，向右移动光标，系统则会定位在 0°的方向；向上移动光标，系统会定位到 90°方向；

向左移动光标，系统会定位到 180°方向；向下移动光标，系统会定位到 270°方向。

建议：在绘制水平和铅垂方向直线较少的情况下，关闭正交功能。

五、上机练习

1. 用 AutoCAD 2014 绘制如图 2－54 所示的两个图形。

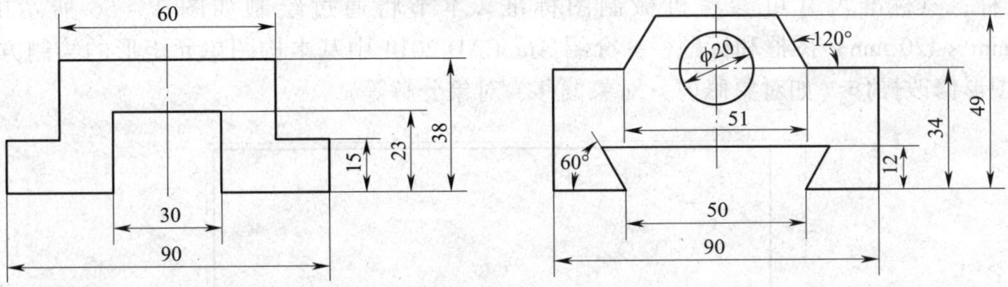

a）　　　　b）

图 2－54　练习一

2. 用 AutoCAD 2014 绘制如图 2－55 所示的两个图形。

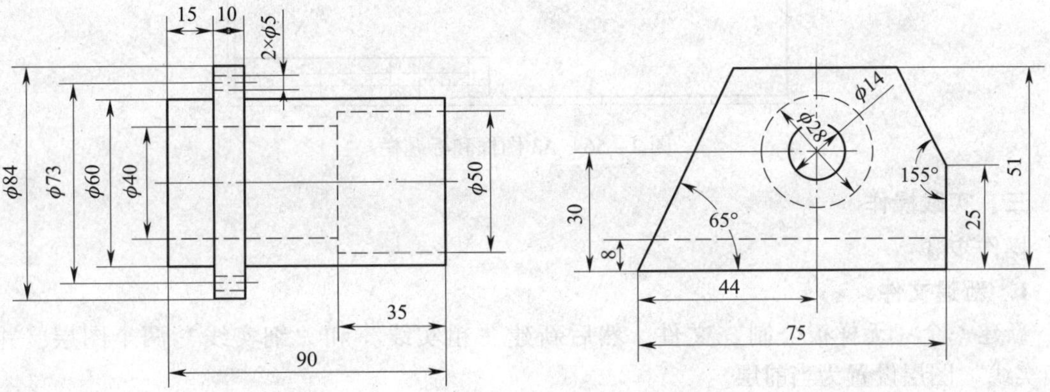

a）　　　　b）

图 2－55　练习二

§2-3　绘制图框和标题栏

一、教学目标

1. 掌握矩形的绘制方法。
2. 掌握图线的偏移方法。
3. 掌握图线的修剪方法。

4. 掌握图幅及标题栏的设置标准。

二、任务分析

在现代工业生产中，为了便于组织生产、管理及进行技术交流，图样的格式、图纸的大小都需要有一个统一的规定，即制图标准。图纸幅面按国家标准分为 A0、A1、A2、A3、A4 五种，其标准尺寸可参考机械制图标准。本节将通过绘制如图 2－56 所示的 A3（297mm×420 mm）图框和标题栏，介绍 AutoCAD 2014 中基本构图单元矩形的绘制方法及一些图形修改操作（如对象修剪、对象偏移、对象分解等）。

图 2－56　A3 图框和标题栏

三、实践操作

操作步骤：

1. 新建文件

新建一个“无样板公制”文件，然后新建“粗实线”和“细实线”两个图层，并将“细实线”图层设置为当前层。

2. 设置参数

打开“正交”和“对象捕捉”，并使用系统默认的对象捕捉参数。

3. 绘制幅面矩形框

单击“绘图”工具栏中的矩形命令按钮 ▭，启动矩形命令，命令行的显示操作如下：

命令：_rectang　　//启动矩形命令

指定第一个角点或［倒角（C）/标高（E）/圆角（F）/厚度（T）/宽度（W）］：　　//移动光标在绘图区适当位置指定一点作为矩形的第一个角点

指定另一个角点或［面积（A）/尺寸（D）/旋转（R）］：

//输入“d”并按下 Enter 键，切换到“尺寸”方式绘制矩形

指定矩形的长度：　　//输入矩形的长度“420”并按下 Enter 键

指定矩形的宽度：　　//输入矩形的宽度“297”并按下 Enter 键

指定另一个角点或［面积（A）/尺寸（D）/旋转（R）］：

//在绘图区指定一点，定位矩形的位置

绘图结果如图 2-57 所示。

图 2-57　A3 幅面矩形框

4. 分解幅面矩形框

刚刚绘制的矩形框是一个独立的对象，现利用 AutoCAD 2014 提供的“分解”命令将其分解为基本的单元——四条直线段，以便对其进行编辑修改。具体操作步骤如下：

单击“修改”工具栏中的分解命令按钮，激活分解命令，命令行的显示操作如下：

```
命令：_explode                                   //启动分解命令
选择对象：                                       //选中如图 2-57 所示矩形框
选择对象：                                       //按下 Enter 键，图形分解完毕
```

5. 绘制图框

（1）单击“修改”工具栏中的偏移命令按钮，对分解的幅面矩形框左侧边向右偏移 25 mm，命令行的显示操作如下：

```
命令：_offset                                    //启动偏移命令
当前设置：删除源 = 否图层 = 源 OFFSETGAPTYPE = 0
指定偏移距离或［通过（T）/删除（E）/图层（L）］<通过>：
                                    //输入偏移距离“25”并按下 Enter 键
选择要偏移的对象或［退出（E）/放弃（U）］<退出>：
                                    //选择如图 2-59 所示矩形框左侧边
指定要偏移的那一侧上的点或［退出（E）/多个（M）/放弃（U）］<退出>：
                                    //在上述左侧边右方指定一点
选择要偏移的对象或［退出（E）/放弃（U）］<退出>：
                                    //按下 Enter 键，结束操作
```

绘制结果如图 2－58 所示。

图 2－58　偏移左侧边

（2）重复偏移命令，分别将矩形幅面框的其余三边向里（相对于矩形框）偏移 5 mm，命令行的显示操作如下：

```
命令：_offset
当前设置：删除源 = 否图层 = 源 OFFSETGAPTYPE = 0
指定偏移距离或［通过（T）/删除（E）/图层（L）］ <25.0000>：
                                   //输入偏移距离“5”并按下 Enter 键
选择要偏移的对象或［退出（E）/放弃（U）］ <退出>：
                                   //选择如图 2－59 所示矩形上侧边
指定要偏移的那一侧上的点或［退出（E）/多个（M）/放弃（U）］ <退出>：
                                   //在上侧边下方指定一点
选择要偏移的对象或［退出（E）/放弃（U）］ <退出>：     //选择矩形右侧边
指定要偏移的那一侧上的点或［退出（E）/多个（M）/放弃（U）］ <退出>：
                                   //在右侧边左方指定一点
选择要偏移的对象或［退出（E）/放弃（U）］ <退出>：     //选择矩形下侧边
指定要偏移的那一侧上的点或［退出（E）/多个（M）/放弃（U）］ <退出>：
                                   //在下侧边上方指定一点
选择要偏移的对象或［退出（E）/放弃（U）］ <退出>：
                                   //按下 Enter 键，结束操作
```

绘制结果如图 2－59 所示。

利用偏移命令偏移对象时，当选择好偏移对象后，可用鼠标指定点的方式确定偏移方向，向哪个方向偏移，在该方向上指定一点即可。

（3）单击“修改”工具栏中的修剪命令按钮，对图框的左上角进行修剪，命令行的显示操作如下：

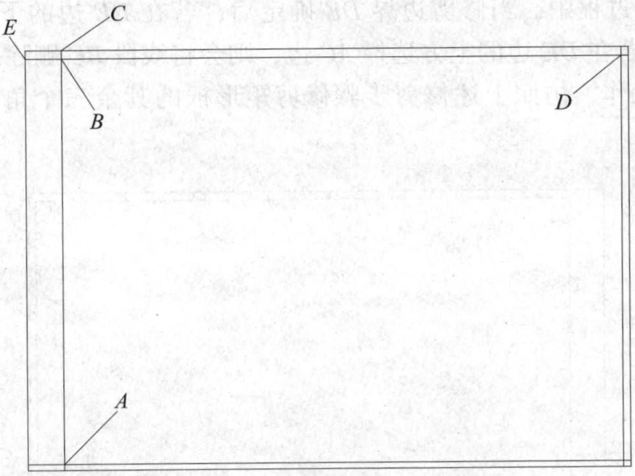

图 2-59　偏移其余矩形框的边

命令：_trim　　//启动修剪命令
当前设置：投影=UCS，边=延伸
选择剪切边...
选择对象或<全部选择>：　　//选择如图 2-59 所示线段 *AC* 作为修剪边界
选择对象：　　//选择如图 2-59 所示线段 *DE* 作为修剪边界
选择对象：　　//按下 Enter 键，结束边界选择
选择要修剪的对象或按住 Shift 键选择要延伸的对象，或［栏选（F）/窗交（C）/投影（P）/边（E）/删除（R）/放弃（U）］：　　//选择修剪对象线段 *BC*
选择要修剪的对象或按住 Shift 键选择要延伸的对象，或［栏选（F）/窗交（C）/投影（P）/边（E）/删除（R）/放弃（U）］：　　//选择修剪对象线段 *BE*
选择要修剪的对象或按住 Shift 键选择要延伸的对象，或［栏选（F）/窗交（C）/投影（P）/边（E）/删除（R）/放弃（U）］：　　//按下 Enter 键，结束操作

绘制结果如图 2-60 所示。

图 2-60　修剪左上角

在上述修剪操作过程中，当修剪边界 *DE* 确定后，若在 *DE* 边的下方选择 *AC* 边，则会将线段 *AB* 删除掉；若在 *DE* 边的上方选择 *AC* 边，则会将线段 *BC* 删除掉。

（4）重复修剪操作，仿照上述修剪步骤修剪矩形框的其余三个角，修剪后如图 2－61 所示。

图 2－61　修剪其余角

6. 绘制标题栏

（1）单击“修改”工具栏中的偏移命令按钮 ，对如图 2－61 所示的 *a* 边进行偏移，命令行的显示操作如下：

```
命令：_offset                                                    //启动偏移命令
当前设置：删除源 = 否图层 = 源 OFFSETGAPTYPE = 0
指定偏移距离或［通过（T）/删除（E）/图层（L）］ <5.0000>：
                                          //输入偏移距离“8”，按下 Enter 键
选择要偏移的对象或［退出（E）/放弃（U）］ <退出>：
                                               //选择如图 2－61 所示的 a 边
指定要偏移的那一侧上的点或［退出（E）/多个（M）/放弃（U）］ <退出>：
                                                       //在 a 边上方指定一点
选择要偏移的对象或［退出（E）/放弃（U）］ <退出>：//选择上一步偏移的直线
指定要偏移的那一侧上的点或［退出（E）/多个（M）/放弃（U）］ <退出>：
                                           //在上一步偏移的直线上方指定一点
选择要偏移的对象或［退出（E）/放弃（U）］ <退出>：//选择上一步偏移的直线
指定要偏移的那一侧上的点或［退出（E）/多个（M）/放弃（U）］ <退出>：
                                           //在上一步偏移的直线上方指定一点
选择要偏移的对象或［退出（E）/放弃（U）］ <退出>：
                                                   //按下 Enter 键，结束操作
```

（2）重复偏移操作，对如图 2－61 所示的直线 *b* 分别向左偏移 60 mm、110 mm、130 mm、165 mm、180 mm。

绘制完成后如图 2－62 所示。

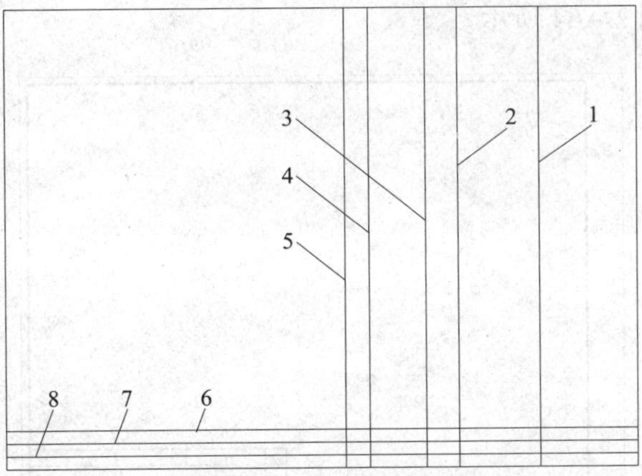

图 2－62　偏移直线结果

7. 单击“修改”工具栏中的修剪命令按钮 ，修剪标题栏，命令行的显示操作如下：

命令：_trim　　//启动修剪命令

当前设置：投影＝UCS，边＝延伸

选择剪切边...

选择对象：　　//选择如图 2－62 所示的线段 5 作为第一条剪切边界

选择对象：　　//选择如图 2－62 所示的线段 6 作为第二条剪切边界

选择对象：　　//按下 Enter 键，结束剪切边界选择

选择要修剪的对象或按住 Shift 键选择要延伸的对象，或［栏选（F）/窗交（C）/投影（P）/边（E）/删除（R）/放弃（U）］：

//窗交选择线段 1、2、3、4、5 的上端（图 2－63）

选择要修剪的对象或按住 Shift 键选择要延伸的对象，或［栏选（F）/窗交（C）/投影（P）/边（E）/删除（R）/放弃（U）］：　　//窗交选择线段 6、7、8 的左端

选择要修剪的对象或按住 Shift 键选择要延伸的对象，或［栏选（F）/窗交（C）/投影（P）/边（E）/删除（R）/放弃（U）］：　　//按下 Enter 键，结束操作

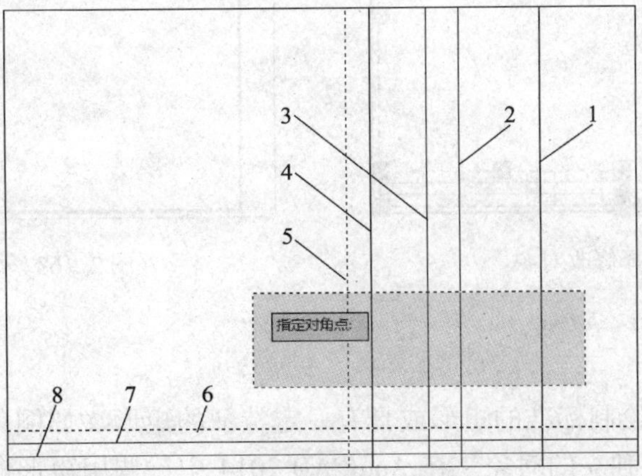

图 2－63　窗交选择线段 1～5

修剪后的结果如图 2－64 所示。

图 2－64　修剪偏移线结果

8. 单击“修改”工具栏中的偏移命令按钮，将如图 2－64 所示的线段 c 向右偏移 15 mm，如图 2－65 所示。

9. 单击“修改”工具栏中的修剪命令按钮，修剪刚偏移的直线，修剪结果如图 2－66 所示。

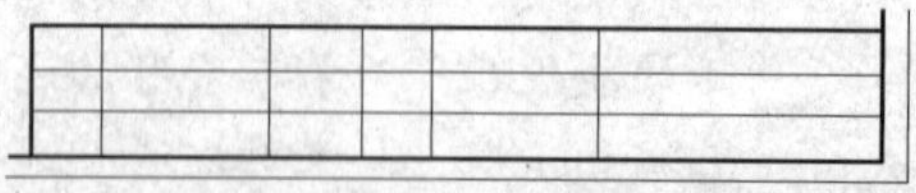

图 2－65　偏移线段 c 后

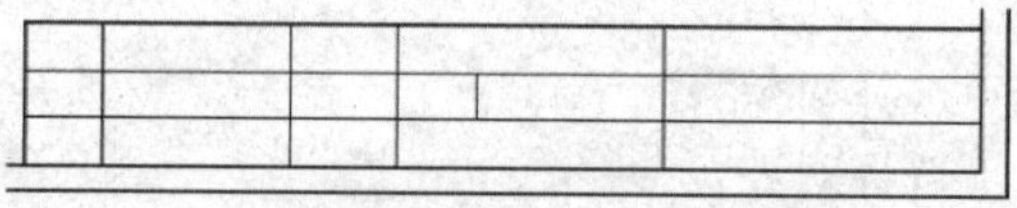

图 2－66　修剪刚偏移的线段

10. 选中需要修改线型的线段，如图 2－67 所示，将其修改为“粗实线”图层，修改结果如图 2－68 所示。

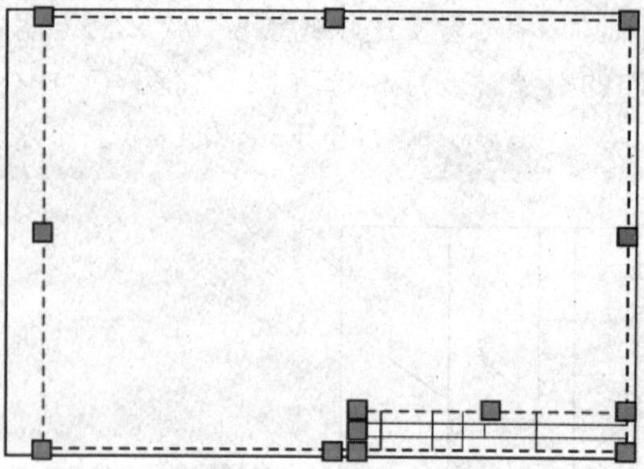

图 2－67　选择修改对象

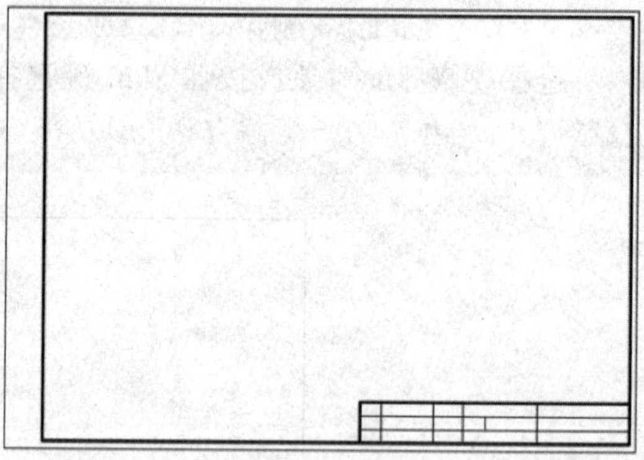

图 2－68　线型修改结果

四、相关理论

1. 矩形操作

“矩形”命令用于绘制标准的矩形或具有一定特征的矩形（如倒角矩形、圆角矩形等），所绘制的矩形都是一个独立的对象。在 AutoCAD 2014 中，调用矩形命令的方法有两种：一是选择下拉菜单“绘图｜矩形”命令；二是在命令行键入“rectang”后按下 Enter 键。在

AutoCAD 2014 中，绘制标准矩形的方式有两种，在前文实践操作中已具体介绍了“尺寸”方式绘制矩形，此方式是在命令行中直接输入矩形的长度和宽度尺寸绘制矩形；另一种是“对角点”方式绘制矩形，此方式是系统默认的方式，通过给定矩形的两个对角点绘制矩形。

现通过绘制如图 2－69 所示矩形介绍“对角点”方式绘制矩形的操作过程，操作步骤如下：

选择下拉菜单“绘图 | 矩形”命令，激活矩形命令，命令行的显示操作如下：

```
命令：_rectang                                                    //启动矩形命令
指定第一个角点或［倒角（C）/标高（E）/圆角（F）/厚度（T）/宽度（W）］：
                          //移动光标，在绘图区适当位置指定一点作为矩形第一个角点
指定另一个角点或［面积（A）/尺寸（D）/旋转（R）］：
          //输入第二个角点相对于第一个角点的相对坐标值“@100，－50”并
                                                      按下 Enter 键，结束操作
```

绘制结果如图 2－70 所示。

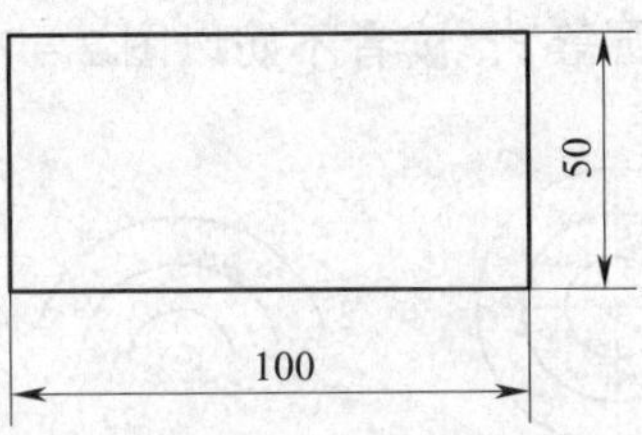

图 2－69　对角点绘制矩形

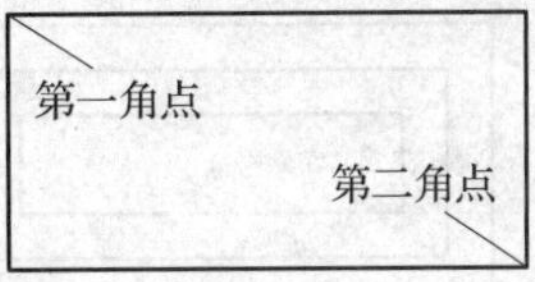

图 2－70　绘制矩形结果

试一试：用户可用左下角点和右上角点确定相对坐标，以“对角点”方式绘制矩形，比较哪种方法更快捷。

2. 偏移操作

“偏移”命令用于将对象以一定距离或指定的点进行偏移复制，偏移后的对象大小可以改变，形状一般保持不变。在 AutoCAD 2014 中调用偏移命令的方法有两种：一是选择下拉菜单“修改 | 偏移”命令；二是在命令行输入“offset”后按下 Enter 键。

在 AutoCAD 2014 中，利用“偏移”命令偏移对象的方式有两种，在前文实践操作中已具体介绍了“定距”方式偏移对象的操作方法，此方式是系统的默认方式，通过输入偏移距离值来偏移对象；另一种是“定点”方式，此方式用于指定一个点作为偏移对象进行定位。

现通过偏移如图 2－71 所示的直线来介绍“定点”方式偏移对象的方法。

选择下拉菜单“修改 | 偏移”命令，激活偏移命令，命令行的显示操作如下：

```
命令：_offset                                                     //启动偏移命令
当前设置：删除源 = 否图层 = 源 OFFSETGAPTYPE =0
指定偏移距离或［通过（T）/删除（E）/图层（L）］<通过>：
                          //输入“t”，按下 Enter 键，切换到“通过点”模式
选择要偏移的对象或［退出（E）/放弃（U）］<退出>：
                                                   //选择如图 2－71 所示直线
```

指定通过点或［退出（E）/多个（M）/放弃（U）］<退出>：
//捕捉圆的圆心作为偏移后直线的通过点
选择要偏移的对象或［退出（E）/放弃（U）］<退出>：
//按下 Enter 键，结束操作

绘制结果如图 2－72 所示。

图 2－71　偏移前的图形　　　　图 2－72　通过圆心偏移直线

需要说明的是，偏移对象可以是直线也可以是曲线，既可以是单一线段（直线或曲线段），也可以是独立的图形（如矩形、正多边形或圆等），读者不妨以图 2－73 为例试一试。

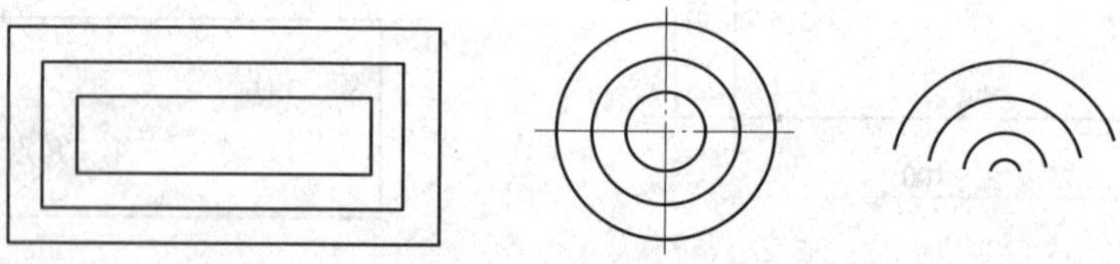

a）　　b）　　c）

图 2－73　矩形、圆和圆弧的偏移

3. 修剪操作

“修剪”命令是用于沿指定的修剪边界修剪掉目标对象中不需要的部分，所选的修剪边界与目标对象可以相交，也可以不相交。在 AutoCAD 2014 中调用此命令的方法有两种：一是选择下拉菜单“修改 | 修剪”命令；二是在命令行键入“trim”后按下 Enter 键。

在前文实践操作中已具体介绍了利用“修剪”命令修剪到实际交点的对象的操作方法，所谓“修剪到实际交点”指的是修剪边界与修剪对象存在，在此交点处将修剪对象的一部分断开并删除。此外，在 AutoCAD 2014 中利用“修剪”命令还可以修剪到隐含交点，修剪的结果是在隐含交点处将修剪对象的一部分断开并删除，在此过程中修剪命令起到了延伸的作用。

如图 2－74 所示，以斜线段作为边界，可利用“修剪”命令将垂直线段位于斜线段上侧的线段修剪掉。

选择下拉菜单“修改 | 修剪”命令，启动“修剪”命令，命令行的显示操作如下：

命令：_trim　　//启动修剪命令
当前设置：投影 = UCS，边 = 延伸
选择剪切边...
选择对象或 <全部选择>：　　//选择如图 2－74 所示的斜边作为修剪边界
选择对象：　　//按下 Enter 键，结束边界选择

选择要修剪的对象或按住 Shift 键选择要延伸的对象，或［栏选（F）/窗交（C）/投影（P）/边（E）/删除（R）/放弃（U）］： //输入“e”并按下 Enter 键，切换到边模式

输入隐含边延伸模式［延伸（E）/不延伸（N）］<延伸>：

//输入“e”并按下 Enter 键，设置边界的延伸模式

选择要修剪的对象或按住 Shift 键选择要延伸的对象，或［栏选（F）/窗交（C）/投影（P）/边（E）/删除（R）/放弃（U）］： //选择如图 2－74 所示的垂直边的上端

选择要修剪的对象或按住 Shift 键选择要延伸的对象，或［栏选（F）/窗交（C）/投影（P）/边（E）/删除（R）/放弃（U）］： //按下 Enter 键，结束操作

修剪后的图形如图 2－75 所示。

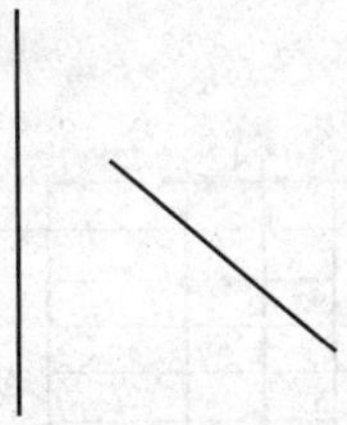

图 2－74　修剪前的图形

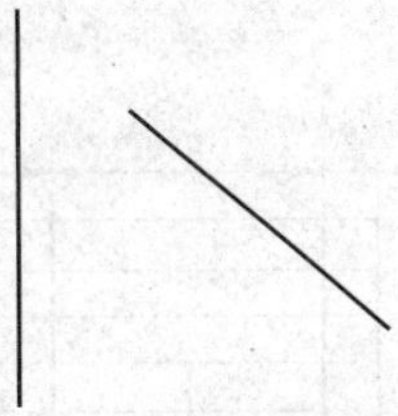

图 2－75　修剪后的图形

用户一旦设置了延伸模式，当重复执行命令时，系统将一直沿用此模式，直到用户再次修改为止。

五、上机练习

1. 用 AutoCAD 2014 完成如图 2－76 所示 A4 图框和标题栏的绘制，标题栏绘制尺寸如图 2－77 所示。

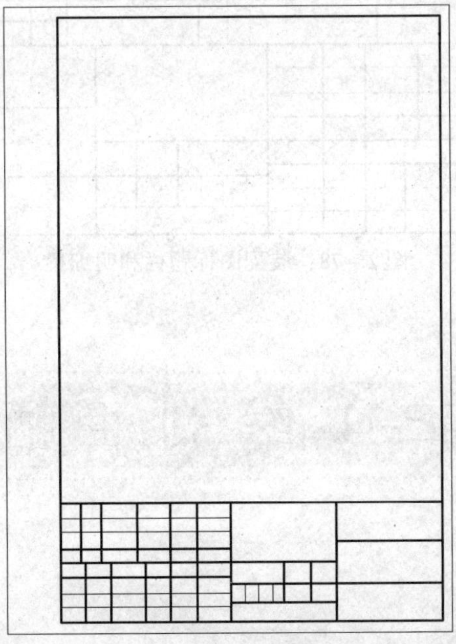

图 2－76　A4 图框和标题栏

2. 用 AutoCAD 2014 完成如图 2－78 所示装配图标题栏和明细栏的绘制，其中标题栏绘制尺寸如图 2－77 所示。

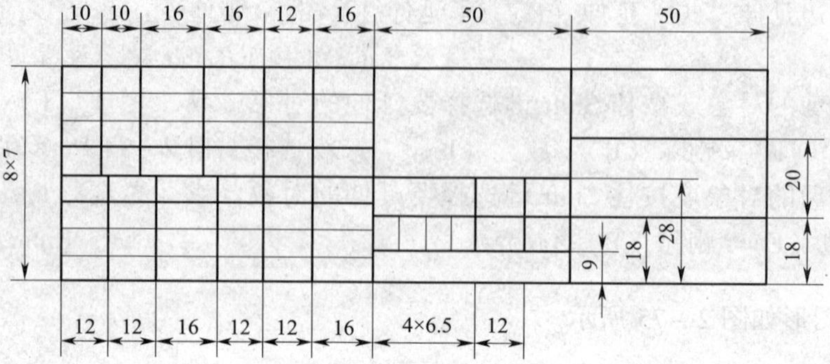

图 2－77　标题栏尺寸

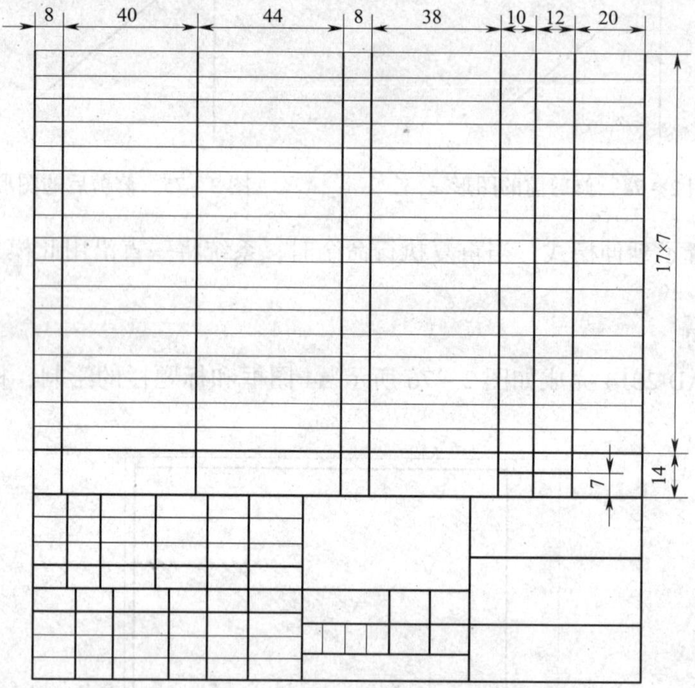

图 2－78　装配图标题栏和明细栏

§2-4 绘制手柄

一、教学目标

1. 掌握圆弧的绘制方法。
2. 掌握图形的镜像操作。

3．掌握延伸、删除操作。

4．掌握样条曲线的绘制方法。

二、任务分析

在机械制图中，有许多零件图形是由圆弧和直线或圆弧和圆弧连接而成的。手工绘制这些圆弧连接时非常烦琐，如绘制图 2－79 所示的圆弧内连接两已知圆弧。而如果用 AutoCAD 2014 绘制该图形，只需启动相应圆弧命令，利用辅助工具分别捕捉两已知圆弧的切点并输入相切圆弧半径，即可精确绘制出相切圆弧，效率非常高。本节将通过绘制如图 2－80 所示的手柄，讲述在 AutoCAD 2014 中绘制圆弧的方法及相关编辑操作。

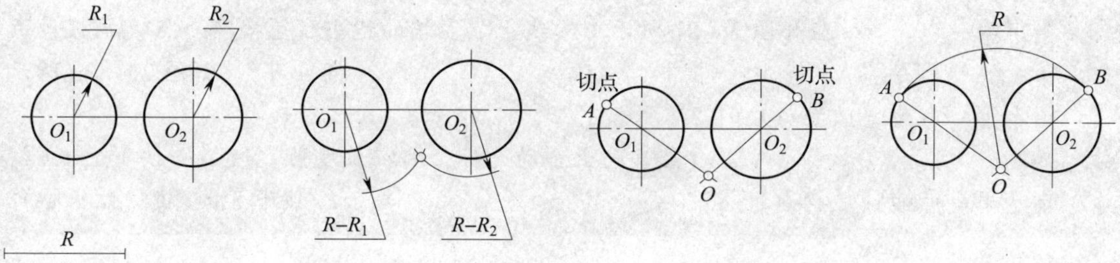

图 2－79　圆弧内连接两已知圆弧的画法

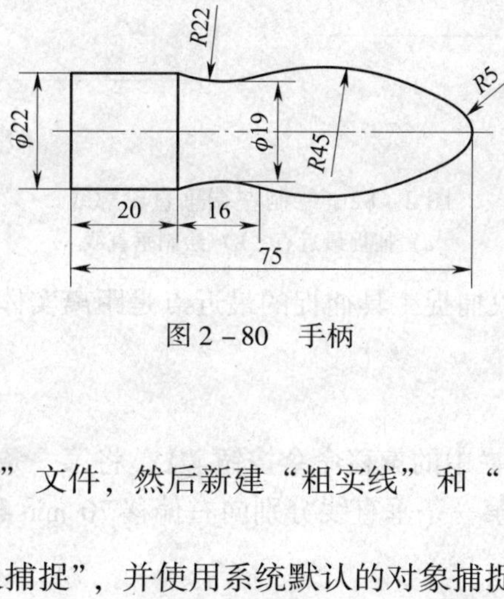

图 2－80　手柄

三、实践操作

1．新建文件

新建一个“无样板公制”文件，然后新建“粗实线”和“中心线”两个图层。

2．设置参数

打开“正交”和“对象捕捉”，并使用系统默认的对象捕捉参数。

3．绘制中心线

（1）选定“中心线”图层为当前图层。

（2）单击“绘图”工具栏中的直线命令按钮，绘制手柄的中心线，命令行的显示操作如下：

命令：_line
指定第一点：　//在绘图区适当位置指定一点
指定下一点或［放弃（U）］：//水平向右移动光标，输入长度值“88”，按下 Enter 键
指定下一点或［放弃（U）］：　//按下 Enter 键，结束操作

绘制结果如图 2－81 所示。

图 2－81　绘制中心线

在绘制此中心线的过程中，利用了长度方式（右手鼠标导航，左手键盘输入长度值）。

4. 绘制垂直线

（1）选定“粗实线”图层为当前层。

（2）单击“绘图”工具栏中的直线命令按钮，以中心线为基准绘制第一条垂直线。命令行的显示操作如下：

命令：_line
指定第一点：　//在如图 2－81 所示中心线上靠左端的适当位置拾取一点（捕捉最近点即可），如图 2－82a 所示
指定下一点或［放弃（U）］：
　　//竖直向上移动光标，输入长度值“11”并按下 Enter 键
指定下一点或［放弃（U）］：　//按下 Enter 键，结束操作

绘制结果如图 2－82b 所示。

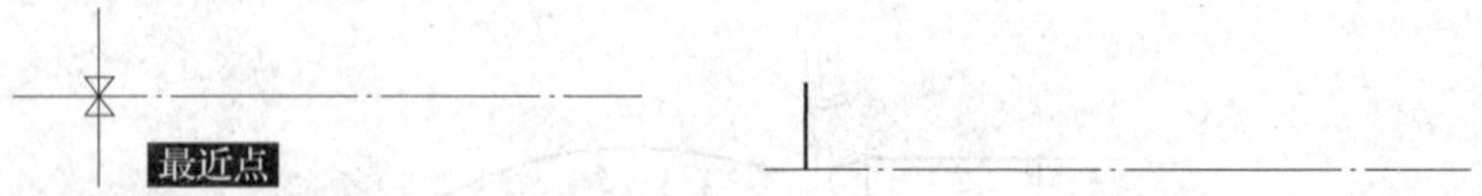

a）　　b）

图 2－82　绘制左端垂直轮廓线

a）捕捉最近点　b）绘制垂直线

在上述操作中，利用对象捕捉工具捕捉的最近点是距离实体对象上最近的点，可近似认为是实体上的点。

5. 偏移垂直线

（1）单击“修改”工具栏中的偏移命令按钮，将第一条垂直线向右偏移 20 mm。

（2）重复偏移命令，把第一条垂直线分别向右偏移 70 mm 和 75 mm。

完成后如图 2－83 所示。

6. 绘制手柄的上半轮廓

（1）单击“绘图”工具栏中的直线命令按钮，移动光标分别捕捉左边第一条垂直线的上端点和第二条垂直线的上端点绘制水平线，结果如图 2－84 所示。

图 2－83　偏移垂直线

图 2－84　绘制水平线

（2）单击“修改”工具栏中的偏移命令按钮，把中心线向上偏移 31.5 mm（19/2 mm + 22 mm），获得水平辅助线，如图 2－85 所示。

（3）单击“绘图”工具栏中的圆命令按钮，捕捉手柄轮廓上的点 *A* 为圆心，以半径 22 mm 画辅助圆，与水平线相交得交点 *O*，如图 2－86 所示。

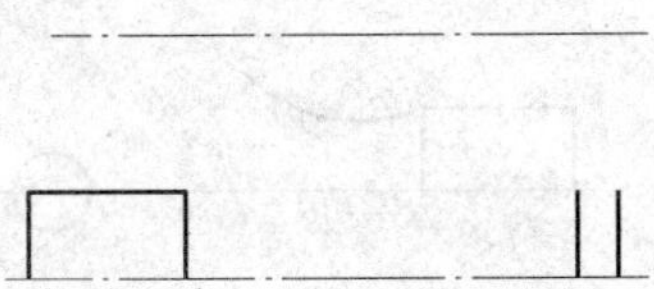

图 2－85　偏移中心线

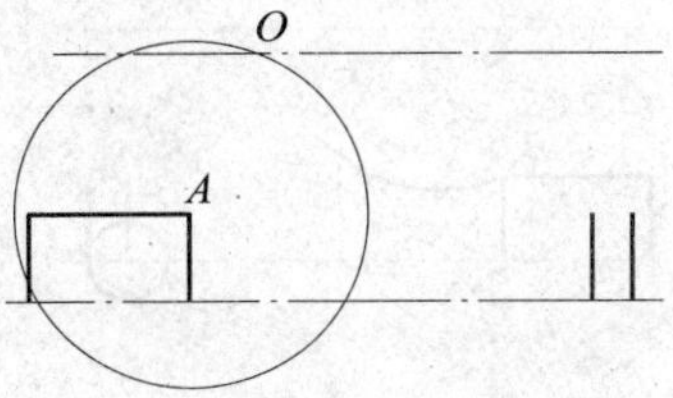

图 2－86　画辅助圆找到圆心

（4）在下拉菜单“绘图 | 圆弧”中选择“起点、圆心、长度”命令，激活圆弧命令绘制圆弧。命令行的操作步骤如下：

命令：_arc
指定圆弧的起点或［圆心（C）］：　　　//捕捉如图 2－86 所示的 A 点为圆弧的起点
指定圆弧的第二个点或［圆心（C）/端点（E）］：_c 指定圆弧的圆心：
　　　//捕捉如图 2－87 所示的 O 点为圆弧的圆心
指定圆弧的端点或［角度（A）/弦长（L）］：_l 指定弦长：
　　　//输入弦长“20”并按下 Enter 键

绘制结果如图 2－87 所示。

利用上述命令画圆弧时，选择起点和终点不同，则圆弧的方向不同。其圆弧方向按逆时针方向绘制为正方向，按顺时针方向绘制为负方向。输入的弦长 20 是预估的，也可直接点击另一端点，用户可以体验一下。

（5）单击“绘图”工具栏中的圆命令，捕捉向右偏移 70 mm 的垂直线与中心线的交点作为圆心，绘制半径为 5 mm 的小圆，如图 2－88 所示。

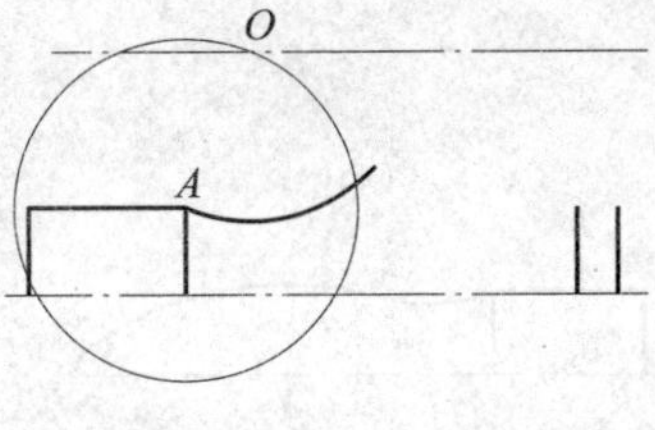

图 2－87　绘制弦长为 16 mm 的圆弧

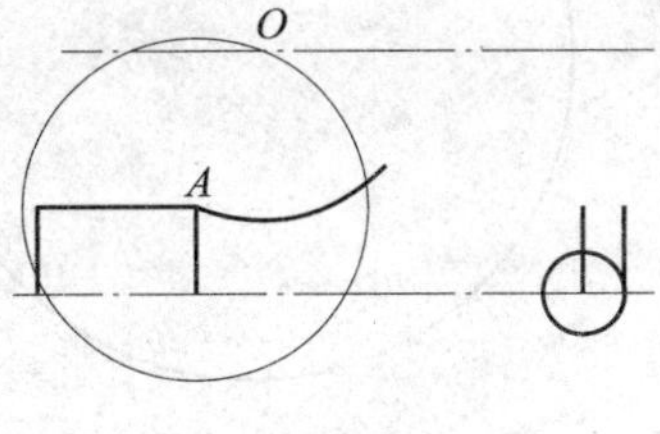

图 2－88　绘制小圆

（6）单击“修改”工具栏中的删除命令，删除不必要的辅助直线。命令行的操作步骤如下：

命令：_erase　　　//启动删除命令
选择对象：　　　//按如图 2－89 所示选中对象
选择对象：　　　//按下 Enter 键删除对象

删除操作结果如图 2－90 所示。

（7）选择下拉菜单“绘图 | 圆（C）| 相切、相切、半径”命令，绘制圆。命令行的操作步骤如下：

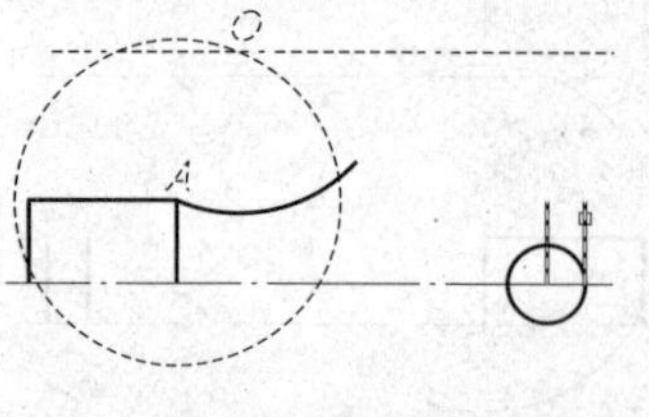

图 2－89　选中预删除对象（辅助线）

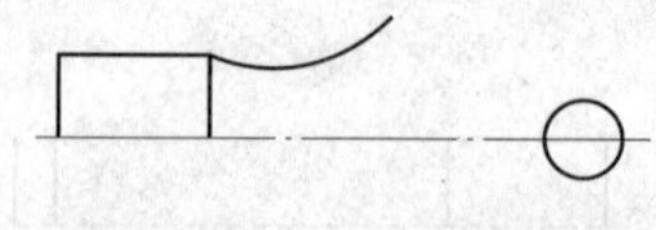

图 2－90　删除操作结果

命令：_circle

指定对象与圆的第一切点：

//捕捉大圆弧上的右侧点，出现递延切点提示符时点击（图 2－91）

指定对象与圆的第二切点：　//捕捉小圆上的点，出现递延切点提示符时点击（图 2－92）

指定圆的半径 <10.0000>：　//输入半径“45”并按下 Enter 键

绘制结果如图 2－93 所示。

（8）单击“修改”工具栏中的修剪命令按钮，分别以中心线、圆、圆弧为修剪边界修剪掉多余的图线，得到手柄上半部分的轮廓，如图 2－94 所示。

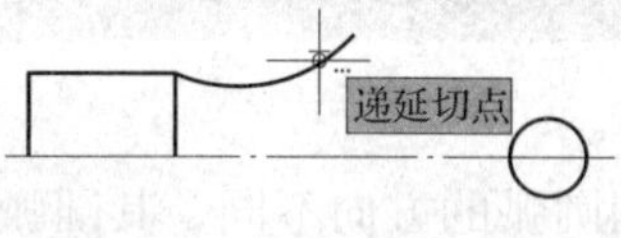

图 2－91　捕捉圆弧的切点

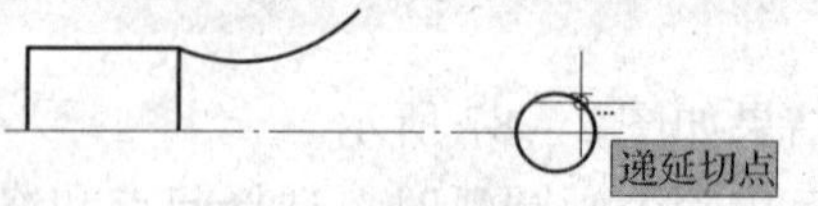

图 2－92　捕捉圆的切点

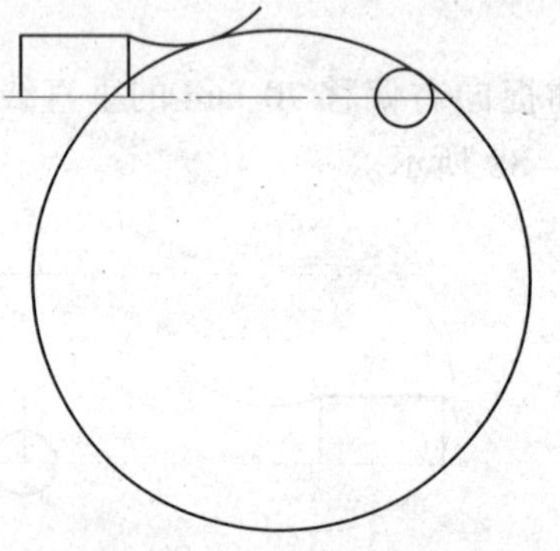

图 2－93　绘制手柄圆弧

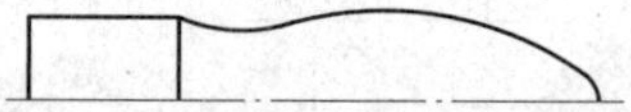

图 2－94　修剪多余线后的结果

7. 绘制手柄的完整轮廓

单击“修改”工具栏中的镜像命令按钮，绘制完整的手柄外轮廓，其命令行的显示操作如下：

命令：_mirror　//启动镜像命令

选择对象：指定对角点：　//选择要镜像的对象，如图 2－94 所示选中对象

选择对象：　//按下 Enter 键，结束对象选择

指定镜像线的第一点：　//捕捉中心线的左端点

指定镜像线的第二点：　//捕捉中心线的右端点

要删除源对象吗？[是（Y）/否（N）]：　//按下 Enter 键，采用默认设置“否”

镜像结果如图 2 – 95 所示。

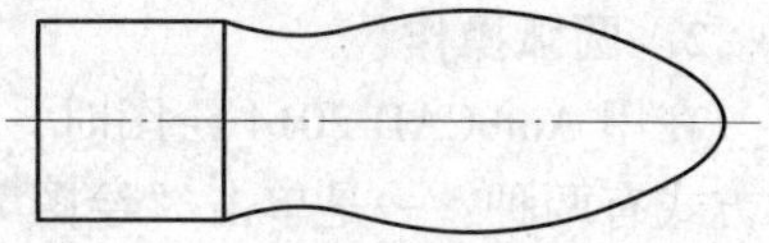

图 2 – 95　镜像结果

在上述操作中，当命令行提示“要删除源对象吗？［是（Y）/否（N）］<N>：”时，如输入“Y”再按下 Enter 键，手柄的上半部分（源对象）将被删除。

四、相关理论

1. 延伸操作

“延伸”命令用于将目标对象延伸到所选的边界上，常见的延伸对象有直线、圆弧、椭圆弧等。调用“延伸”命令有两种方式：一是单击下拉菜单“修改｜延伸”命令；二是在命令行输入“extend”后按下 Enter 键。

在延伸对象时，有两种情况，即“延伸到实际交点”和“延伸到隐含交点”。“延伸到实际交点”是指对象在延伸后与选择的边界相交于一点；“延伸到隐含交点”是指对象延伸后并不能与边界相交于一点，但与边界的延长线相交于一点。在上述绘制手柄的实践操作中，已介绍了“延伸到实际交点”情况下的延伸操作方法，下面将举例说明另一种情况。

例如，把如图 2 – 96 所示的线段 *a* 延伸到线段 *a* 与线段 *b* 交点的位置，单击“修改”工具栏中的延伸命令按钮 ，命令行的显示操作如下：

命令：_extend　　//启动延伸命令
当前设置：投影 = UCS，边 = 无
选择边界的边...
选择对象或 <全部选择>：　　//选择如图 2 – 96 所示线段 *b* 为延伸边界
选择对象：选择要延伸的对象或按住 Shift 键选择要修剪的对象，或［栏选（F）/窗交（C）/投影（P）/边（E）/放弃（U）］：　　//输入“e”切换到边延伸模式
输入隐含边延伸模式［延伸（E）/不延伸（N）］：　　//输入“e”，按下 Enter 键
选择要延伸的对象或按住 Shift 键选择要修剪的对象，或［栏选（F）/窗交（C）/投影（P）/边（E）/放弃（U）］：　　//输入“e”表示边界是可延伸的
选择要延伸的对象或按住 Shift 键选择要修剪的对象，或［栏选（F）/窗交（C）/投影（P）/边（E）/放弃（U）］：　　//单击线段 *a*

线段延伸结果如图 2 – 97 所示。

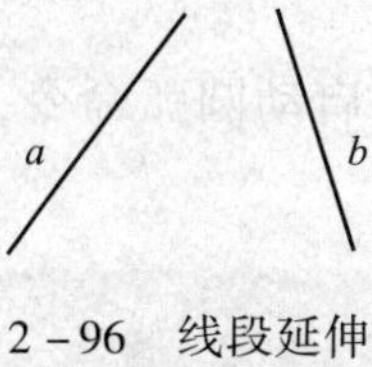

图 2 – 96　线段延伸前

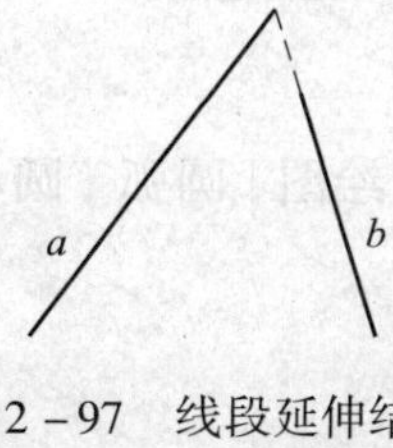

图 2 – 97　线段延伸结果

在执行延伸命令后，当命令行中提示操作者选择延伸边界时，可直接在绘图区空白处单击鼠标右键选择延伸对象，此时延伸对象的端点会自动延伸到距离它最近的边界线。

2. 圆弧操作

在用 AutoCAD 2014 绘图时，“圆弧”命令是用得比较频繁的命令之一。调用圆弧命令的方式有两种：一是单击“绘图”工具栏的圆弧命令按钮；二是在命令行中键入“arc”后按下 Enter 键。

AutoCAD 2014 为用户提供了 10 多种绘制圆弧的方法，如图 2－98 所示的下拉菜单中，除在前文实践操作中使用的方法外，还有两种最常用的绘制方法。

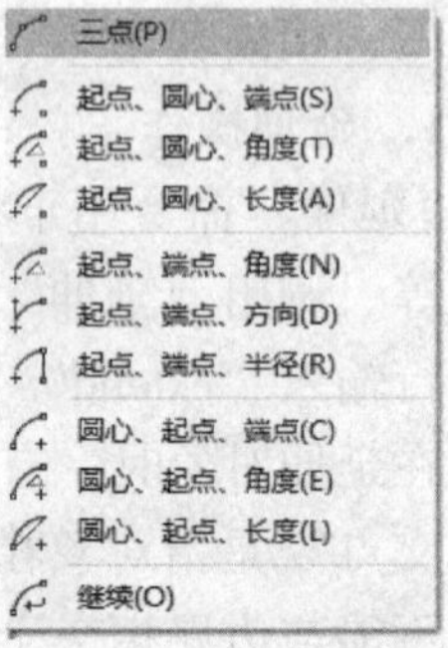

图 2－98　圆弧下拉菜单

(1)“三点”方式绘制圆弧

此种方式是利用圆弧的起点、圆弧上任意一点以及圆弧的终点绘制圆弧，系统将根据三个点的位置自动确定圆弧的位置和大小，如图 2－99 所示。

单击“绘图”工具栏中的圆弧命令按钮，启动圆弧命令，命令行的显示操作如下：

命令：_arc
指定圆弧的起点或［圆心（C）］：
//移动光标，在绘图区适当位置指定一点作为圆弧的起点
指定圆弧的第二个点或［圆心（C）/端点（E）］：
//在适当位置指定一点作为圆弧上的一点
指定圆弧的端点：　//指定一点作为圆弧的端点，绘制完毕

(2)“圆心、起点、端点”方式绘制圆弧

此种方式是在确定圆弧的圆心和起点的位置后，指定圆弧的端点位置即可精确绘制出圆弧，如图 2－100 所示。

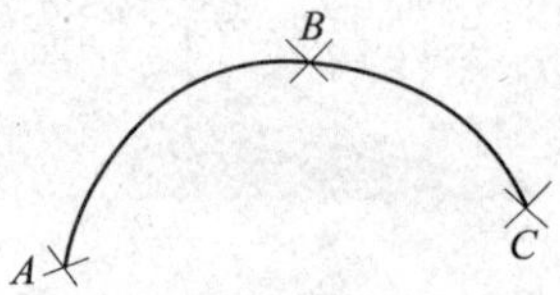

图 2－99　三点定圆弧

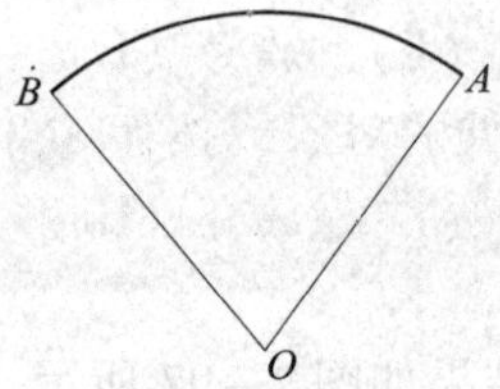

图 2－100　用“圆心、起点、端点”方式绘制圆弧

单击下拉菜单“绘图｜圆弧｜圆心、起点、端点”，启动圆弧命令，命令行的显示操作如下：

命令：_arc
指定圆弧的起点或［圆心（C）］：_c
指定圆弧的圆心：
//在绘图区适当位置指定一点作为圆弧的圆心，如图 2－100 所示的 *O* 点

```
指定圆弧的起点：      //在适当位置指定一点作为圆弧起点，如图 2－100 所示的 A 点
指定圆弧的端点或［角度（A）/弦长（L）］：
                  //拾取一点作为圆弧的端点，如图 2－100 所示的 B 点，绘制完毕
```

3. 镜像操作

“镜像”是创建复合对象的工具之一，当遇到绘制对称结构的图形时，使用镜像命令可以大大提高绘图效率。镜像命令就是用于按指定轴对称复制目标对象，原目标对象可保留也可删除。调用镜像命令的方式有两种：一是单击菜单“修改|镜像”命令；二是在命令行输入“mirror”后按下 Enter 键。

其具体的操作方法可参照绘制手柄实例中镜像的操作步骤，在此不再赘述。

4. 样条曲线操作

在 AutoCAD 2014 的二维绘图过程中，样条曲线主要用于相贯线、截交线以及波浪线的绘制。在绘制样条曲线时，必须给定三个以上的点，如要绘制出的样条曲线具有更多的波浪线，就要给定更多的点，AutoCAD 2014 会自动生成一条光滑的线。在 AutoCAD 2014 中调用“样条曲线”命令的方法有三种：一是单击“绘图”工具栏中的样条曲线命令按钮 ；二是单击下拉菜单“绘图|样条曲线”命令；三是在命令行中键入“spline”，按下 Enter 键。

现通过绘制如图 2－101 所示的波浪线介绍“样条曲线”命令的应用方法。

单击“绘图”工具栏的样条曲线命令按钮 ，启动样条曲线命令，命令行的显示操作如下：

```
命令：_spline                                              //启动样条曲线命令
指定第一个点或［对象（O）］：
                   //在绘图区适当位置单击鼠标左键指定一点，如图 2－101 所示的 A 点
指定下一点：                              //指定第二点，如图 2－101 所示的 B 点
指定下一点或［闭合（C）/拟合公差（F）］<起点切向>：
                                          //指定第三点，如图 2－101 所示的 C 点
指定下一点或［闭合（C）/拟合公差（F）］<起点切向>：
                                          //指定第四点，如图 2－101 所示的 D 点
指定下一点或［闭合（C）/拟合公差（F）］<起点切向>：
                                          //指定第五点，如图 2－101 所示的 E 点
指定下一点或［闭合（C）/拟合公差（F）］：          //按下 Enter 键，结束指定点
指定起点切向：                      //按下 Enter 键，设定起点切向为默认方向
指定端点切向：                                                      //同上
```

绘制结果如图 2－101 所示。

在命令行“指定下一点或［闭合（C）/拟合公差（F）］<起点切向>：”中“拟合公差”的功能如下：当拟合公差的值为 0 时，画出的样条曲线严格通过用户指定的每一点；当拟合公差不为 0 时，AutoCAD 2014 画出的样条曲线并不通过用户指定的每一点，而是自

动拟合成一条圆滑的样条曲线，拟合公差值是生成的样条曲线与用户指定点之间的最大距离。

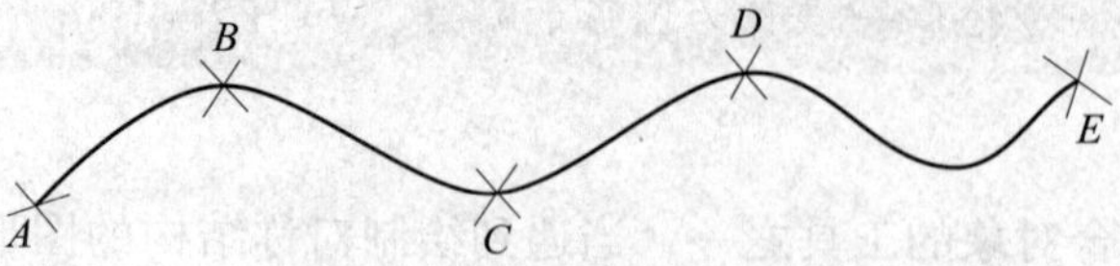

图 2－101　绘制波浪线

五、上机练习

1．用 AutoCAD 2014 绘制如图 2－102 所示的图形。

2．用 AutoCAD 2014 绘制如图 2－103 所示的图形。

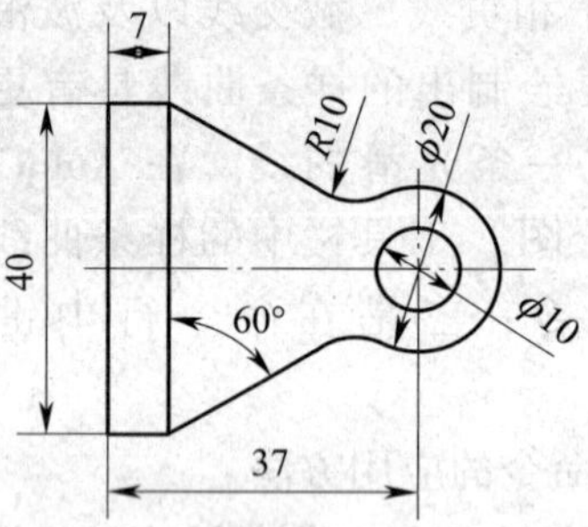

图 2－102　练习一

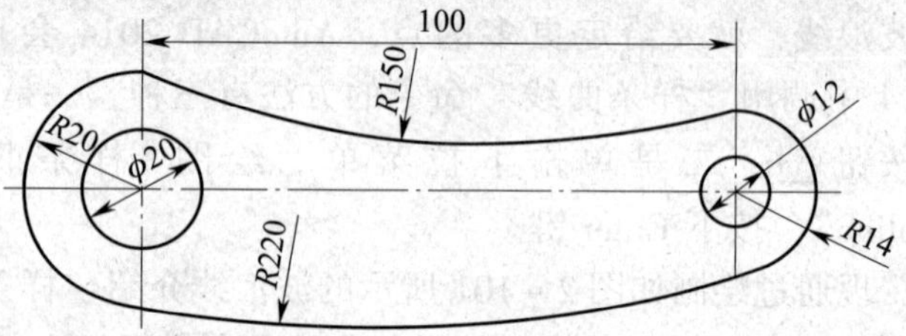

图 2－103　练习二

3．用 AutoCAD 2014 绘制如图 2－104 所示的图形。

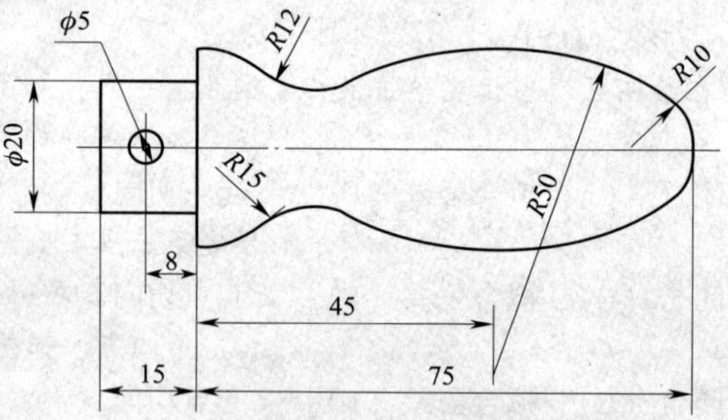

图 2－104　绘制手柄平面图

提示：在绘制上述图形的三段相切圆弧时，可首先利用“圆”命令分别绘制 *R*15、*R*10、*R*50 的圆，然后利用“相切、相切、半径”圆命令分别捕捉前面绘制的 *R*15、*R*50 两个圆上的“递延切点”，输入半径即可绘制出整个相切 *R*12 的圆，最后修剪圆弧即可。

§2-5 绘制圆盘底座

一、教学目标

1. 掌握正多边形的绘制方法。
2. 掌握图形的复制操作。
3. 掌握图形的阵列操作。
4. 掌握图形的拉长、缩放及打断操作。
5. 了解极轴追踪的设置。

二、任务分析

在 AutoCAD 绘图的过程中，正多边形也是基本绘图元素，图形的阵列、极轴追踪操作可以使绘制相同对象更加便捷。本节通过介绍如图 2－105 所示圆盘底座的绘制，使读者掌握多边形的绘制方法以及一些相关的图形编辑与辅助工具的使用。

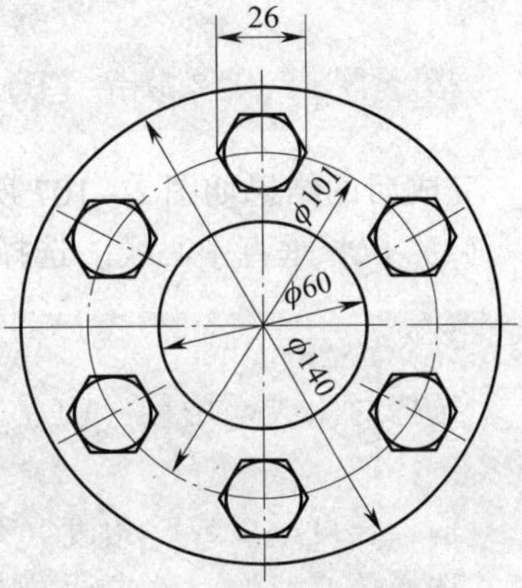

图 2－105　圆盘底座（端面视图）

三、实践操作

1. 新建文件

新建一个“无样板公制”文件，然后新建“粗实线”和“中心线”两个图层，并将“中心线”图层设为当前图层。

2. 启动对象捕捉

打开“对象捕捉”并设置对象捕捉参数，如图 2－106 所示。

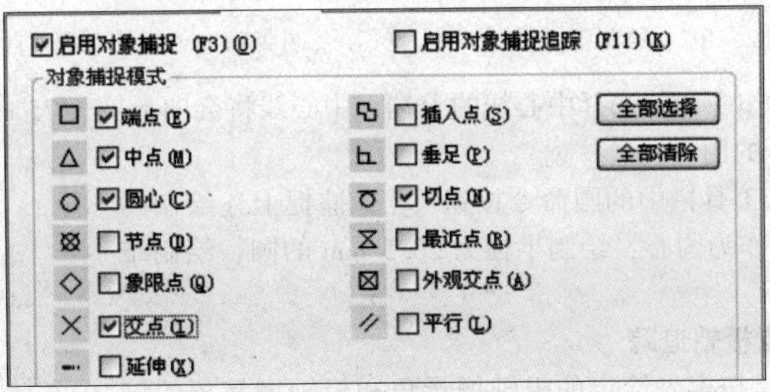

图 2－106　设置对象捕捉

3. 绘制中心线

（1）单击“绘图”工具栏中的直线命令按钮，绘制水平中心线和垂直中心线，命令行的显示操作如下：

```
命令：_line
指定第一点：                          //移动光标在绘图区适当位置任意指定一点
指定下一点或［放弃（U）］：
   //使光标水平向右拖动一段距离找准方向，输入线段距离“150”并按下 Enter 键
指定下一点或［放弃（U）］：                          //按下 Enter 键，结束操作
命令：                                            //按下 Enter 键，重复直线命令
LINE 指定第一点：          //移动光标捕捉刚刚绘制的水平线段的中点作为第一点
指定下一点或［放弃（U）］：
            //向上拖动光标一段距离，输入线段长度“75”并按下 Enter 键
指定下一点或［放弃（U）］：                          //按下 Enter 键，结束操作
```

完成后的结果如图 2－107 所示。

（2）拉长垂直中心线。选择下拉菜单“修改 | 拉长”命令，命令行的显示操作如下：

```
命令：_lengthen                                              //启动拉长命令
选择对象或［增量（DE）/百分数（P）/全部（T）/动态（DY）］：
                        //输入“de”并按下 Enter 键，切换到增量模式下
输入长度增量或［角度（A）］：        //输入长度增量值“75”并按下 Enter 键
选择要修改的对象或［放弃（U）］：                    //选择垂直中心线的下端
选择要修改的对象或［放弃（U）］：                  //按下 Enter 键，结束操作
```

完成后的结果如图 2－108 所示。

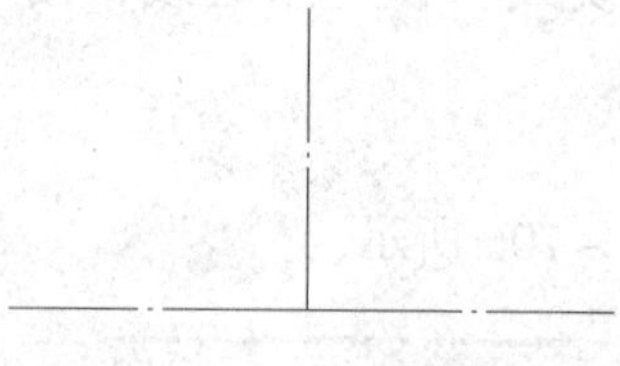

图 2－107　绘制中心线

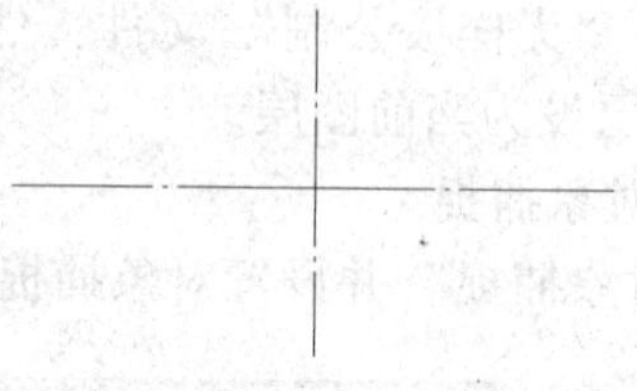

图 2－108　延长后的垂直中心线

在上述拉长操作中，若选择中心线的上端，中心线将会向上拉长 75 mm。

4．绘制 ϕ101 的圆

单击“绘图”工具栏中的圆命令按钮，捕捉上述绘制的两条中心线的交点作为圆心，绘制半径为 50.5 mm 的圆，绘制结果如图 2－109 所示。

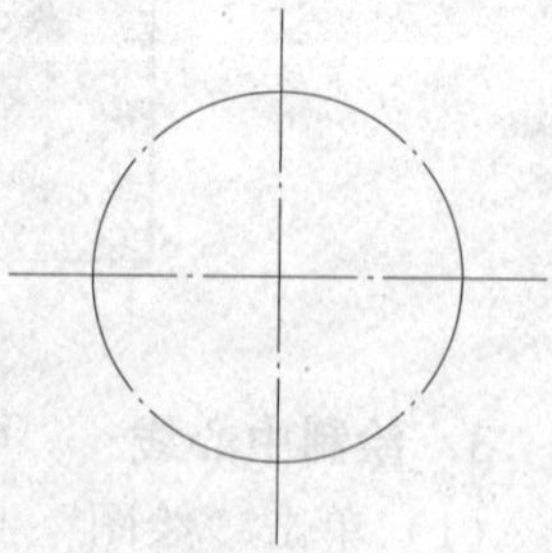

图 2－109　绘制 ϕ101 的圆

5．打开并设置极轴追踪

“极轴追踪”是按事先给定的极轴增量角和极轴增量角的倍数显示出一条相应的角度追踪虚线，用户可以根据追踪虚线对点进行跟踪。具体操作步骤如下：

（1）移动光标到状态栏的按钮 极轴 上，单击此按钮打开“极轴”功能。

（2）保持光标不动，单击鼠标右键，在下拉菜单中选择“设置”选项，系统弹出“草图设置”对话框。

（3）将“极轴角设置”列表框的“增量角”设为 30°，其他参数保持不变，如图 2－110 所示。单击 确定 按钮，完成极轴追踪的设置。

6. 设置图层

将“粗实线”图层设置为当前层。

7. 绘制同心圆

单击“绘图”工具栏中的圆命令按钮，捕捉水平和垂直中心线的交点作为圆心，分别绘制半径为 30 mm 和 70 mm 的圆。

完成后结果如图 2－111 所示。

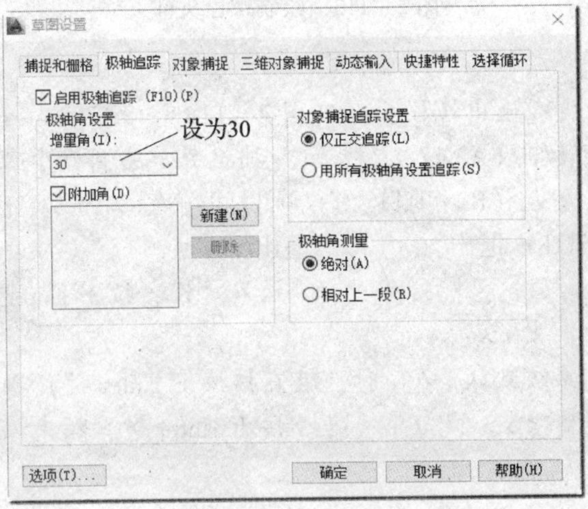

图 2－110　设置极轴追踪

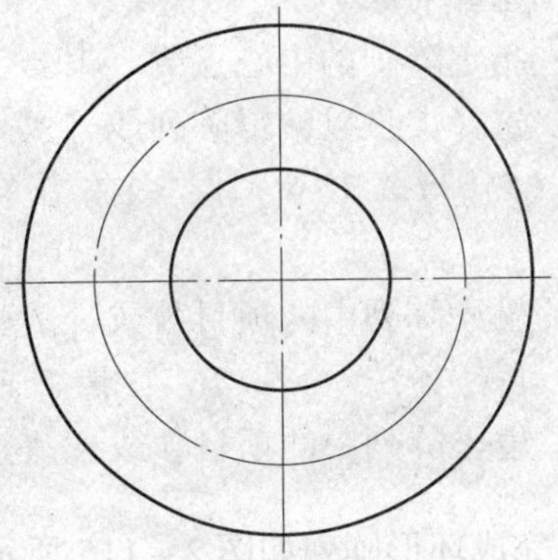

图 2－111　绘制同心圆

8. 绘制螺栓头部

（1）单击“绘图”工具栏中的正多边形命令按钮，绘制正六边形，命令行的显示操作如下：

命令：_polygon
输入边的数目 <4>：　　//输入多边形的边数“6”并按下 Enter 键
指定正多边形的中心点或［边（E）］：　　//捕捉如图 2－112 所示的 *A* 点为中心点
输入选项［内接于圆（I）/外切于圆（C）］<I>：
　　//输入“i”并按下 Enter 键切换到“内接于圆”模式
指定圆的半径：　　//输入内接圆半径“13”，按下 Enter 键，完成操作

（2）单击“绘图”工具栏中的圆命令按钮，捕捉如图 2－112 所示的 *A* 点作为圆心，绘制多边形的内切圆。

绘制结果如图 2－113 所示。

9. 阵列螺栓头部

单击“修改”工具栏中的阵列命令按钮右下角不放，系统弹出二级“阵列”工具栏

，将光标移到右侧的图标上，稍作停留，系统即可出现“环形阵列”提示，放开左键即启动“环形阵列”命令。命令行的显示操作如下：

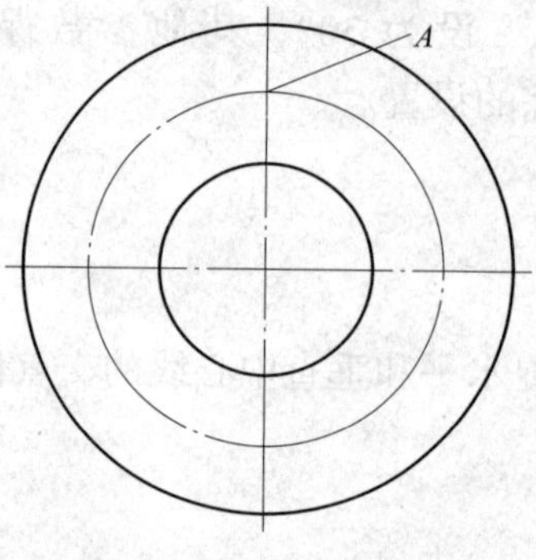

图 2－112　捕捉 *A* 点

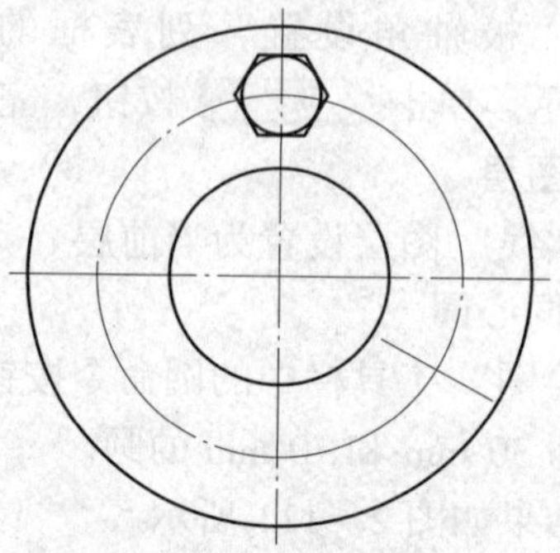

图 2－113　绘制螺栓头部

命令：_arraypolar
选择对象：　　　　//选中螺栓头部（图 2－114），按下 Enter 键
指定阵列的中心点或［基点（B）、旋转轴（A）］：　　　　//捕捉并单击圆盘中心点
选择夹点以编辑阵列或［关联（AS）基点（B）项目（I）项目间角度（A）填充角度（F）行（ROW）层（L）旋转项目（ROT）退出（X）］<退出>：
//输入“i”，按下 Enter 键
输入阵列中的项目数或［表达式（E）］<6>：
//输入“6”，按下 Enter 键（系统默认“6”时，可直接按下 Enter 键）确认
输入阵列中的项目数或［表达式（E）］<6>：　　　　//按下 Enter 键，结束操作

完成环形阵列如图 2－115 所示。

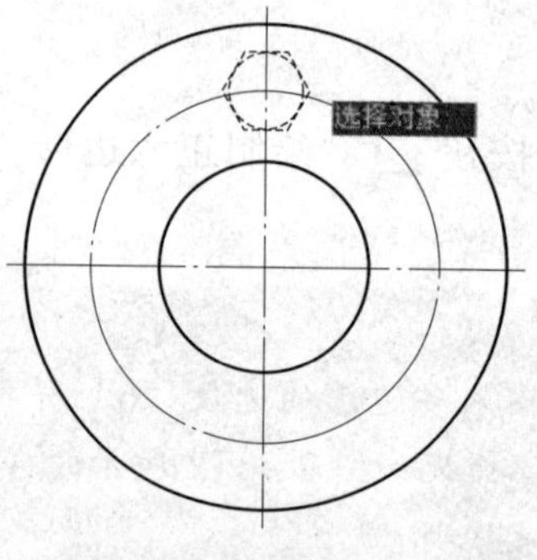

图 2－114　选中阵列对象

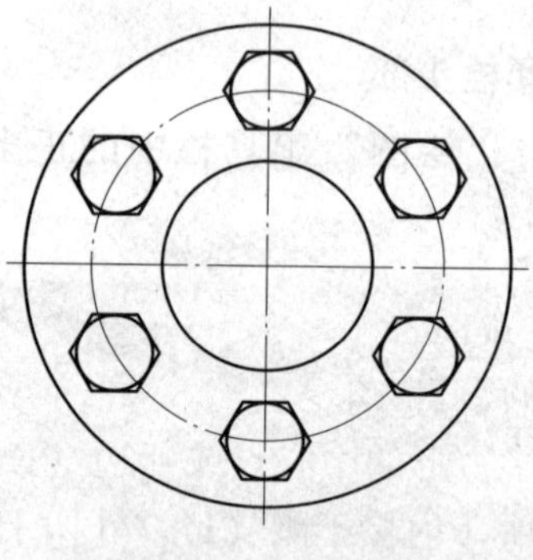

图 2－115　环形阵列

10. 设置图层

将“中心线”图层设置为当前层。

11. 绘制阵列对象的中心线

（1）单击“绘图”工具栏中的直线命令按钮，命令行的显示操作如下：

命令：_line
指定第一点：　　　　//捕捉水平中心线与垂直中心线的交点作为直线的第一点

指定下一点或［放弃（U）］：//利用极轴追踪，在与水平中心线成30°的方向上移动光标，并输入直线长度值“75”（图2－116），按下Enter键

指定下一点或［放弃（U）］：//按下Enter键，结束操作

（2）同理，绘制其他三条中心线，长度值均为75 mm，与X轴正向的夹角分别为150°、210°和330°。完成后如图2－117所示。

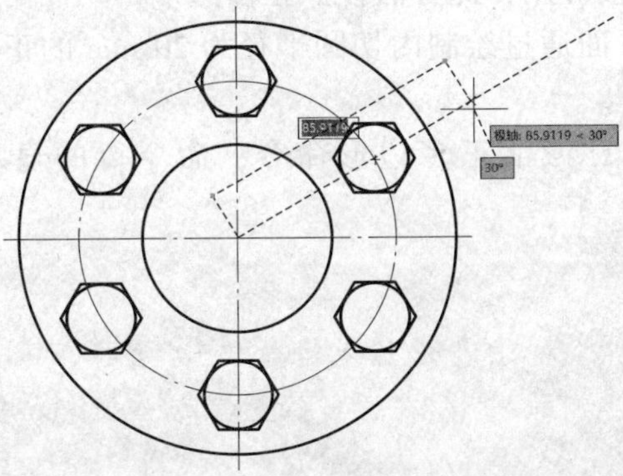

图2－116　利用极轴追踪绘制中心线

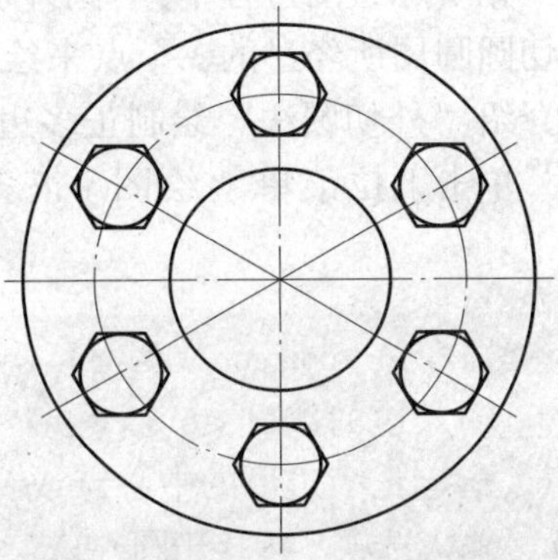

图2－117　中心线绘制结果

（3）修剪掉过长的中心线，单击“修改”工具栏中的打断命令按钮，命令行的显示操作如下：

命令：_break

选择对象：　//移动光标到30°中心线适当位置后单击鼠标左键，如图2－118所示

指定第二个打断点或［第一点（F）］：

//选中圆盘中心点，单击结束操作（两点之间的线段打断后删除）

同理，打断与X轴正向夹角分别为150°、210°和330°的中心线过长部分，绘图结果如图2－119所示。

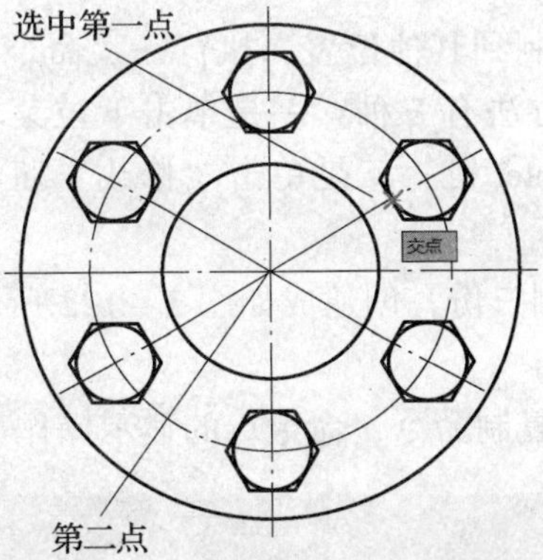

图2－118　打断30°中心线

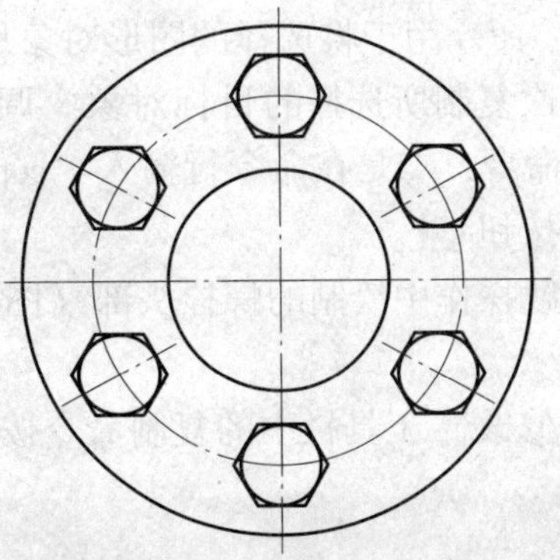

图2－119　绘图结果

四、相关理论

1. 正多边形

“正多边形”命令用于绘制等边、等角的封闭几何图形，系统将会把整个图形看作一个单独的对象，调用此命令的方式有两种：一是单击下拉菜单“绘图 | 正多边形”命令；二是在命令行输入“polygon”后按 Enter 键。

在实践操作中具体介绍了用“圆内接”法绘制正多边形，此种方法按照正多边形外接圆的半径或外接圆圆周所经过的一个点来绘制多边形。

在实际绘图过程中，“圆外切”法也常常被应用，此方法按照正多边形内切圆的半径或内切圆圆周所经过的一个点来绘制多边形。下面通过绘制内切圆半径为 20 mm 的正五边形来介绍“外切圆法”绘制正多边形的操作过程。

单击下拉菜单“绘图 | 正多边形”命令，激活正多边形命令，命令行的显示操作如下：

命令：_polygon
输入边的数目 <6>：　　//输入边数“5”并按下 Enter 键
指定正多边形的中心点或 [边（E）]：　　//在适当位置指定一点作为中心点
输入选项 [内接于圆（I）/外切于圆（C）] <I>：//输入“c”切换到“外切于圆”，按下 Enter 键（此时出现的正五边形可通过移动鼠标调整大小和位置，见图 2 - 120a）
指定圆的半径：　　//输入圆的半径“20”并按下 Enter 键

绘制结果如图 2 - 120b 所示。

a）　　b）

图 2 - 120　绘制正五边形

2. 复制

“复制”命令用于将选择的图形对象从一个位置复制到其他位置，执行一次命令可以相对于基点多次复制所选择的目标对象。调用此命令的方法有三种：一是单击下拉菜单“修改 | 复制”命令；二是在命令行输入“copy”后按下 Enter 键；三是单击“修改”工具栏中的复制命令按钮。

现将实践操作中绘制的螺栓头部（图 2 - 121）复制三份，创建成如图 2 - 122 所示的图形结构。

单击“修改”工具栏中的复制命令按钮，激活复制命令，命令行的显示操作如下：

命令：_copy　　//启动复制命令
选择对象：指定对角点：　　//选择如图 2 - 121 所示的复制对象

选择对象：　//按下 Enter 键，结束选择对象

指定基点或［位移（D）］<位移>：指定第二个点或<使用第一个点作为位移>：

//捕捉如图 2－121 所示的 *A* 点作为复制基点

指定第二个点或［退出（E）/放弃（U）］<退出>：

//捕捉如图 2－121 所示的 *B* 点作为目标点

指定第二个点或［退出（E）/放弃（U）］<退出>：

//捕捉如图 2－121 所示的 *C* 点作为目标点

指定第二个点或［退出（E）/放弃（U）］<退出>：

//捕捉如图 2－121 所示的 *D* 点作为目标点

指定第二个点或［退出（E）/放弃（U）］<退出>：　//按下 Enter 键，结束操作

完成后如图 2－122 所示。

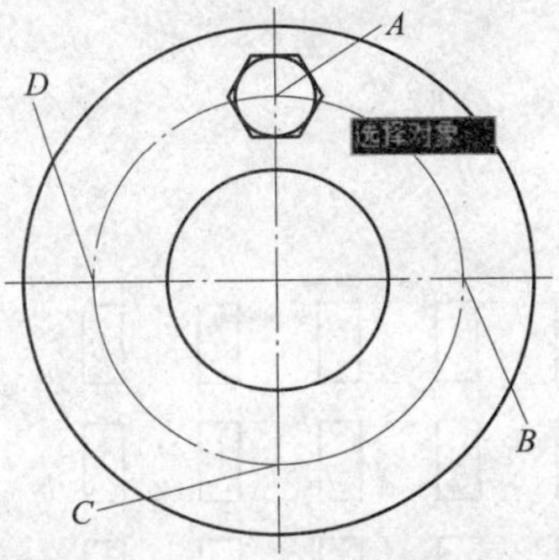

图 2－121　选择或捕捉对象

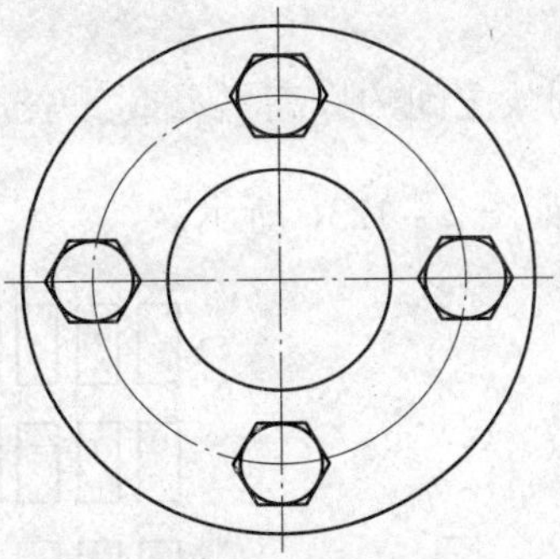

图 2－122　复制结果

“绘图”工具栏中的“复制”命令只能在当前图形文件中使用，如在多个图形文件之间复制对象，可选择下拉菜单“编辑 | 复制”命令或单击鼠标右键，在下拉菜单中选择“复制”或“带基点复制”命令。

3. 阵列

AutoCAD 2014 提供的“阵列”命令是一种有规则的多重复制工具，它可以将目标对象以“矩形”或“环形”及“路径”方式进行多重复制。调用此命令的方法有两种：一是选择下拉菜单“修改 | 阵列”命令；二是在命令行输入“array”后按下 Enter 键。

在上述绘制底座的实践操作中已经具体介绍了“环形阵列”的操作方法，它主要应用于将选择的图形对象按指定的圆心和要阵列的数目呈环形排列。而“矩形阵列”方式用于将选择的图形对象按指定的行数和列数呈矩形排列；“路径阵列”方式则将选定的图形对象沿指定的路径（曲线）按指定的数量排列。

例 1： 将长度为 10 mm、宽度为 20 mm 的矩形对象（图 2－123a）阵列成三行五列、间距都为 30 mm 的矩形组，选择下拉菜单“修改 | 阵列 | 矩形阵列”命令，激活阵列命令，命令行的显示操作如下：

命令：_arrayrect　//启动矩形阵列命令

选择对象：　//选中阵列对象，如图 2－123a 所示

选择对象：　　　　　　　　　　　　　　　　　　　　　　　　//按下 Enter 键确认

选择夹点以编辑阵列或［关联（AS）/基点（B）/计数（COU）/间距（S）/列数（COL）/行数（R）/层数（L）/退出（X）］<退出>：　　//输入“r”并按下 Enter 键

输入行数或［表达式（E）］<4>：　　　　　　　　　　　//输入“3”并按下 Enter 键

指定行数之间的距离或［总计（T）/表达式（E）］<10.0000>：

//输入“30”并按下 Enter 键

指定行数之间的标高增量或［表达式（E）］<0.0000>：

//按下 Enter 键，结果如图 2－123b 所示

选择夹点以编辑阵列或［关联（AS）/基点（B）/计数（COU）/间距（S）/列数（COL）/行数（R）/层数（L）/退出（X）］<退出>：　//输入“col”并按下 Enter 键

输入列数或［表达式（E）］<4>：　　　　　　　　　　　//输入“5”并按下 Enter 键

指定列数之间的距离或［总计（T）/表达式（E）］<10.0000>：

//输入“30”并按下 Enter 键

指定列数之间的标高增量或［表达式（E）］<0.0000>：　　　　//按下 Enter 键

完成后如图 2－123c 所示。

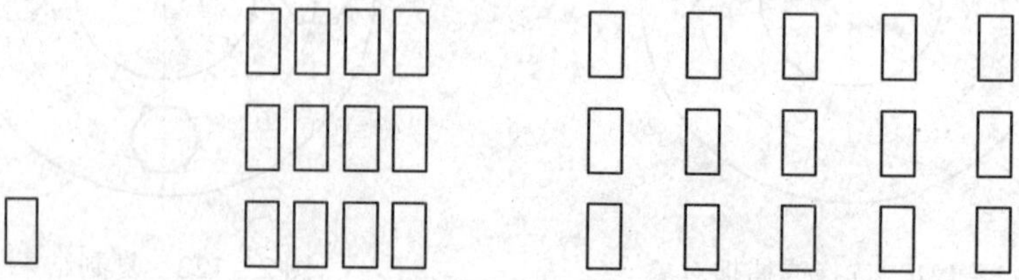

a）　　　　b）　　　　c）

图 2－123　矩形阵列过程与结果

a）阵列对象　b）设置行阵列　c）阵列结果

例 2：将矩形 a 按间距 16 mm 沿给定圆弧 b 均匀阵列 10 个（图 2－124）。

单击下拉菜单“修改｜阵列｜路径阵列”，激活路径阵列命令，命令行的显示操作如下：

命令：_arraypath　　　　　　　　　　　　　　　　　　　　//启动路径阵列命令

选择对象：　　　　　　　　　　　　　　　　//选中阵列对象 a，如图 2－124a 所示

选择对象：　　　　　　　　　　　　　　　　　　　　　　　　//按下 Enter 键

选择路径曲线：　　　　　　　　　　　　　　//选中路径曲线 b，如图 2－124a 所示

选择夹点以编辑阵列或［关联（AS）/方法（M）/基点（B）/切向（T）/项目（I）/行（R）/层（L）/对齐项目（A）/方向（Z）/退出（X）］<退出>：

//输入“m”并按下 Enter 键

输入路径方法［定数等分（D）/定距等分（M）］<定距等分>：

//按 Enter 键（默认定距等分）

选择夹点以编辑阵列或［关联（AS）/方法（M）/基点（B）/切向（T）/项目（I）/行（R）/层（L）/对齐项目（A）/方向（Z）/退出（X）］<退出>：

//输入“i”并按下 Enter 键

指定沿路径的项目之间的距离或［表达式（E）］<18.1233>：

//输入“16”并按下 Enter 键

指定项目数或［填写完整路径（F）/表达式（E）］<9>：

//输入“10”并按下 Enter 键

选择夹点以编辑阵列或［关联（AS）/方法（M）/基点（B）/切向（T）/项目（I）/行（R）/层（L）/对齐项目（A）/方向（Z）/退出（X）］<退出>：

//按下 Enter 键，结束操作

绘图结果如图 2－124b 所示。

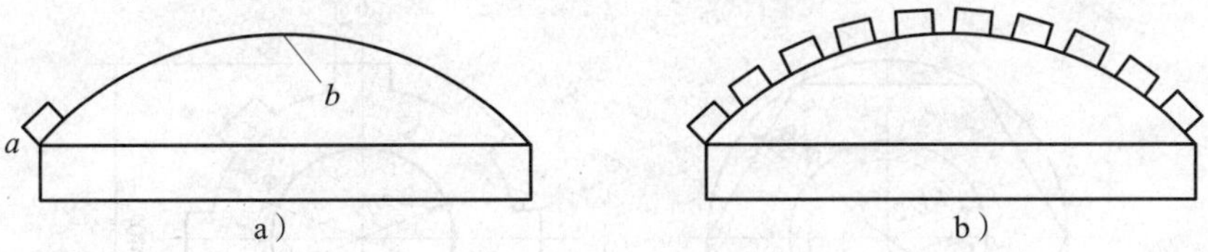

图 2－124　路径阵列

a）已知阵列矩形和路径　b）沿曲线阵列结果

4. 缩放

“缩放”命令用于将所选对象按照指定的比例因子进行放大或缩小，以创建形状相同、大小不同的图形。在 AutoCAD 2014 中调用缩放命令的方法有三种：一是单击“修改”工具栏中的缩放命令按钮；二是选择下拉菜单“修改|缩放”命令；三是在命令行中键入“scale”后按下 Enter 键。

利用“缩放”命令缩放对象的方式有两种，即“比例法”缩放和“参照法”缩放。其中“比例法”缩放对象是在绘图过程中最常用的。它是通过输入比例因子来改变选定对象的实际尺寸，当比例因子大于 1 时放大对象，当比例因子小于 1 时缩小对象。

现通过将本节实践操作中的圆盘底座（图 2－125）缩小为原来的 1/2 来介绍“缩放”命令的操作方法。

单击“修改”工具栏中的缩放命令按钮，命令行的显示操作如下：

命令：_scale　//启动缩放命令

选择对象：　//窗选如图 2－125 所示的整个图形

选择对象：　//按下 Enter 键，结束对象选择

指定基点：　//捕捉如图 2－125 所示圆盘的圆心作为缩放基点

指定比例因子或［复制（C）/参照（R）］：

//输入缩放比例值“0.5”并按下 Enter 键

结果如图 2－126 所示。

五、上机练习

1. 用 AutoCAD 2014 绘制如图 2－127 所示两个图形。
2. 用 AutoCAD 2014 绘制如图 2－128 所示两个图形。

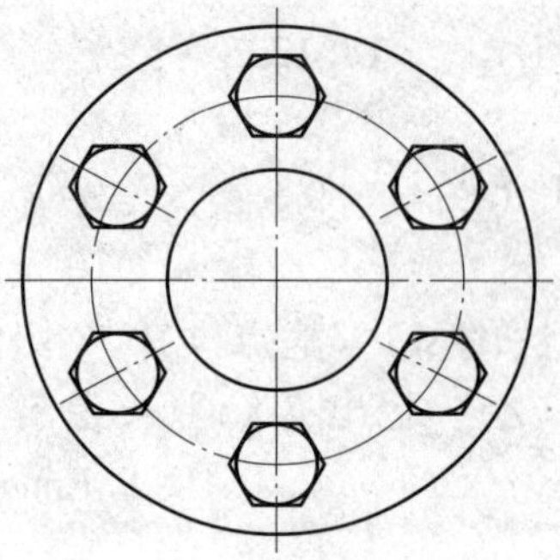

图 2－125　缩放前

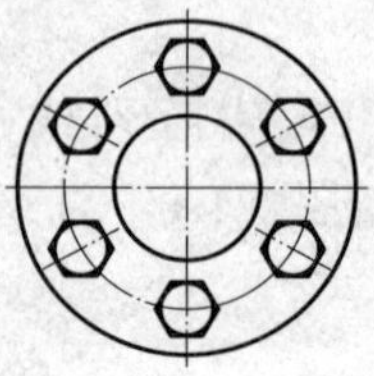

图 2－126　按 0.5 倍缩放结果

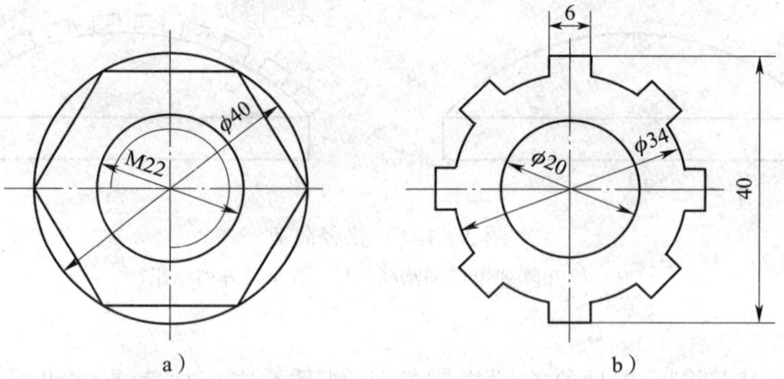

图 2－127　平面图形（一）

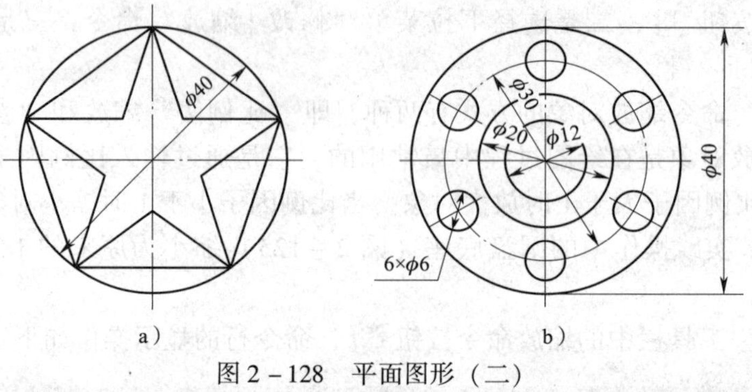

图 2－128　平面图形（二）

§2－6　绘制支座三视图

一、教学目标

1．掌握图案填充操作。
2．掌握圆角操作。
3．掌握倒角操作。

4．掌握绘制三视图的方法。

二、任务分析

图样中有很多是用三视图表达的，同时，在机械产品中有些机械零件的内部结构非常复杂，为了清楚表达其内部的结构，需要采用剖视图。在 AutoCAD 2014 中，“图案填充”命令就是专门为剖面填充图案的。本节将通过绘制如图 2－129 所示支座三视图来介绍用 AutoCAD 2014 绘制三视图的基本方法、图案填充操作及相关修改编辑命令。

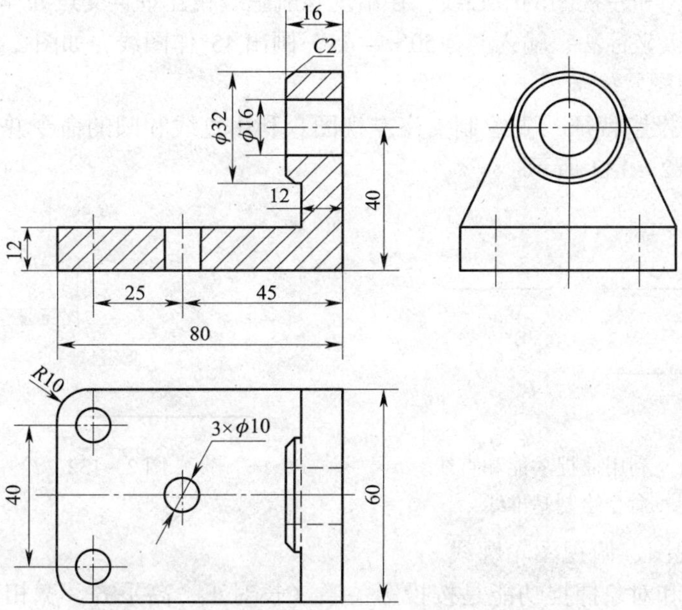

图 2－129　支座三视图

三、实践操作

1．新建文件

单击下拉菜单“文件 | 新建”命令，打开“选择样板”对话框，选择“无样板公制”，新建一个文件，命名为“支座”。

2．创建图层

分别创建“粗实线”“细实线”“中心线”图层，创建结果如图 2－130 所示，打开对象捕捉和极轴追踪功能。

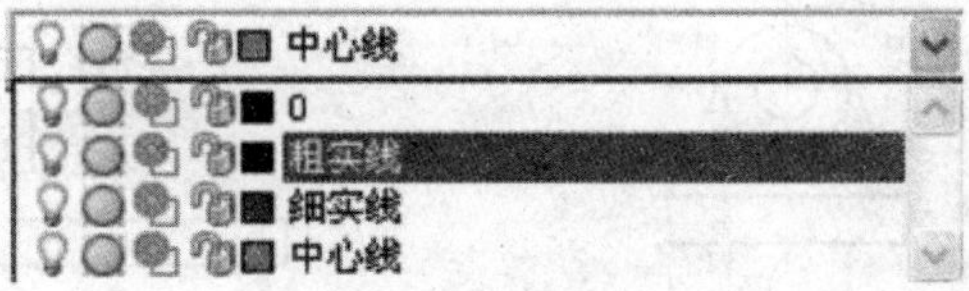

图 2－130　新建图层

3．设置当前图层

单击“图层”工具栏中的“图层控制”列表，在下拉列表中设置“粗实线”图层为当前图层。需指出的是在绘图中可根据视图线型要求随时调整当前图层。

4. 绘制支座三视图外轮廓

（1）绘制三视图基准线

单击“绘图”工具栏中的直线命令按钮 ，激活直线命令，绘制支座三视图基准线及轮廓线。根据支座结构特点，确定支座的左端面、底面和前后的对称平面分别作为支座长、高、宽三个方向的尺寸基准，按图样尺寸在适当位置画出三个视图的基准线（图2－131）。

为保证俯视图和左视图“宽相等”，便于作图，激活直线命令并利用对象捕捉功能，移动光标分别捕捉俯视图和左视图的中心线，在出现导航虚线相互垂直交点处作为直线的起点，另一端点可利用相对极坐标法，输入“@50＜－45”画出45°作图线，如图2－131所示。

（2）绘制左视图

根据三视图的投影特征，先绘制支座左视图。利用直线和圆的命令并借助对象捕捉功能完成左视图，如图2－132所示。

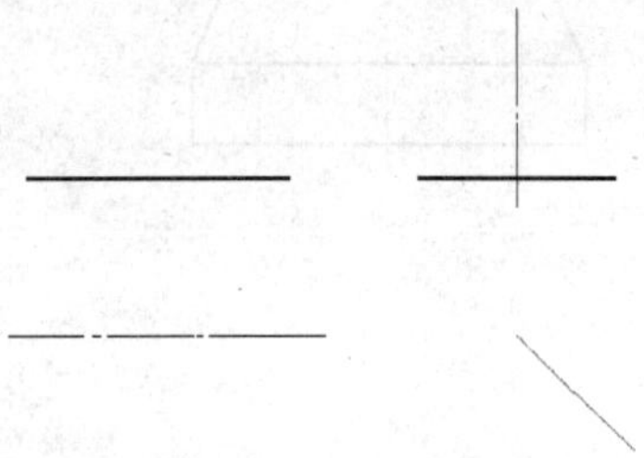

图2－131 利用捕捉功能和直线命令绘制基准线

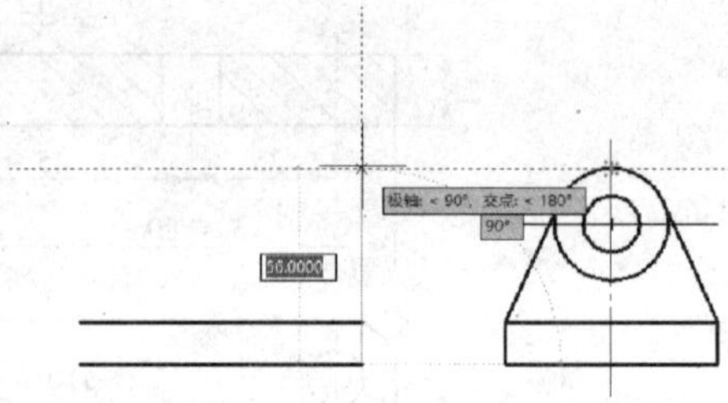

图2－132 绘左视图

（3）绘制主视图、俯视图轮廓线

利用极轴追踪和对象捕捉功能是按投影关系（长对正、高平齐、宽相等）作图最为有利的快捷工具。例如，作主视图右端直线时，先启动直线命令，然后用光标分别捕捉左视图最高点和俯（主）视图的右端点（线），出现水平和垂直两个方向的导航虚线（图2－132），单击其交点作为直线起点，按要求完成直线另一端点。后续三视图作法类同。

1）根据三视图的投影关系和视图尺寸，绘制主视图（剖视图）外轮廓，如图2－133所示。依据俯视图具有对称性，先绘制一半，然后利用镜像命令完成俯视图。

2）绘制俯视图时，为精准、快速捕捉与左视图“宽相等”的对应点（圆的最前点、切点等），应先过有关点作辅助垂线与45°辅助线相交，绘制俯视图时再利用对象捕捉和极轴追踪功能绘制相关轮廓线，如图2－133所示。

3）利用直线命令绘制孔中心线，并利用圆命令绘制圆孔，如图2－134所示。

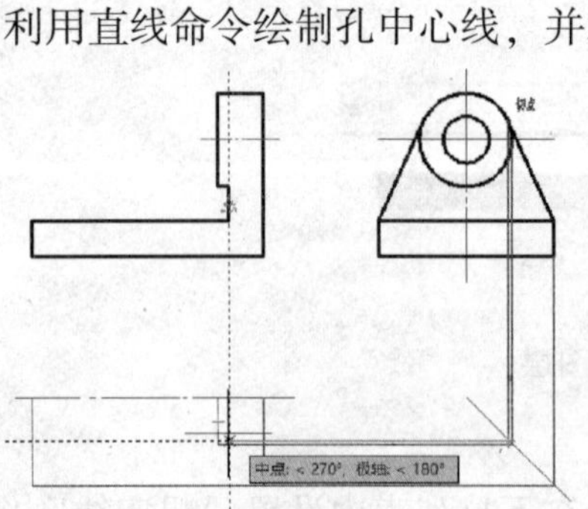

图2－133 利用辅助线作俯视图

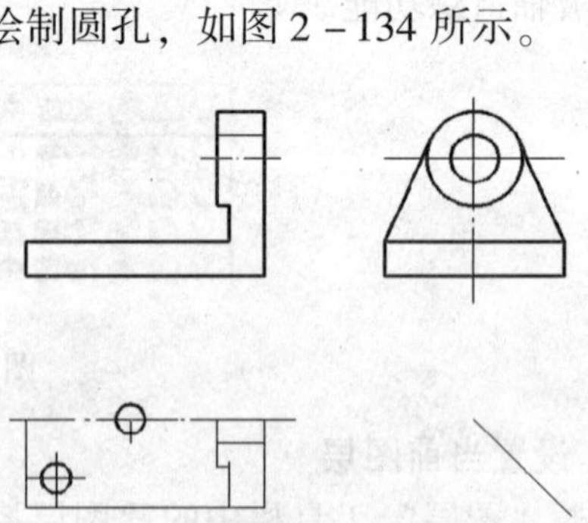

图2－134 绘制俯视图孔

4）绘制圆角。单击“修改”工具栏中的圆角命令按钮，激活圆角命令，将俯视图（图 2－135）左下角倒半径为 10 mm 的圆角，命令行的显示操作如下：

命令：_fillet　　//启动倒圆角命令
当前设置：模式＝修剪，半径＝15.0000
选择第一个对象或［放弃（U）/多段线（P）/半径（R）/修剪（T）/多个（M）］：　　//输入“r”，按下 Enter 键
指定圆角半径 <1.0000>：　　//输入半径“10”，按下 Enter 键
选择第一个对象或［放弃（U）/多段线（P）/半径（R）/修剪（T）/多个（M）］：　　//选择俯视图的左侧垂直边
选择第二个对象或按住 Shift 键选择要应用角点的对象：　　//选择俯视图的下水平边，圆角操作结束

绘图结果如图 2－135 所示。

当命令行中提示设置当前圆角半径的大小时，用户一旦设置了圆角半径，系统将一直沿用设置的半径参数，直至更改为止。

5）绘制倒角。单击“修改”工具栏中的倒角命令按钮，激活倒角命令，将俯视图中圆柱左端外圆（图 2－136）倒角 2×45°，命令行的显示操作如下：

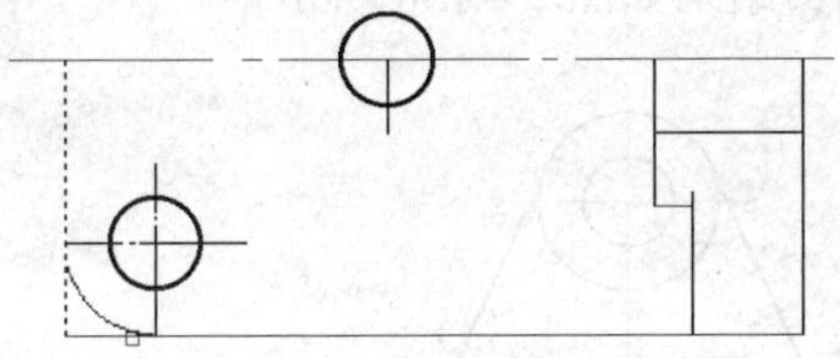
图 2－135　倒圆角

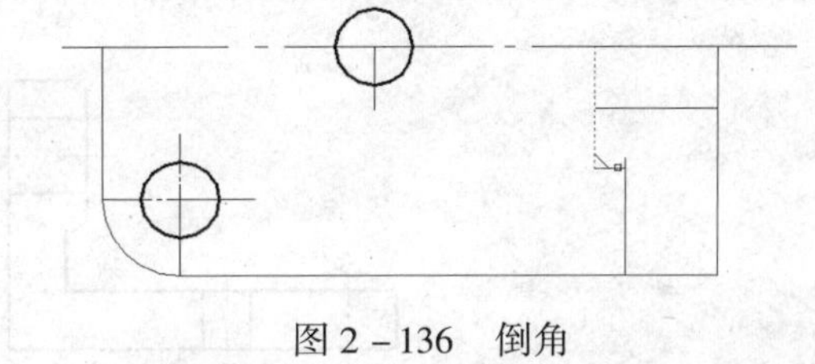
图 2－136　倒角

命令：_chamfer　　//启动倒角命令
（修剪模式）当前倒角距离 1＝1.0000，距离 2＝1.0000
选择第一条直线或［放弃（U）/多段线（P）/距离（D）/角度（A）/修剪（T）/方式（E）/多个（M）］：　　//输入“d”，按下 Enter 键
指定第一个倒角距离 <1.0000>：　　//输入“2”，按下 Enter 键
指定第一个倒角距离 <2.0000>：2
指定第二个倒角距离 <1.0000>：　　//输入“2”，按下 Enter 键
选择第一条直线或［放弃（U）/多段线（P）/距离（D）/角度（A）/修剪（T）/方式（E）/多个（M）］：　　//选中垂直边
选择第二条直线或［放弃（U）/多段线（P）/距离（D）/角度（A）/修剪（T）/方式（E）/多个（M）］：　　//选中水平边，结束操作

绘图结果如图 2－137a 所示。

6）利用“特性匹配”修改线型。单击“标准”工具栏中的“特性匹配”命令按钮

，激活特性匹配命令，将俯视图中的可见轮廓线由细实线修改为粗实线，命令行的显示操作如下：

命令：_matchprop　　//启动特性匹配命令
选择源对象：　　//选中小圆（粗实线），光标变成刷子状
选择目标对象或［设置（S）］：
　　//分别选中要修改的可见轮廓线，按下 Enter 键，结束操作

修改后的结果如图 2-137b 所示。

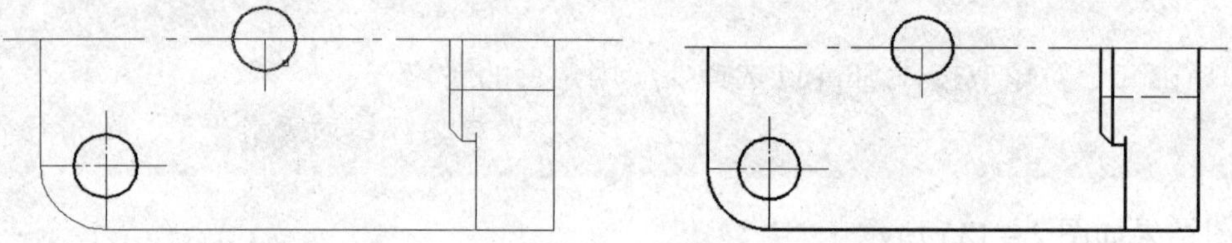

a）　　　　b）

图 2-137　利用“特性匹配”修改线型

a）修改前　b）修改后

7）利用“镜像”完成俯视图。单击“修改”工具栏中的镜像命令按钮，激活镜像命令，以中心线为对称轴线镜像复制，完成全部俯视图，结果如图 2-138 所示。

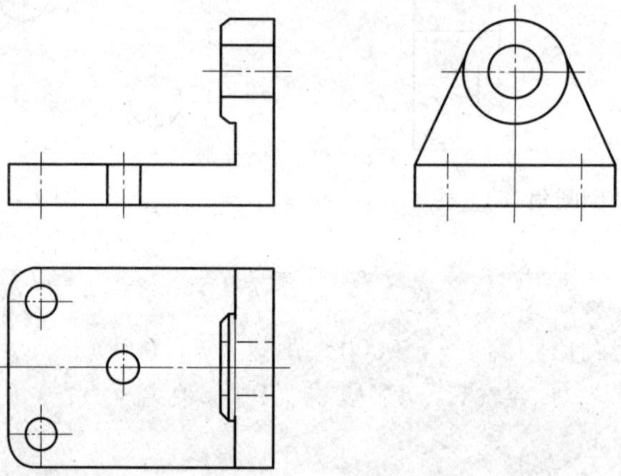

图 2-138　完成全部俯视图

5．填充剖面线

（1）单击“图层”工具栏中的“图层控制”列表，在下拉列表中设置“细实线”图层为当前图层。

（2）单击“绘图”工具栏中的填充命令按钮 ，系统会弹出“图案填充和渐变色”对话框，如图 2-139 所示。

（3）在“图案填充”选项卡中，单击“类型和图案”列表框内“样例”对应行的样例图案 ，系统会弹出“填充图案选项板”对话框，如图 2-140a 所示。

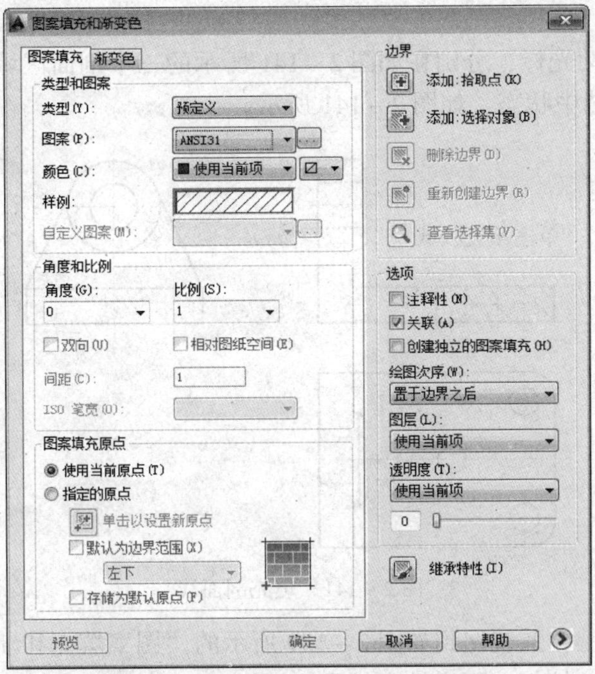

图 2－139 “图案填充和渐变色”对话框

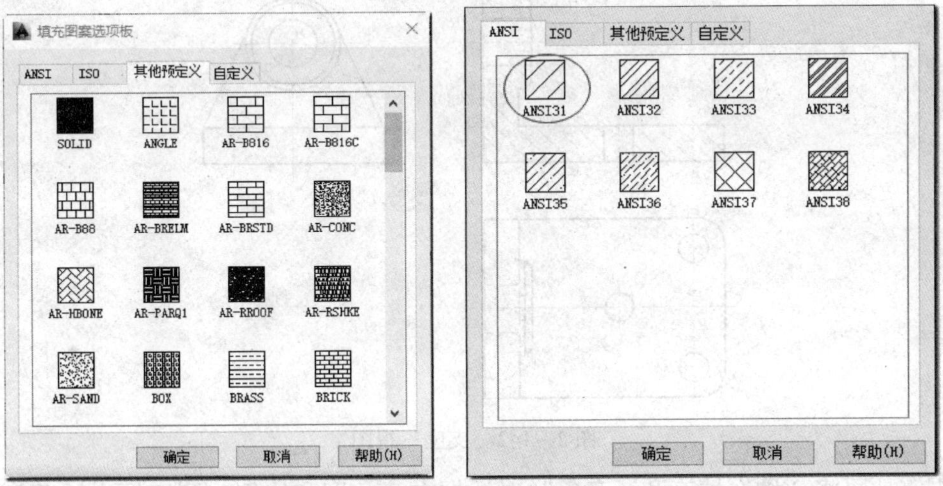

a）　　　　　　　　　　　　　　　　　　　　b）

图 2－140 “填充图案选项板”对话框

（4）在“填充图案选项板”对话框中，单击 ANSI 按钮，系统会显示如图 2－140b 所示的图案。

（5）在如图 2－140b 所示的图案中单击鼠标左键选择名称为“ANSI31”的图案，单击“填充图案选项板”对话框下的 确定 按钮，选择图案结束。

（6）在如图 2－139 所示的“图案填充和渐变色”对话框中，在“角度和比例”列表框内，将“比例”行下编辑框内的“1”改为“0.85”。

（7）单击如图 2－139 所示的“图案填充和渐变色”对话框中“边界”下的按钮，

添加拾取点。

（8）在绘图区移动光标，分别在如图 2－141 所示的三个剖面区域内单击鼠标左键拾取一点，操作后轮廓呈选中状态，如图 2－141 所示。

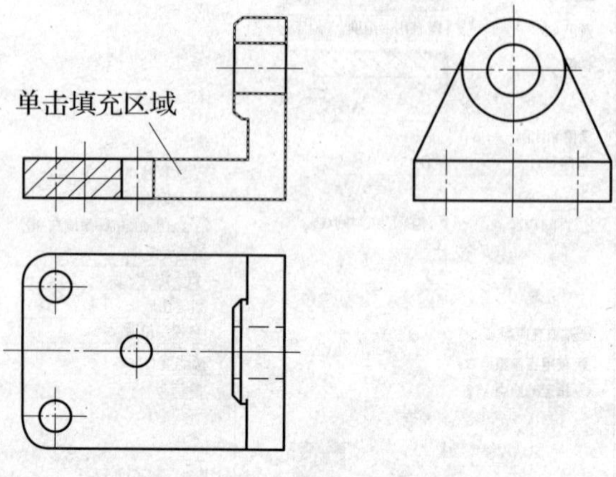

图 2－141　填充剖面线

（9）按下 Enter 键，系统回到如图 2－139 所示的“图案填充和渐变色”对话框，单击此对话框下的 

按钮，图案填充结果如图 2－142 所示。

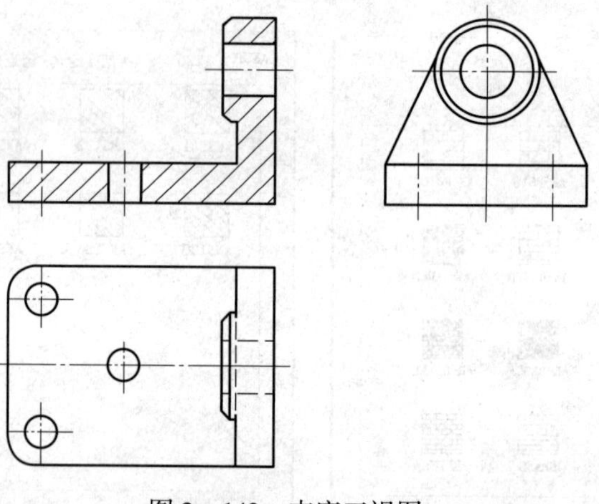

图 2－142　支座三视图

根据需要可将“图案填充和渐变色”对话框中“角度和比例”列表框内“角度”编辑框内的“0”改为“90”，其他参数保持不变，则剖面线改变方向。若在“比例”编辑框内改变数值大小，则剖面线的疏密发生变化。

（10）利用打断命令可修剪过长的线段。

（11）单击“修改”工具栏中的平移命令按钮 ，按命令行提示可快捷调整三个视图之间的距离，最终完成支座的三视图，如图 2－142 所示。

四、相关理论

1. 图案填充

“图案填充”命令可以实现在某个图形区域内填满某一预定的图案。在上述实践操作中已具体介绍了“图案填充”命令的基本操作步骤，其中确定图案填充边界的方式除上述

“拾取点”的方式外还有“选择对象”方式。

举例：通过选择对象的方式填充矩形轮廓。

操作步骤如下：

（1）单击下拉菜单“绘图 | 填充图案”命令，系统弹出“图案填充和渐变色”对话框（参见图 2－139）。

（2）设置图案填充参数时，可直接单击图 2－139 中“类型和图案”的图案选框，在出现的下拉对话框（图 2－143）中，选择名称为“ANSI31”（等距 45°斜线）的图案作为矩形框的填充图案，并将比例改为“2”，其余参数均采用默认设置，如图 2－144 所示。

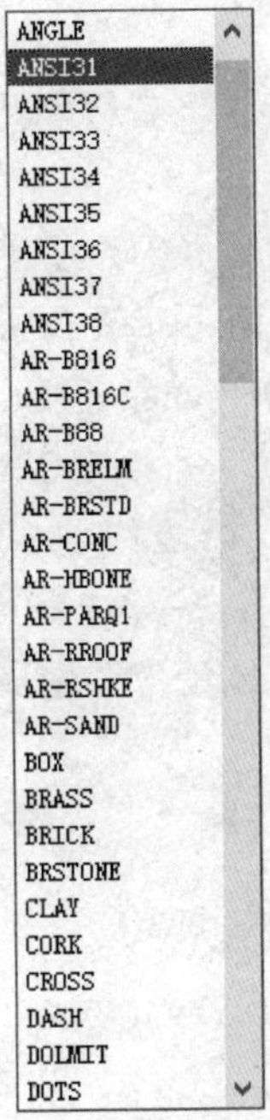

图 2－143　图案菜单

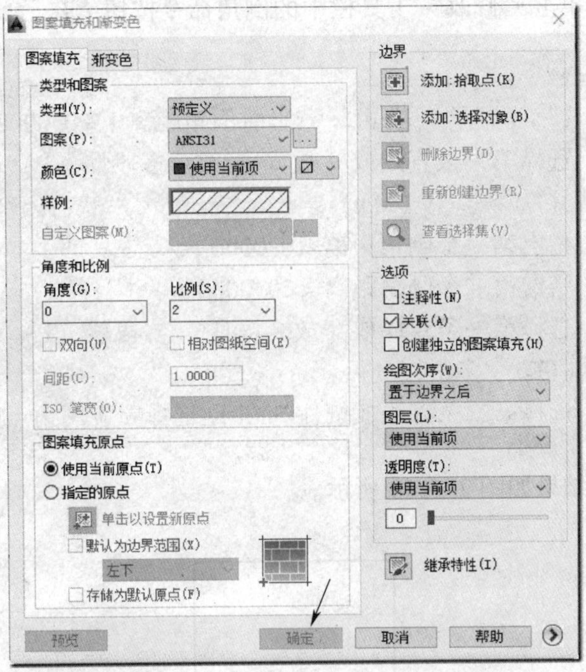

图 2－144　设置图案填充参数

（3）单击“图案填充和渐变色”对话框中“边界”下的“添加：选择对象”按钮返回绘图区，选择矩形框边界，如图 2－145 所示。

（4）按下 Enter 键回到“图案填充和渐变色”对话框，单击对话框上的 确定 按钮结束命令，填充结果如图 2－146 所示。

图 2－145　选择矩形框

图 2－146　填充结果

当对已有图案填充对象进行修改时，可以单击“修改 | 对象 | 图案填充”，在命令行的提示下选择关联填充对象，此时系统会弹出与“图案填充和渐变色”对话框内容一样的“图案填充编辑”对话框，利用该对话框可以修改填充图案及其特性。另外，双击要修改的

填充图案，也可以弹出“图案填充编辑”对话框。

2. 倒角操作

在绘图过程中，倒角和圆角是经常遇到的。在 AutoCAD 2014 中，直接提供了倒角和圆角的命令。在上述绘制支座的实例中已具体介绍了倒圆角的操作步骤，下面将通过实例进一步介绍倒角的操作。AutoCAD 2014 中调用倒角命令的方法有三种：一是单击“修改”工具栏的倒角命令按钮 ；二是单击下拉菜单“修改 | 倒角”命令；三是在命令行中键入“chamfer”或“cha”，按下 Enter 键。

例：利用倒角命令在如图 2 – 147 所示的矩形左上角倒 20 mm × 10 mm 的倒角。

单击“修改”工具栏中的倒角命令按钮 ，命令行的显示操作如下：

命令：_chamfer　　//启动倒角命令

（“不修剪”模式）　当前倒角距离 1 = 0.0000，距离 2 = 0.0000

选择第一条直线或 [放弃（U）/多段性（P）/距离（D）/角度（A）/修剪（T）/方式（E）/多个（M）]：　　//输入“d”并按下 Enter 键，切换到倒角距离设置选项

指定第一个倒角距离 <0.0000>：　　//输入距离“20”并按下 Enter 键

指定第二个倒角距离 <20.0000>：　　//输入距离“10”并按下 Enter 键

选择第一条直线或 [放弃（U）/多段线（P）/距离（D）/角度（A）/修剪（T）/方式（E）/多个（M）]：　　//选择线段 *a*

选择第二条直线或按住 Shift 键选择要应用角点的直线：　　//选择线段 *d*，完成倒角

结果如图 2 – 148 所示。

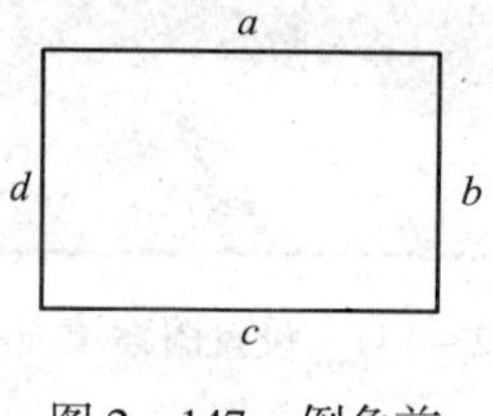

图 2 – 147　倒角前

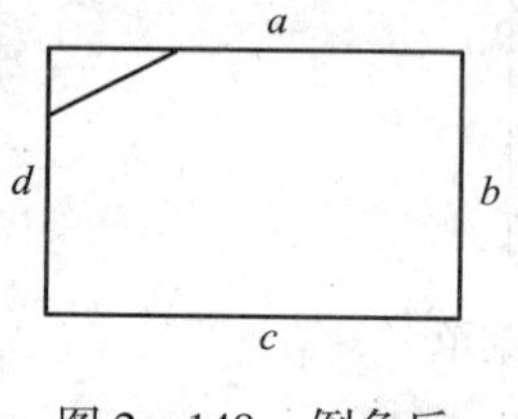

图 2 – 148　倒角后

在执行倒角命令时，系统首先显示的是当前的倒角设置，如在上述例子中显示的是“（‘不修剪’模式）当前倒角距离 1 = 0.0000，距离 2 = 0.0000”。当前使用的是不修剪模式，倒角后不会自动修剪多余的线，如图 2 – 148 所示。如要倒角后修剪掉多余的线，可在命令行“选择第一条直线或 [放弃（U）/多段线（P）/距离（D）/角度（A）/修剪（T）/方式（E）/多个（M）]：”的提示下输入“t”并按下 Enter 键，就可以切换到修剪设置选项，在命令行的提示下再输入“t”，按下 Enter 键就可以进入修剪模式，执行倒角命令后就会自动删除多余的线。当两个倒角的距离不相同时，要特别注意两条线的选中顺序。第一个倒角距离适用于第一条被选中的线，第二个倒角距离适用于第二条被选中的线。

五、上机练习

1. 用 AutoCAD 2014 绘制如图 2 – 149 所示的组合体三视图（不注尺寸）。
2. 用 AutoCAD 2014 绘制如图 2 – 150 所示的法兰盘两视图（不注尺寸）。
3. 用 AutoCAD 2014 绘制如图 2 – 151 所示的机座三视图（不注尺寸）。

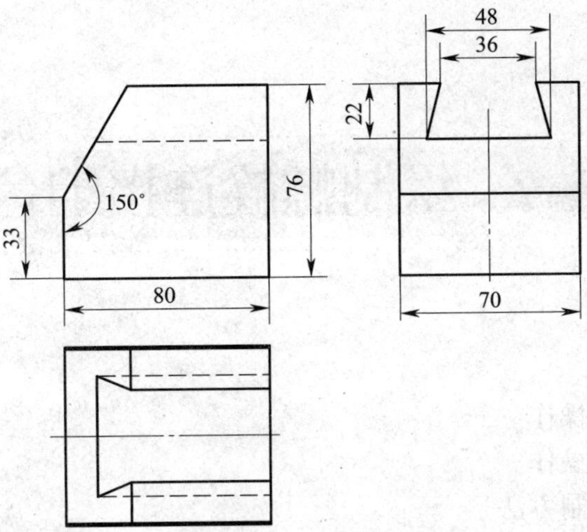

图 2 – 149　组合体

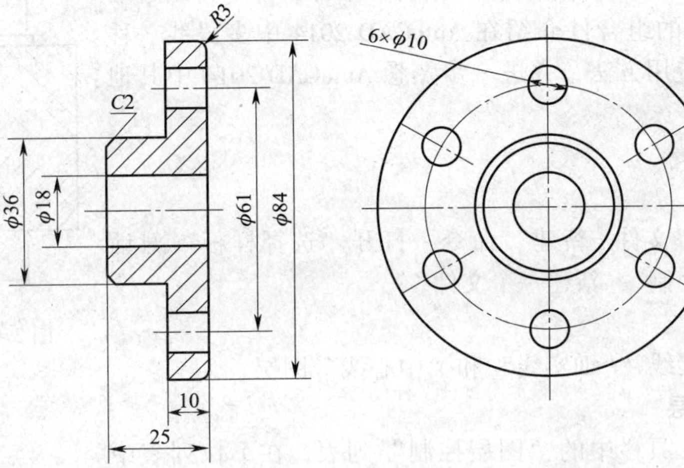

图 2 – 150　法兰盘

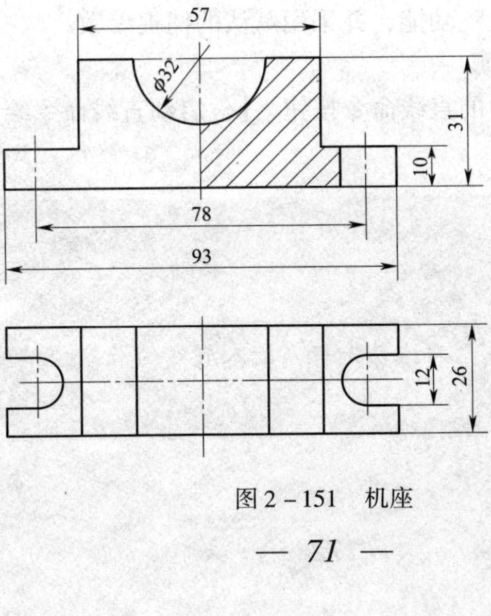

图 2 – 151　机座

§2-7　绘制螺栓连接组合图

一、教学目标

1. 掌握对象的移动操作。
2. 掌握对象的旋转操作。
3. 掌握多段线的绘制方法。

二、任务分析

螺栓、螺母是机械连接件中最为常用的标准件，本节将通过绘制如图 2－152 所示的组合件介绍在 AutoCAD 2014 中多段线、移动、旋转等操作的应用方法，并进一步熟悉 AutoCAD 2014 中其他基本绘图命令。

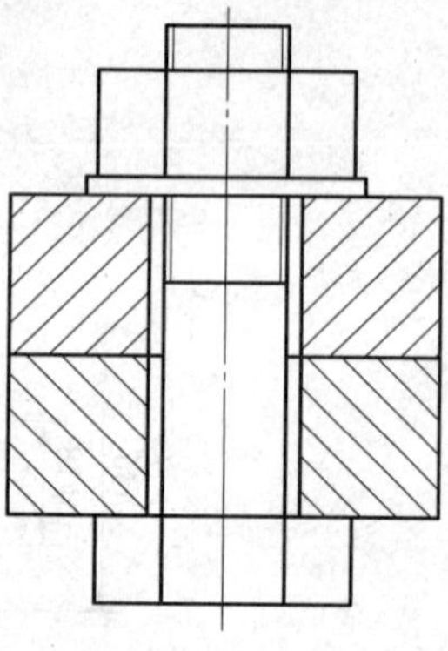

图 2－152　组合件

三、实践操作

1. 新建文件

单击下拉菜单“文件｜新建”命令，打开“选择样板”对话框，选择“无样板公制”，新建一个文件。

2. 创建图层

分别创建“粗实线”“细实线”和“中心线”图层。

3. 设置当前图层

单击“图层”工具栏中的“图层控制”列表，在下拉列表中设置“中心线”图层为当前图层。

4. 打开“正交”模式和“对象捕捉”功能

打开“正交”和“对象捕捉”功能，并采用默认的捕捉参数。

5. 绘制 M12 的螺栓上部轮廓

（1）单击“绘图”工具栏中的直线命令按钮，启动直线命令绘制中心线，命令行的显示操作如下：

```
命令：_line
指定第一点：                    //移动光标在绘图区适当位置拾取一点
指定下一点或［放弃（U）］：
                    //向右拖动光标，输入直线的长度值“59”并按下 Enter 键
指定下一点或［放弃（U）］：                    //按下 Enter 键，结束操作
```

绘制结果如图 2－153 所示。

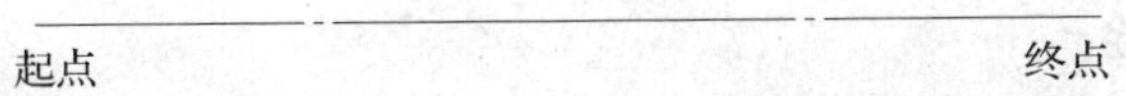

图 2－153　中心线

（2）将“粗实线”图层设置为当前层。

（3）单击“绘图”工具栏中的多段线命令按钮，启动多段线命令绘制螺栓的上部轮廓线，命令行的显示操作如下：

命令：_pline　　//启动多段线命令

指定起点：　　//捕捉中心线的起点作为多段线的起点

当前线宽为 0.0000

指定下一个点或［圆弧（A）/半宽（H）/长度（L）/放弃（U）/宽度（W）］：　　//向上移动光标，输入长度值“12”并按下 Enter 键

指定下一点或［圆弧（A）/闭合（C）/半宽（H）/长度（L）/放弃（U）/宽度（W）］：　　//向右移动光标，输入长度值“8”并按下 Enter 键

指定下一点或［圆弧（A）/闭合（C）/半宽（H）/长度（L）/放弃（U）/宽度（W）］：　　//向下移动光标，输入长度值“6”并按下 Enter 键

指定下一点或［圆弧（A）/闭合（C）/半宽（H）/长度（L）/放弃（U）/宽度（W）］：　　//向右移动光标，输入长度值“46”并按下 Enter 键

指定下一点或［圆弧（A）/闭合（C）/半宽（H）/长度（L）/放弃（U）/宽度（W）］：　　//向下移动光标，输入长度值“6”并按下 Enter 键

指定下一点或［圆弧（A）/闭合（C）/半宽（H）/长度（L）/放弃（U）/宽度（W）］：　　//按下 Enter 键，结束多段线操作

绘制完成后如图 2－154 所示。

利用多段线命令绘制的图形为一个独立的整体，如要对其各组成线段进行修改操作，需对其进行分解。

（4）单击“修改”工具栏中的分解命令按钮，将刚刚绘制的多段线进行分解。

6. 绘制螺栓头部

（1）单击“修改”工具栏中的延伸命令按钮，以螺栓外轮廓最左侧的垂直线为延伸边界，延伸多段线中长度为 46 mm 的水平线。

（2）重复延伸操作，以中心线为延伸边界，延伸如图 2－154 所示中间的垂直线。绘制完成后如图 2－155 所示。

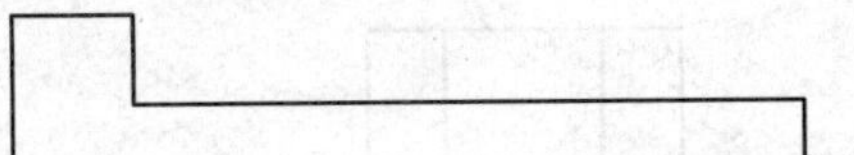

图 2－154　螺栓上部轮廓线

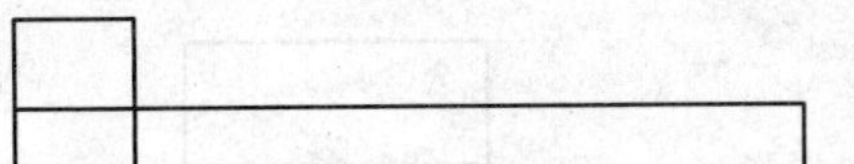

图 2－155　延伸操作

7. 绘制螺纹起始线

单击“修改”工具栏中的偏移命令按钮，将螺栓轮廓线最右侧的垂直线向左偏移 24 mm，绘制螺纹起始线。偏移后如图 2－156 所示。

8. 绘制另一半螺栓

单击“修改”工具栏中的镜像命令按钮，镜像完成另一半螺栓，如图 2－157 所示。

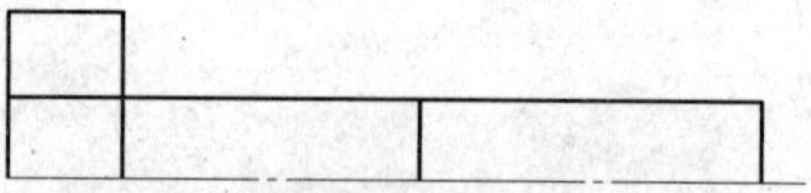

图 2－156　偏移最右侧的垂直线

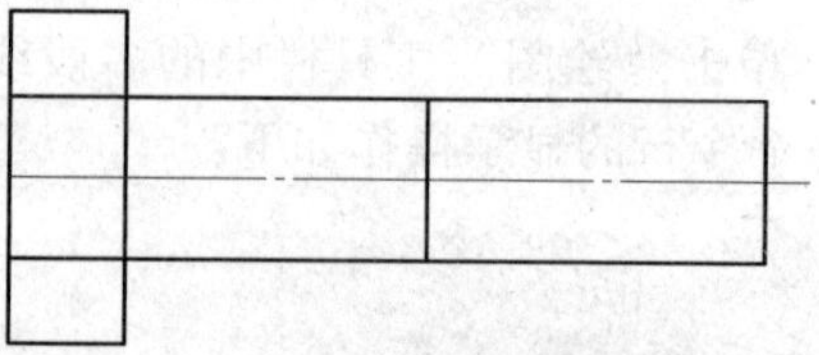

图 2－157　镜像螺栓上部轮廓

9. 绘制螺纹线

（1）单击“修改”工具栏中的偏移命令按钮，分别将螺栓的两条轮廓线向里偏移 1 mm，偏移后的螺纹小径线如图 2－158 所示。

（2）单击“修改”工具栏中的修剪命令按钮，修剪螺纹小径线，结果如图 2－159 所示。

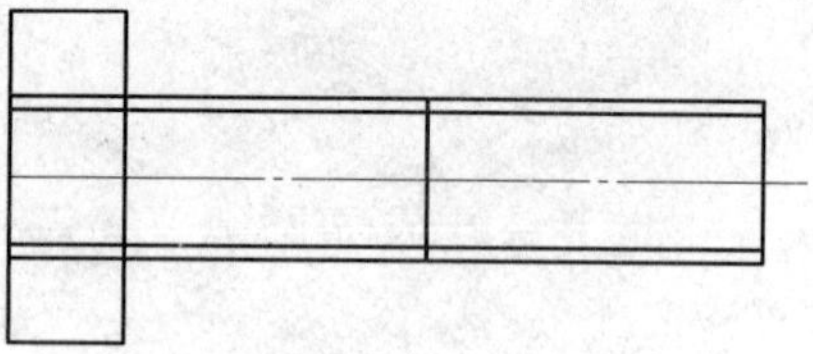

图 2－158　偏移轮廓线

10. 修改图层并延长中心线

将两条螺纹小径线的图层改为“细实线”图层，并使用快捷延长方式，将中心线向左延长约3 mm，结果如图 2－160 所示。

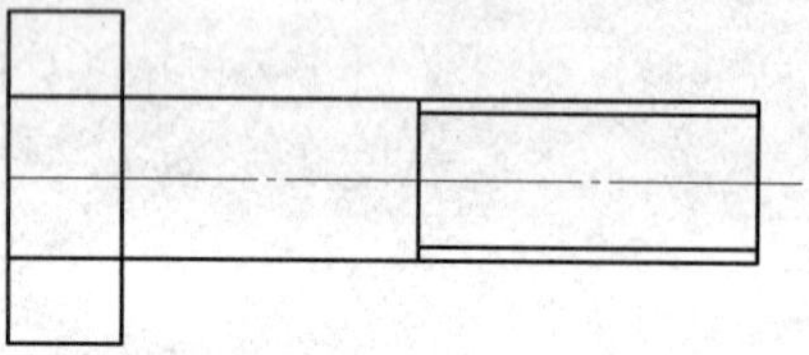

图 2－159　修剪螺纹小径线

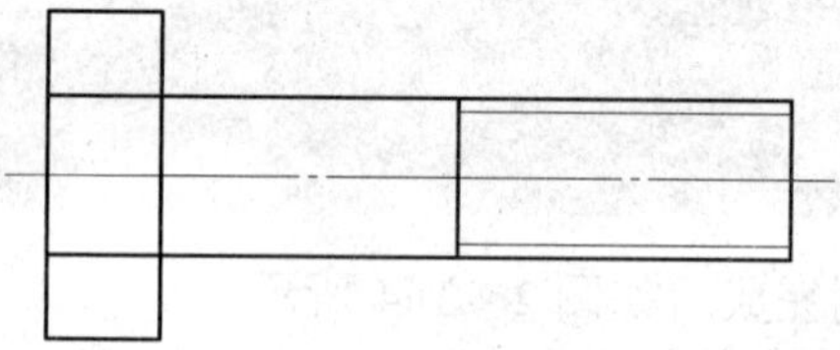

图 2－160　更改螺纹线图层

11. 绘制螺母

（1）单击“绘图”工具栏中的矩形命令按钮，在绘图区适当位置绘制长为 24 mm、宽为 10 mm 的矩形轮廓，绘制结果如图 2－161 所示。

（2）单击“修改”工具栏中的分解命令按钮，将刚刚绘制的矩形框分解。

（3）单击“修改”工具栏中的偏移命令按钮，分别将上述矩形框左右两侧的垂直线向里偏移 6 mm，结果如图 2－162 所示。

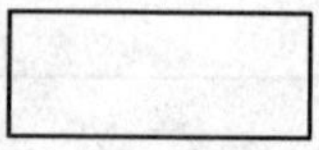

图 2－161　螺母矩形外轮廓

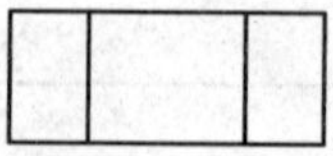

图 2－162　螺母

12. 绘制垫圈

单击“绘图”工具栏中的矩形命令按钮，在绘图区适当位置绘制长为 26 mm、宽为 1. 8 mm 的矩形轮廓，绘制结果如图 2－163 所示。

13. 绘制被连接件

（1）单击“绘图”工具栏中的矩形命令按钮，在绘图区适当位置绘制长为 40 mm、宽为 15 mm 的矩形轮廓，绘制结果如图 2－164 所示。

（2）单击“修改”工具栏中的分解命令按钮，将刚刚绘制的矩形框分解。

（3）单击“修改”工具栏中的偏移命令按钮，分别将上述矩形框左右两侧的垂直线向里偏移 13. 4 mm，结果如图 2－165 所示。

图 2－163　垫圈

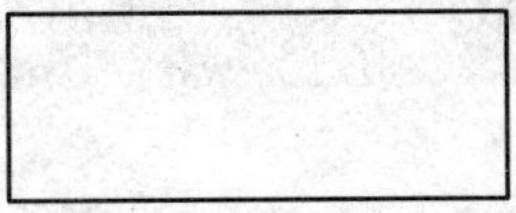

图 2－164　被连接件矩形外轮廓

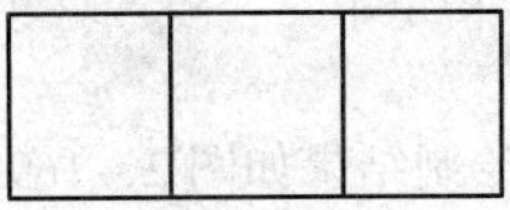

图 2－165　被连接件

（4）将“细实线”图层设置为当前层。

（5）单击“绘图”工具栏中的填充命令按钮，系统弹出“图案填充和渐变色”对话框，参数设置如图 2－166 所示。

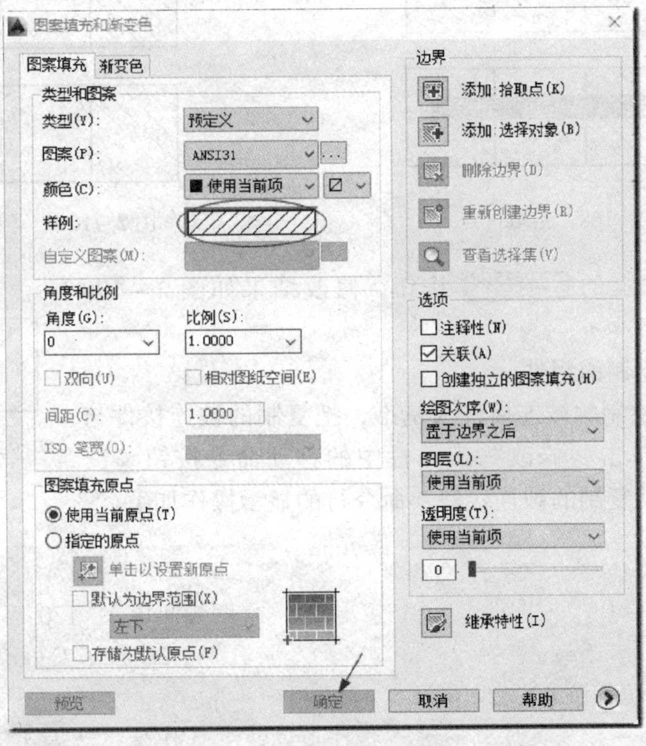

图 2－166　“图案填充和渐变色”对话框

（6）分别填充如图 2－165 所示两侧的方框，填充结果如图 2－167 所示。

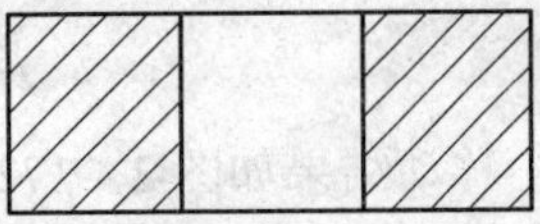

图 2－167　填充结果

（7）单击“修改”工具栏中的复制命令按钮，将如图 2－167 所示图形复制一份，命令行的显示操作如下：

命令：_copy　　//启动复制命令
选择对象：指定对角点：　　//框选如图 2－167 所示图形作为复制对象
选择对象：　　//按下 Enter 键，结束对象选择
指定基点或［位移（D）］＜位移＞：　　//选择矩形框最左上角点
指定第二个点或＜使用第一个点作为位移＞：
　　//向下拖动光标到适当位置拾取一点，如图 2－168 所示
指定第二个点或［退出（E）/放弃（U）］＜退出＞：　　//按下 Enter 键，结束操作

绘制结果如图 2－169 所示。

（8）修改上述刚刚复制的图形的图案，步骤如下：

1）双击如图 2－169 所示复制的图形的图案，系统弹出“图案填充和渐变色”对话框，将对话框上角度编辑框内的“0”改为“90”。

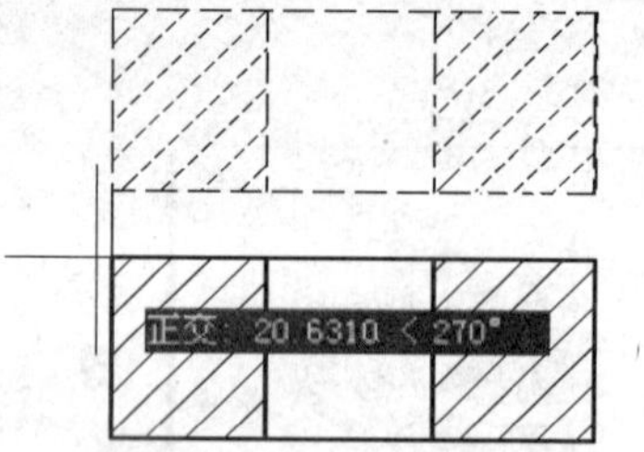

图 2－168　拾取一点

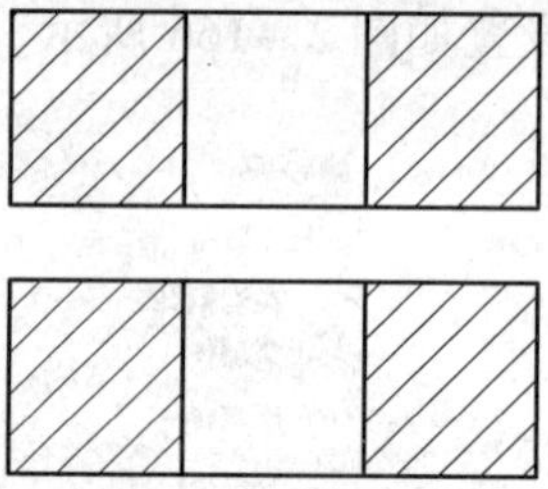
图 2－169　复制结果

2）单击对话框上的 按钮，修改结果如图 2－170 所示。

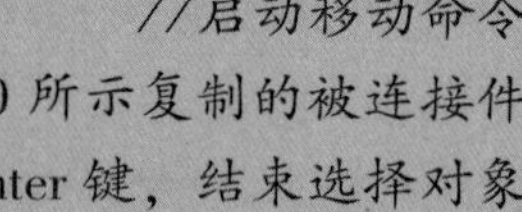
图 2－170　图案修改结果

14. 装配上述绘制的组件

（1）以第一个绘制的被连接件为基准，把复制的被连接件与其对正且接触上，单击“修改”工具栏中的移动命令按钮 ，激活移动命令，移动复制的被连接件，命令行的显示操作如下：

命令：_move　　//启动移动命令
选择对象：　　//框选如图 2－170 所示复制的被连接件
选择对象：　　//按下 Enter 键，结束选择对象
指定基点或［位移（D）］＜位移＞：
　　//捕捉复制的被连接件顶边的中点作为移动基点，如图 2－171 所示
指定第二个点或＜使用第一个点作为位移＞：
　　//移动光标捕捉第一个绘制的被连接件下底边的中点作为移动目标点

移动结果如图 2－172 所示。

（2）单击“修改”工具栏中的旋转命令按钮 ，将上述绘制的螺栓逆时针旋转 90°，命令行的显示操作如下：

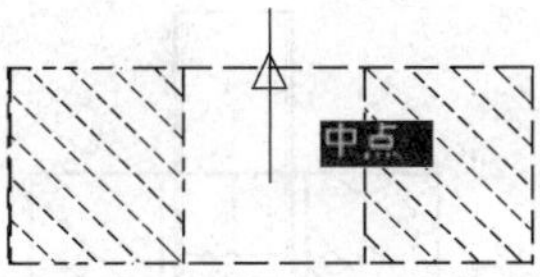

图 2－171　选择移动基点

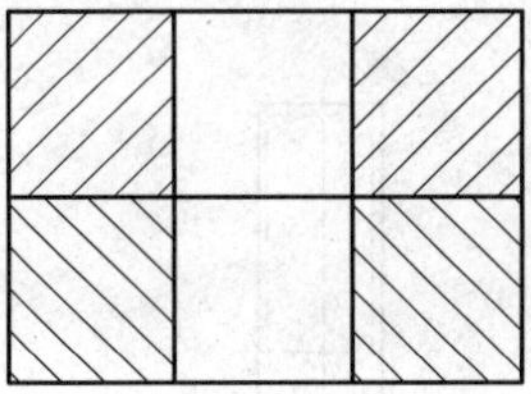

图 2－172　移动结果

命令：_rotate　　//启动旋转命令
UCS 当前的正角方向：ANGDIR＝逆时针，ANGBASE＝0
选择对象：　　//框选旋转对象——螺栓
选择对象：　　//按下 Enter 键，结束对象选择
指定基点：　　//捕捉如图 2－173 所示的端点作为旋转基点
指定旋转角度或［复制（C）/参照（R）］<0>：
//输入旋转角度“90”并按下 Enter 键

绘制结果如图 2－174 所示。

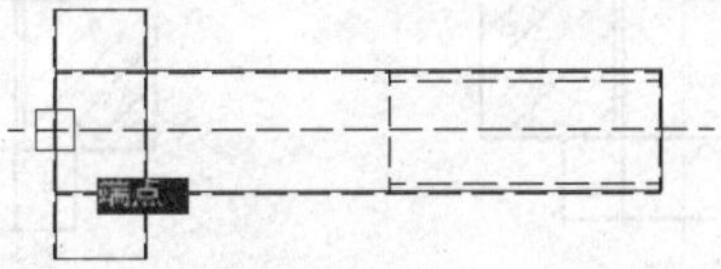

图 2－173　捕捉旋转基点

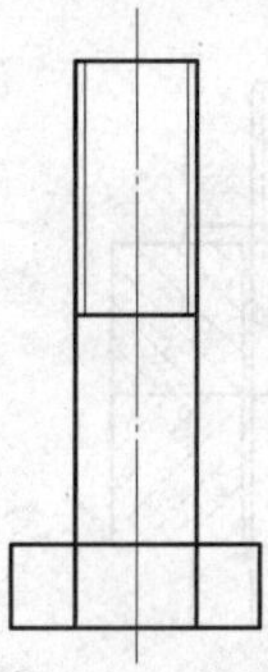

图 2－174　旋转结果

（3）将图 2－174 所示的螺栓插入图 2－172 所示的被连接体中，操作步骤为单击“修改”工具栏中的移动命令按钮，激活移动命令进行插入操作，命令行的显示操作如下：

命令：_move　　//启动移动命令
选择对象：　　//框选如图 2－174 所示螺栓
选择对象：　　//按下 Enter 键，结束对象选择
指定基点或［位移（D）］<位移>：　　//捕捉如图 2－175 所示端点作为移动基点
指定第二个点或<使用第一个点作为位移>：
//捕捉如图 2－172 所示被连接件下底边的中点作为移动目标点

移动结果如图 2－176 所示。

（4）重复移动操作，将如图 2－163 所示的垫圈插入如图 2－176 所示的组合件中，插入结果如图 2－177 所示。

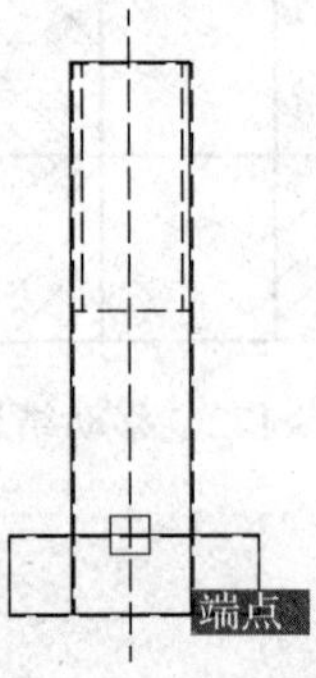

图 2－175　捕捉螺栓移动基点

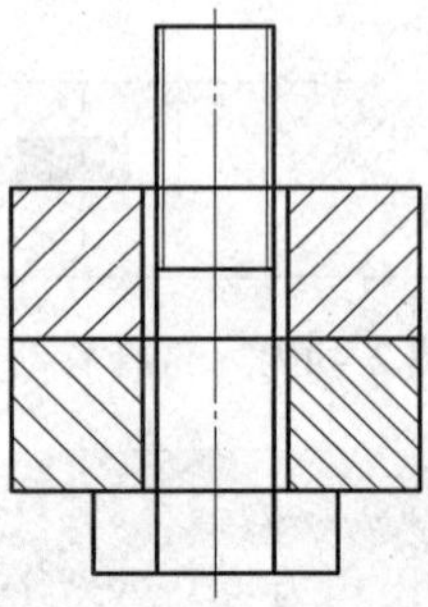

图 2－176　移动结果

（5）重复移动操作，将如图 2－162 所示的螺母装入如图 2－177 所示的组合件中，装配结果如图 2－178 所示。

15. 修剪

单击“修改”工具栏中的修剪命令按钮 ，修剪如图 2－178 所示的螺栓装配组合件，结果如图 2－179 所示。

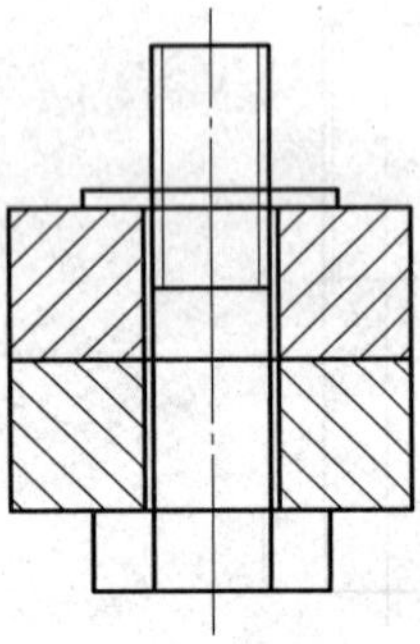

图 2－177　垫圈装配结果

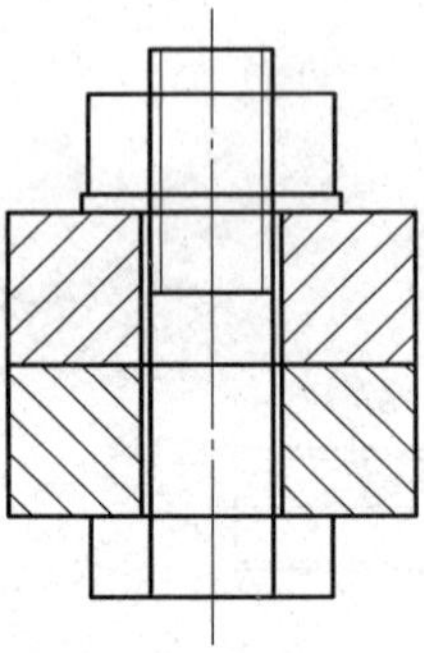

图 2－178　螺母装配结果

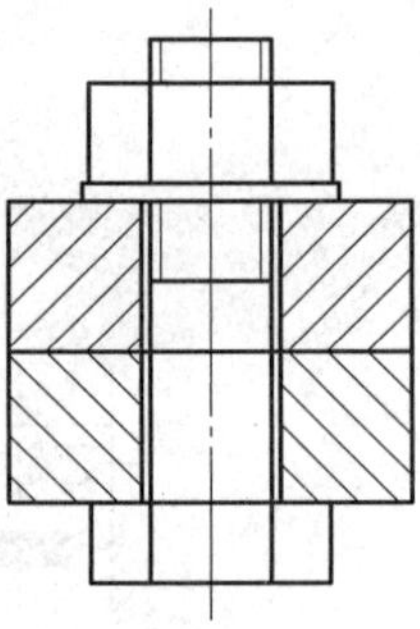

图 2－179　修剪结果

四、相关理论

1. 移动

“移动”命令用于在不改变图形大小的情况下，将对象从一个位置移到另一个位置。调用移动命令的方法有两种：一是选择下拉菜单“修改 | 移动”命令；二是在命令行输入“move”后按下 Enter 键。

在 AutoCAD 2014 中，利用移动命令移动对象的方式有两种，在上述实践操作中已具体介绍了“指定位置”移动方式，此方式是通过两个特征点来确定对象的移动方向和移动距离，第一个点作为基点，第二个点作为目标点。而另一种方式是“位移法”移动，此方式是通过输入一个位移矢量来移动对象，输入的位移矢量决定了被移动对象的移动距离和移动方向。

现通过把如图 2－180 所示小圆在 *X* 轴上向右移动 50 mm 移到大圆内，介绍用“位移法”移动对象。选择下拉菜单“修改 | 移动”命令，命令行的显示操作如下：

```
命令：_move                                              //启动移动命令
选择对象：                                          //选择如图 2 – 180 所示小圆
选择对象：                                        //按下 Enter 键，结束对象选择
指定基点或［位移（D）］<位移>：                       //捕捉小圆圆心作为移动基点
指定第二个点或<使用第一个点作为位移>：             //输入相对坐标值“@50，0”
```

结果如图 2 – 181 所示。

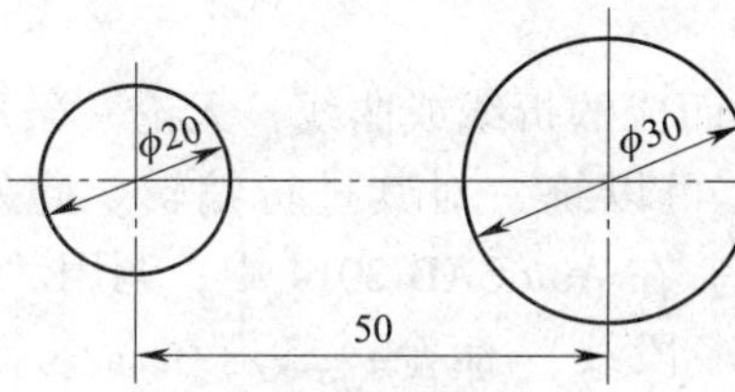

图 2 – 180　移动前的图形

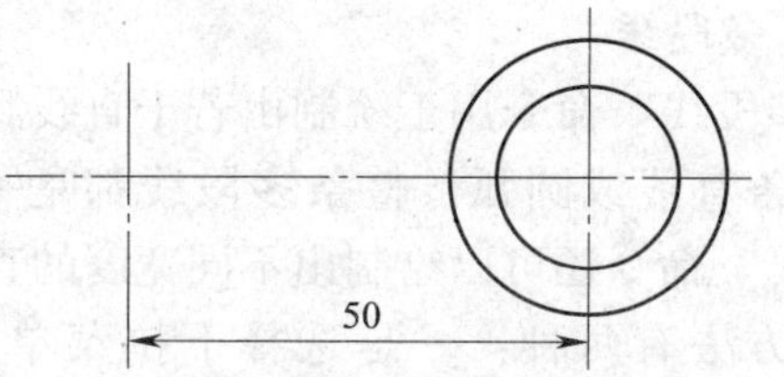

图 2 – 181　移动结果

2. 旋转

“旋转”命令用于将对象绕某一基点旋转一定角度并改变对象的位置，可以一次旋转一个或多个对象。在 AutoCAD 2014 中，调用旋转命令的方法有两种：一是选择下拉菜单“修改｜旋转”命令；二是在命令行中键入“rotate”后按下 Enter 键。

在 AutoCAD 2014 中，利用旋转命令旋转对象的方式有两种，在上述实践操作中已具体介绍了用“直接输入角度”的方式旋转对象，此方式是通过确定旋转基点和要旋转的角度对对象进行旋转。另一种方式是“参照旋转”，此方式用于当旋转实体的旋转角不确定时对实体进行旋转。

现通过利用旋转命令使图 2 – 182 所示的矩形边 *AC* 与三角形边 *AB* 重合，介绍用“参照旋转”的方式旋转对象的操作方法。选择下拉菜单“修改｜旋转”命令，激活旋转命令，命令行的显示操作如下：

```
命令：_rotate                                            //启动旋转命令
UCS 当前的正角方向：ANGDIR = 逆时针，ANGBASE = 0
选择对象：                                                   //选择矩形
选择对象：                                       //按下 Enter 键，结束对象选择
指定基点：                         //捕捉如图 2 – 182 所示的 A 点作为旋转基点
指定旋转角度或［复制（C）/参照（R）］<0>：
                           //输入“r”并按下 Enter 键，切换到参照旋转方式
指定参照角<65>：指定第二点：
                   //捕捉 A 点，然后捕捉 C 点，把 AC 线的角度作为参照角度
指定新角度或［点（P）］<65>：         //捕捉 B 点，把 AB 线的角度作为新角度
```

旋转结果如图 2 – 183 所示。

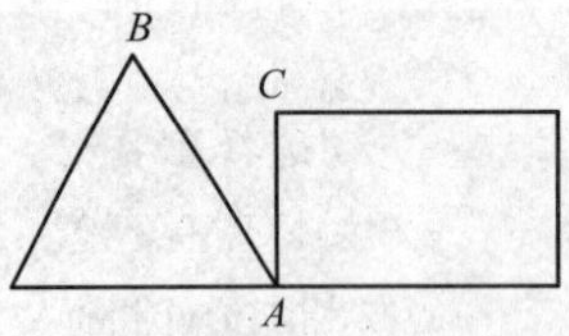

图 2－182　旋转前的图形

图 2－183　旋转结果

在用旋转命令旋转对象时，系统默认的正角方向为逆时针，当用户需要顺时针旋转时可输入负角度，如“－60”。

3. 多段线

“多段线”命令用于绘制由若干直线和圆弧连接而成的折线或曲线，无论一条多段线包含多少条直线或圆弧，整条多段线都是一个实体，可以统一对其进行编辑。此外，利用“多段线”命令还可以绘制出不同宽度的直线或圆弧。在 AutoCAD 2014 中，调用“多段线”命令的方法有两种：一是选择下拉菜单“绘图 | 多段线”命令；二是在命令行中键入“pline”并按下Enter 键。

在上述绘制螺栓连接的实践操作中已简单介绍了利用多段线命令绘制螺栓轮廓线的操作方法，下面通过绘制如图 2－184 所示图形综合介绍多段线命令的强大功能。具体操作步骤如下：

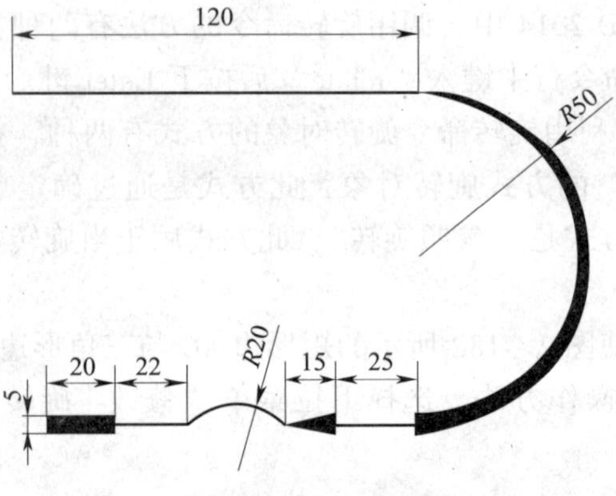

图 2－184　示例

（1）打开“正交”模式。

（2）选择下拉菜单“绘图 | 多段线”命令，激活多段线命令，命令行的显示操作如下：

命令：_pline　　//启动多段线命令
指定起点：　　//移动光标在绘图区适当位置拾取一点
当前线宽为 0.0000　　//系统默认线宽
指定下一个点或［圆弧（A）/半宽（H）/长度（L）/放弃（U）/宽度（W）］：
　　//水平向右移动光标，输入长度值“120”并按下 Enter 键，绘制水平线
指定下一点或［圆弧（A）/闭合（C）/半宽（H）/长度（L）/放弃（U）/宽度（W）］：　　//输入“w”并按下 Enter 键，切换到线宽模式设置线宽
指定起点宽度 <0.0000>：　　//按下 Enter 键，采用默认线宽

指定端点宽度 <0.0000>：　　//输入终点线宽“5”并按下 Enter 键

指定下一点或［圆弧（A）/闭合（C）/半宽（H）/长度（L）/放弃（U）/宽度（W）］：　　//输入“a”并按下 Enter 键，切换到圆弧模式

指定圆弧的端点或［角度（A）/圆心（CE）/闭合（CL）/方向（D）/半宽（H）/直线（L）/半径（R）/第二个点（S）/放弃（U）/宽度（W）］：

//向下移动光标，输入直径长度“100”并按下 Enter 键

指定圆弧的端点或［角度（A）/圆心（CE）/闭合（CL）/方向（D）/半宽（H）/直线（L）/半径（R）/第二个点（S）/放弃（U）/宽度（W）］：

//输入“w”并按下 Enter 键，切换到线宽模式设置线宽

指定起点宽度 <5.0000>：　　//输入起点线宽“0”并按下 Enter 键

指定端点宽度 <0.0000>：　　//输入终点线宽“0”并按下 Enter 键

指定圆弧的端点或［角度（A）/圆心（CE）/闭合（CL）/方向（D）/半宽（H）/直线（L）/半径（R）/第二个点（S）/放弃（U）/宽度（W）］：

//输入“l”并按下 Enter 键，切换到直线模式

指定下一点或［圆弧（A）/闭合（C）/半宽（H）/长度（L）/放弃（U）/宽度（W）］：　　//向左拖动光标，输入线段长度“25”并按下 Enter 键

指定下一点或［圆弧（A）/闭合（C）/半宽（H）/长度（L）/放弃（U）/宽度（W）］：　　//输入“w”并按下 Enter 键，切换到线宽模式设置线宽

指定起点宽度 <0.0000>：　　//输入线宽“5”并按下 Enter 键

指定端点宽度 <5.0000>：　　//输入线宽“0”并按下 Enter 键

指定下一点或［圆弧（A）/闭合（C）/半宽（H）/长度（L）/放弃（U）/宽度（W）］：　　//输入“l”并按下 Enter 键，切换到直线模式

指定直线的长度：　　//向左拖动光标，输入线段长度“15”并按下 Enter 键

指定下一点或［圆弧（A）/闭合（C）/半宽（H）/长度（L）/放弃（U）/宽度（W）］：　　//输入“a”并按下 Enter 键，切换到圆弧模式

指定圆弧的端点或［角度（A）/圆心（CE）/闭合（CL）/方向（D）/半宽（H）/直线（L）/半径（R）/第二个点（S）/放弃（U）/宽度（W）］：

//输入“a”并按下 Enter 键，切换到角度模式

指定包含角：　　//输入包含角“90”（圆心角）

指定圆弧的端点或［圆心（CE）/半径（R）］：

//输入“r”并按下 Enter 键，切换到半径模式

指定圆弧的半径：　　//输入圆弧半径“20”并按下 Enter 键

指定圆弧的弦方向 <180>：　　//按下 Enter 键，采用默认角度

指定圆弧的端点或［角度（A）/圆心（CE）/闭合（CL）/方向（D）/半宽（H）/直线（L）/半径（R）/第二个点（S）/放弃（U）/宽度（W）］：

//输入“l”并按下 Enter 键，切换到直线模式

指定下一点或［圆弧（A）/闭合（C）/半宽（H）/长度（L）/放弃（U）/宽度（W）］：　　//输入相对坐标值“@ -22，0”并按下 Enter 键

指定下一点或［圆弧（A）/闭合（C）/半宽（H）/长度（L）/放弃（U）/宽度（W）］：　　//输入“w”并按下 Enter 键，切换到线宽模式设置线宽

指定起点宽度 <0.0000>：　　//输入起点线宽“5”并按下 Enter 键

指定端点宽度 <5.0000>：　　//输入终点线宽“5”并按下 Enter 键

指定下一点或［圆弧（A）/闭合（C）/半宽（H）/长度（L）/放弃（U）/宽度（W）］：　　//输入“l”并按下 Enter 键，切换到直线模式

指定直线的长度：20　　//向左拖动光标，输入线段长度“20”并按下 Enter 键

指定下一点或［圆弧（A）/闭合（C）/半宽（H）/长度（L）/放弃（U）/宽度（W）］：　　//按下 Enter 键，结束操作

五、上机练习

1. 用 AutoCAD 2014 绘制图 2－185 至图 2－187 所示的零件图形。

2. 在绘制上述零件图形的基础上完成如图 2－188 所示的装配图。

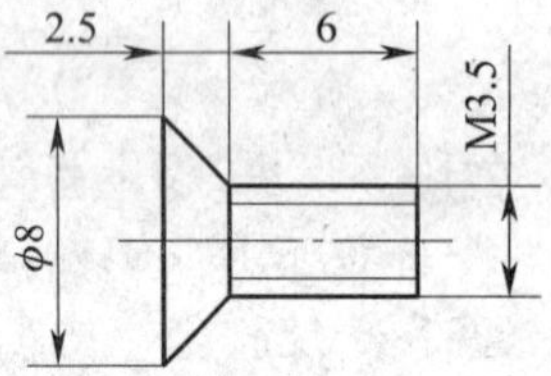

图 2－185　螺钉

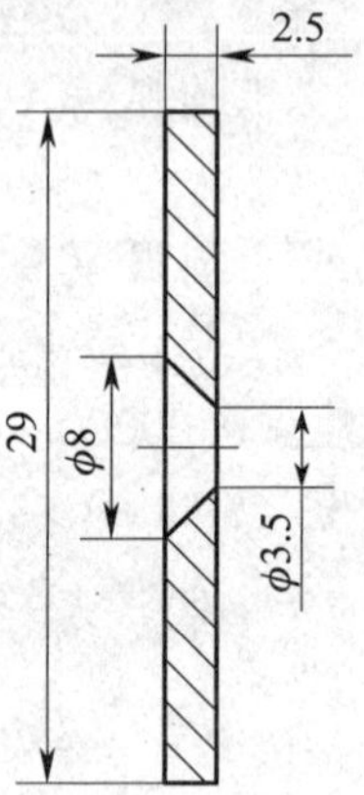

图 2－186　挡圈

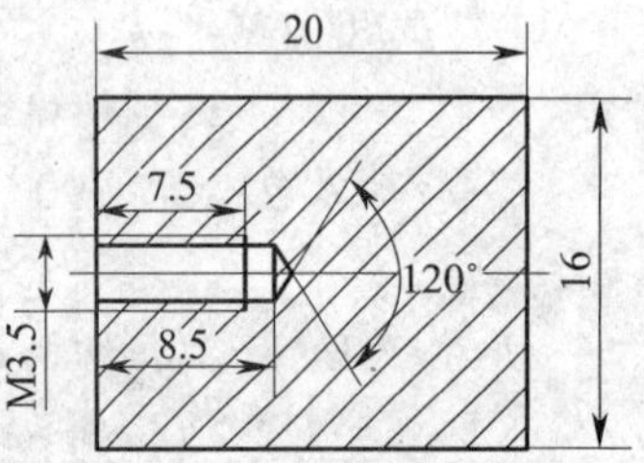

图 2－187　连接块

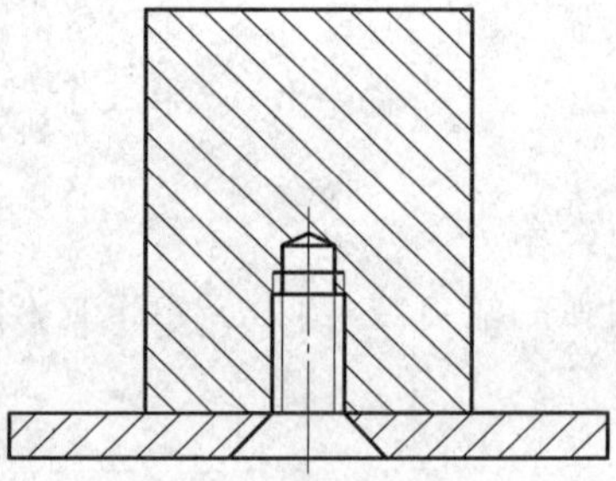

图 2－188　装配图

§2-8 文字的输入和编辑

一、教学目标

1. 掌握文字的创建方法。

2. 掌握文字的编辑方法。

二、任务分析

在用 AutoCAD 2014 制图中，文字是构成图样的组成部分，是图样不可缺少的重要内容。文字说明能使图样信息更清晰、准确、完整。本节将通过对标题栏添加文字（图 2－189）介绍文字的输入与编辑。

设计			（材料）		（单位）
校核			比例		（图名）
审核			共1张　第1张		（图号）

图 2－189　标题栏

三、实践操作

1. 新建文件

单击下拉菜单“文件|新建”命令，打开“选择样板”对话框，选择“无样板公制”，新建一个文件。

2. 创建图层

分别创建“粗实线”和“细实线”图层。

3. 打开“正交”模式和“对象捕捉”功能

打开“正交”模式和“对象捕捉”功能并设置对象捕捉参数，如图 2－190 所示。

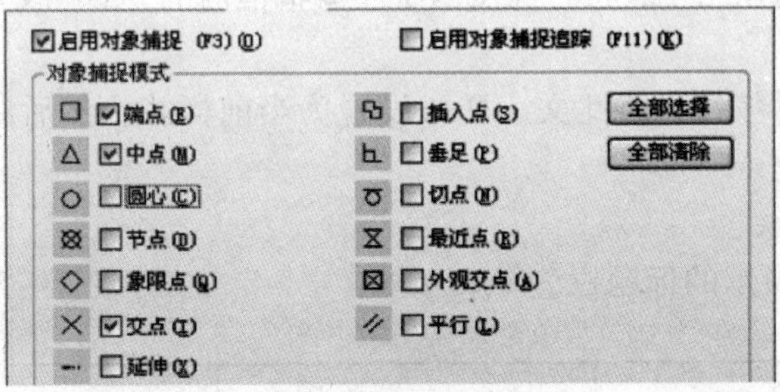

图 2－190　设置对象捕捉参数

4. 设置文字样式

使用不同的字体、字高、字宽等创建出的文字，其外观效果也不相同，而文字的这些外观因素受文字样式的制约，所以在创建文字时，要根据专业需要预先设置不同的文字样式。

（1）单击菜单“格式 | 文字样式”命令，打开“文字样式”对话框，如图 2 – 191 所示。

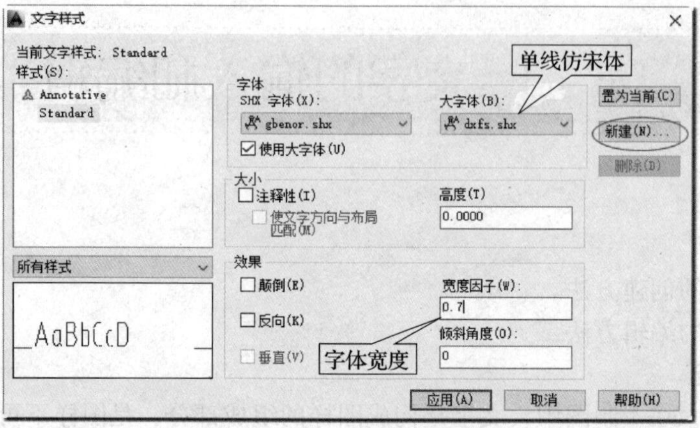

图 2 – 191 “文字样式”对话框

（2）在如图 2 – 191 所示“文字样式”对话框中单击按钮 新建(N)...，打开“新建文字样式”对话框，在此对话框上的“样式名”编辑框内输入“机械”，如图 2 – 192 所示。

（3）单击“新建文字样式”对话框上的 确定 按钮，即创建完名称为“机械”的文字样式。

（4）单击使用大字体选项框，取消勾选，关闭大字体功能。

（5）单击大字体列表框后的 ，展开下拉列表，选择其中的“仿宋 GB2312”样式，如图 2 – 193 所示。

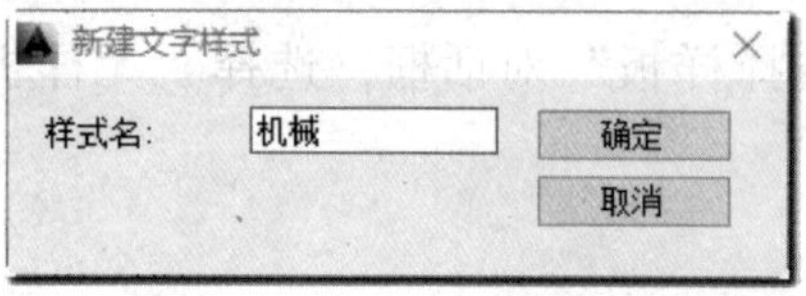

图 2 – 192 “新建文字样式”对话框

图 2 – 193 选择文字样式

（6）将“高度”编辑框内的“0.0000”改为“5”。

（7）在“效果”选项组中，将“宽度因子”编辑框内的“1”改为“0.7”，如图 2 – 191 所示。

（8）单击 应用(A) 按钮，将此文字样式设置为当前样式，然后结束新建文字样式，退出“文字样式”对话框。

5. 绘制标题栏

绘制如图 2 – 194 所示的标题栏。

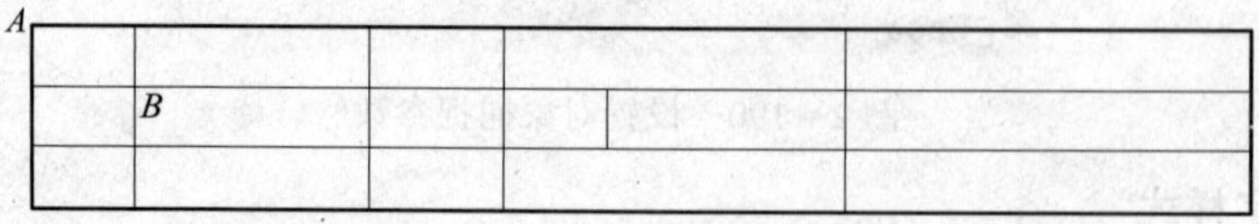

图 2 – 194 标题栏

6. 在如图 2－194 所示的标题栏内输入文字

（1）单击“绘图”工具栏中的多行文字命令按钮 A，激活多行文字命令，命令行的显示操作如下：

命令：_mtext
当前文字样式：“机械”
当前文字高度：5　　//启动多行文字命令并接受文字默认设置
指定第一角点：　　//捕捉如图 2－194 所示的 *A* 点作为第一角点
指定对角点或［高度（H）/对正（J）/行距（L）/旋转（R）/样式（S）/宽度（W）］：
//捕捉如图 2－194 所示的 *B* 点作为第二角点，系统将会弹出“文字格式”对话框

（2）在“文字格式”对话框中分别单击居中按钮和中央对齐按钮，以居中书写文字。

（3）在文本框中输入“设计”字样，如图 2－195 所示。

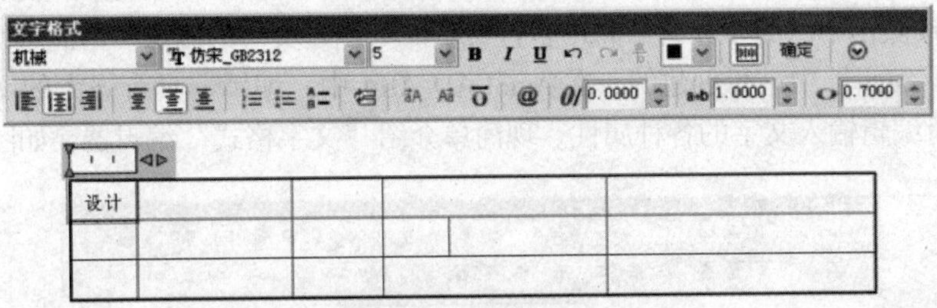

图 2－195　输入“设计”字样

（4）单击“文字格式”对话框上的 确定 按钮，输入结果如图 2－196 所示。

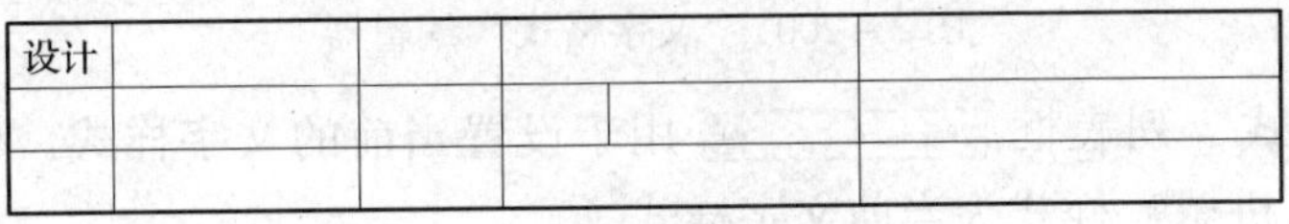

图 2－196　“设计”字样输入结果

（5）按照上述四步操作，分别输入标题栏中的其他文字，结果如图 2－197 所示。

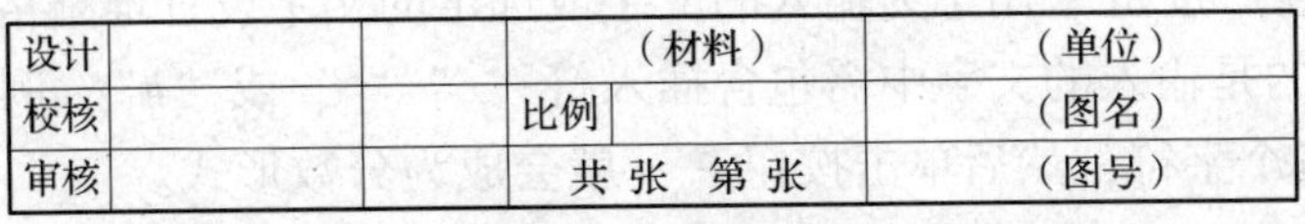

图 2－197　绘制结果

7. 修改标题栏

（1）双击如图 2－197 所示标题栏框中的“共　张　第　张”文字，系统弹出“文字格式”对话框。

（2）将对话框上文本框内的文字内容修改成如图 2－198 所示的内容，其他参数不变。

（3）单击“文字格式”对话框上的 确定 按钮，编辑结果如图 2－199 所示。

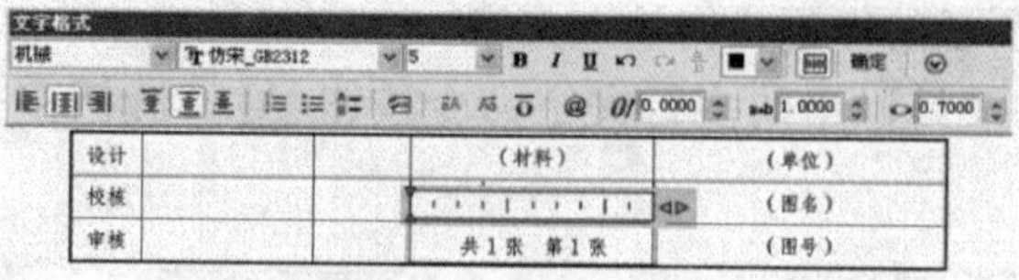

图 2－198　修改内容

设计			（材料）	（单位）
校核			比例	（图名）
审核			共1张第1张	（图号）

图 2－199　修改结果

四、相关理论

1. 多行文字

“多行文字”命令用于创建较长且较为复杂的文字对象，创建的文字无论包含多少行，AutoCAD 2014 都将其视为一个单独的对象。调用多行文字的方法有两种：一是选择下拉菜单“绘图｜文字｜多行文字”命令；二是在命令行中键入“mtext”后按下 Enter 键。

在上述实践操作中已简单介绍了利用多行文字命令创建文字的方法。由此可知，多行文字是在“文字格式”编辑器中进行创建的，在 AutoCAD 2014 中，编辑器具有强大的文字输入和编辑功能，可以随时编辑输入文字的各种属性。现简单介绍“文字格式”编辑器，如图 2－200 所示。

图 2－200　“文字格式”编辑器

（1）“文字样式”列表框 Standard 用于设置当前的文字样式，列表框内如果显示“机械”，则说明“机械”样式为当前文字样式。

（2）“字体”列表框 txt 用于设置当前新输入文字的字体。

（3）“文字高度”列表框 2.5 用于设置新输入文字的高度或修改文字的高度。

（4）“文字堆叠”按钮 用于为输入的文字或选定的文字设置堆叠格式，如分数、极限偏离等。需要指出的是输入的文字中需包含插入符“/”“^”或“#”。例如，输入的字符为 1/2，首先选中这三个字符，然后单击按钮 ，就会成为分数形式。

（5）“文字颜色”列表框 用于设置当前文字的颜色。

2. 单行文字

“单行文字”命令用于创建单行或多行文字对象，无论创建的文字有多少行，系统会将每一行文字看作一个独立的对象。在 AutoCAD 2014 中调用此命令的方法有两种：一是选择下拉菜单“绘图｜文字｜单行文字”命令；二是在命令行键入“dtext”后按下 Enter 键。

现以上述实践操作中创建的文字样式创建如图 2－201 所示的文字。选择下拉菜单“绘图｜文字｜单行文字”命令，激活单行文字命令，命令行的显示操作如下：

命令：_dtext //启动单行文字命令
当前文字样式：机械　当前文字高度：5.0000 //当前默认设置
指定文字的起点或［对正（J）/样式（S）］：
//在绘图区适当位置拾取一点作为文字插入点
指定高度 <5.0000>： //输入文字的高度值“10”
指定文字的旋转角度 <0>： //按下 Enter 键，采用默认设置

此时在文字插入点处出现一个单文本文字输入框，在框中输入“机械设计制造基础”字样，如图 2－201 所示，即可创建一行文字。

按下 Enter 键，输入“工程制图”即可创建第二行文字，如图 2－202 所示。连续两次按下 Enter 键，结束“单行文字”命令。

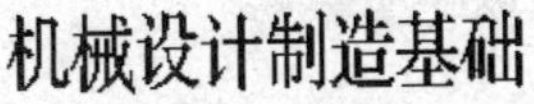

图 2－201　创建单行文字

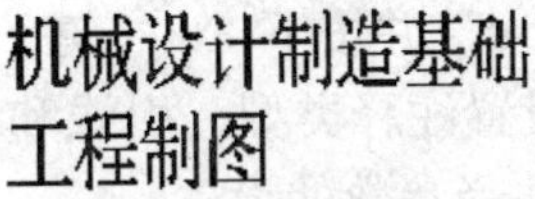

图 2－202　创建多行文字

需要指出的是，AutoCAD 2014 提供了十几种对正的方式，在命令行“指定文字的起点或［对正（J）/样式（S）］：”的提示下，单击鼠标右键，系统弹出如图 2－203 所示的下拉菜单，在下拉菜单中选择“对正”，命令行中会提示“输入选项［对齐（A）/调整（F）/中心（C）/中间（M）/右（R）/左上（TL）/中上（TC）/右上（TR）/左中（ML）/正中（MC）/右中（MR）/左下（BL）/中下（BC）/右下（BR）］：”，然后再次单击鼠标右键展开级联菜单，选择需要的文字对正格式即可。用户也可以输入“j”后按下 Enter 键，激活该选项功能。

3. 引线文字

“引线”命令用于创建一端带有箭头或无箭头、另一端带有注释对象的引线文本，所创建的引线可以是直线，也可以是样条曲线，并可以控制引线的外观形式。在 AutoCAD 2014 中调用此命令的方法有三种：一是选择下拉菜单“标注｜引线”命令；二是在命令行中键入“qleader”后按下 Enter 键；三是单击“标注”工具栏中的引线命令按钮。

现通过创建如图 2－204 所示引线文字简单介绍“引线”命令的操作方法。单击“标注”工具栏中的按钮，激活引线命令，命令行的显示操作如下：

图 2－203　单行文字下拉菜单

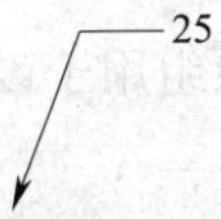

图 2－204　引线标注文字

```
命令：_qleader                                                   //启动引线命令
指定第一个引线点或 [设置 (S)] <设置>：
                                         //在绘图区适当位置拾取一点作为第一个引线点
指定下一点：                                                     //拾取第二个引线点
指定下一点：                                                     //拾取第三个引线点
指定文字宽度 <0>：                           //输入文字的宽度“3”并按下 Enter 键
输入注释文字的第一行 <多行文字 (M)>：//输入注释内容“25”并按下 Enter 键
输入注释文字的下一行：                                   //按下 Enter 键，结束命令
```

结果如图 2－204 所示。

如要对引线样式进行设置，可在命令行“指定第一个引线点或 [设置 (S)] <设置>：”的提示下输入“s”并按下 Enter 键，系统会弹出“引线设置”对话框（图 2－205），在此对话框内可以设置注释类型、引线和箭头的样式及附着格式等参数。

(1) 引线注释参数的设置

“注释”选项组内的选项用于设置引线注释文字的类型，如图 2－205 所示。

1）“多行文字”选项用于在引线的末端创建文字注释。

2）“复制对象”选项用于复制已有的文字、公差或块参照等对象来进行注释。

3）“公差”选项用于在引线末端创建形位公差①。

4）“块参照”用于插入一个块参照作为注释对象。

5）“无”表示创建无注释的引线。

(2) 引线和箭头参数的设置

单击“引线设置”对话框中的“引线和箭头”标签即可切换到“引线和箭头”选项卡（图 2－206）。

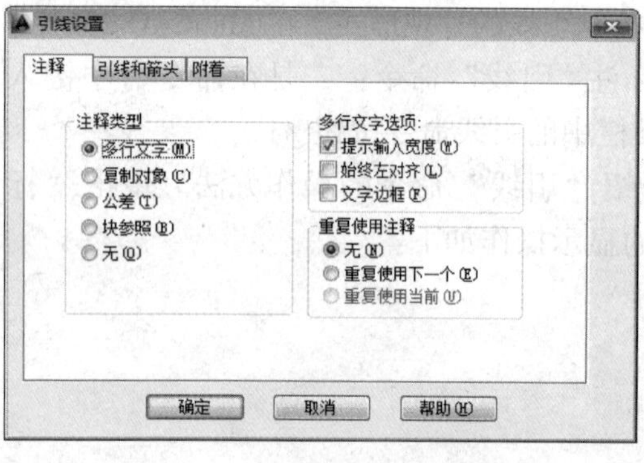

图 2－205 “引线设置”对话框

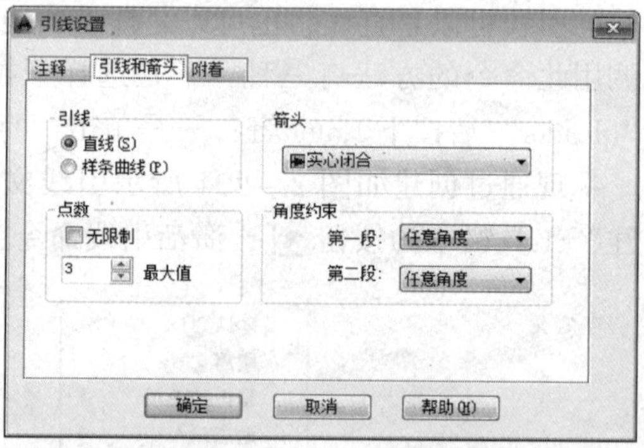

图 2－206 “引线和箭头”选项卡

1）“引线”选项组内的“直线”和“样条曲线”选项分别用于在指定的引线点之间创建直线和样条曲线。

2）“箭头”选项组用于设置箭头的形式。

---

① 编者注：本书中的“形位公差”均应为“几何公差”，由于 AutoCAD 2014 中为“形位公差”，为保持一致，正文中不做修改。

3）“点数”选项组用于设置引线点的数目，如勾选“无限制”选项，系统将会一直提示用户指定引线点直到连续两次按下 Enter 键，其下的“最大值”编辑框用于设置最大引线点数目。

4）“角度约束”选项组用于设置第一段引线与第二段引线的角度约束。

(3) 附着参数的设置

单击“引线设置”对话框中的“附着”标签即可切换到“附着”选项卡（图 2 – 207）。

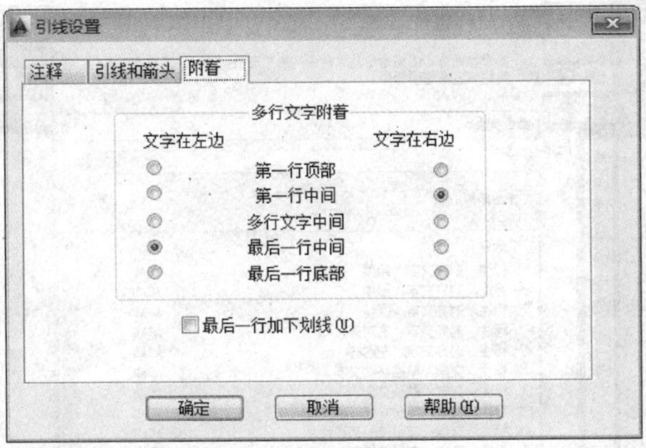

图 2 – 207 “附着”选项卡

1）“第一行顶部”选项用于将引线放置在多行文字第一行的顶部。

2）“第一行中间”选项用于将引线放置在多行文字第一行的中间。

3）“多行文字中间”选项用于将引线放置在多行文字中间。

4）“最后一行中间”选项用于将引线放置在多行文字最后一行的中间。

5）“最后一行底部”选项用于将引线放置在多行文字最后一行的底部。

6）“最后一行加下划线”选项用于给多行文字的最后一行加下划线。

4. 文字编辑

遇到文字输入错误时，可以用文字的编辑命令来编辑文本的属性或者对文字本身进行修改。

在 AutoCAD 2014 中，调用“编辑文字”命令的方法有三种：一是选择下拉菜单“修改 | 对象 | 文字 | 编辑”命令；二是单击“文字”工具栏中的文字编辑按钮 ；三是在命令行中键入“ddedit”后按下 Enter 键。

现通过把如图 2 – 208 所示的“机械设计制造基础”改成“机械设计与制造”来介绍“编辑文字”命令的操作方法，具体步骤如下：

（1）选择下拉菜单“修改 | 对象 | 文字 | 编辑”命令，激活编辑文字命令。

（2）选择修改对象，对象选择后，输入框背景色会改变，如图 2 – 208 所示。

（3）输入正确的文字内容，结果如图 2 – 209 所示。

图 2 – 208 选择编辑对象

图 2 – 209 修改结果

5. 工具栏中添加命令按钮的方法

（1）在任意工具栏按钮上单击鼠标右键，单击“自定义”。

（2）在“自定义”选项卡上的“命令列表”窗格中，拖动要添加的命令并将其放置到应用程序窗口中显示的工具栏上。可以通过使用视觉指示器控制要添加命令的位置。

（3）在自定义用户界面（CUI）编辑器中单击 应用 按钮。

例如，在绘图工具栏中添加文字编辑按钮 ，如图 2－210 所示。

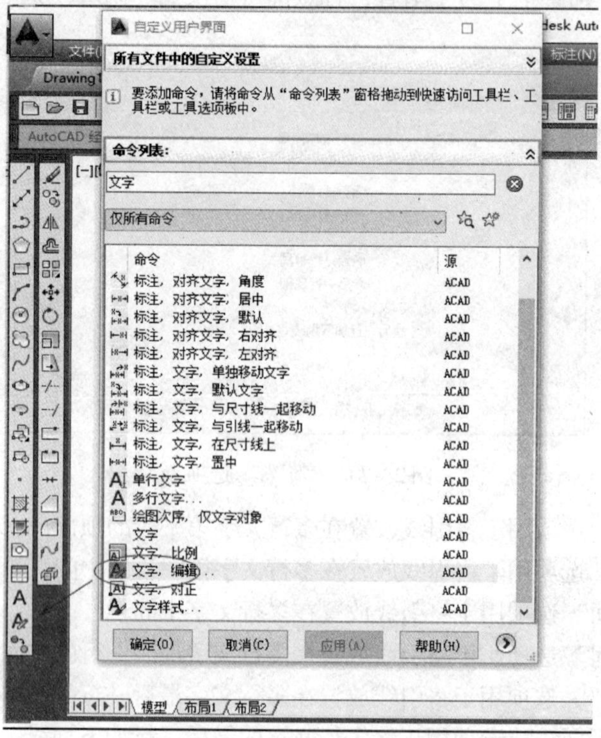

图 2－210　在绘图工具栏中添加文字编辑按钮

五、上机练习

1. 完成如图 2－211 所示标题栏的文字输入。

标记	处数	分区	更改文件号	签名	年，月，日				轴承座
设计			标准化			阶段标记	质量	比例	
审核									ZC－001
工艺			批准			第1张　共2张			

图 2－211　练习

2. 完成零件图技术要求的文字输入。

文字内容及样式如下：

技术要求

1. 铸件不得有气孔、砂眼及裂痕。
2. 本零件的制造精度为 8 级。
3. 未注倒角为 $C1$。

第三章

尺寸标注

§3-1 T形块的尺寸标注

一、教学目标

1. 掌握尺寸标注样式的设置与修改。
2. 掌握线性标注方法。
3. 掌握半径标注方法。

二、任务分析

图形只能表示物体的形状，而其大小是由所标注的尺寸决定的。尺寸是图样中的重要内容之一，是制造的直接依据。本节将通过对如图 3－1 所示 T 形块的尺寸标注介绍在 AutoCAD 2014 中有关尺寸标注的设置及基本标注操作。

三、实践操作

1. 新建文件

单击下拉菜单“文件|新建”命令，打开“选择样板”对话框，选择“无样板公制”，新建一个文件。

2. 创建图层

分别创建“粗实线”“细实线”和“中心线”图层，创建结果如图 3－2 所示。

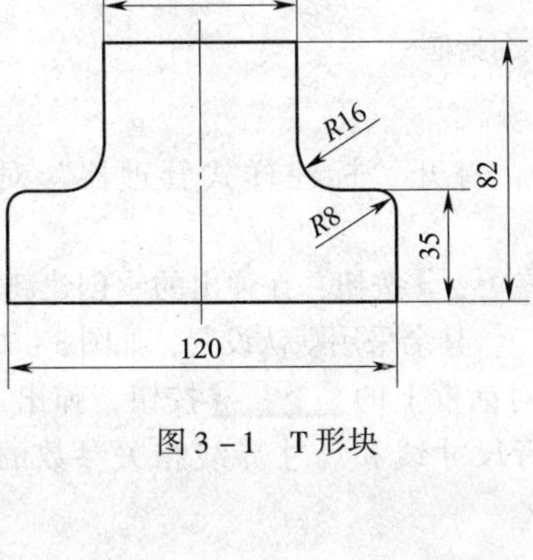

图 3－1　T 形块

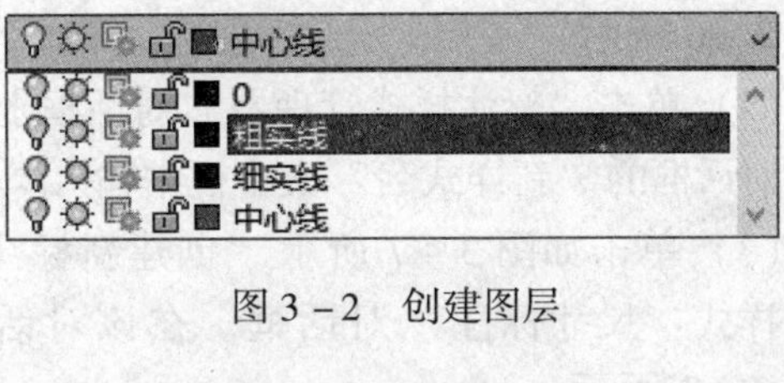

图 3－2　创建图层

3. 打开“正交”模式和“对象捕捉”功能

单击“图层”工具栏中的“图层控制”列表，在下拉列表中设置“粗实线”图层为当前图层，打开“正交”模式和“对象捕捉”功能并设置对象捕捉参数，如图3－3所示。

4. 绘制T形块

综合利用绘图命令绘制T形块（按图3－1所标注的尺寸绘制），绘制结果如图3－4所示。

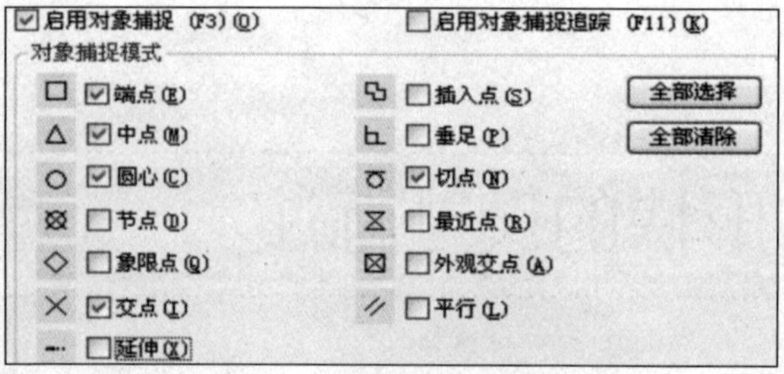

图3－3　设置对象捕捉参数

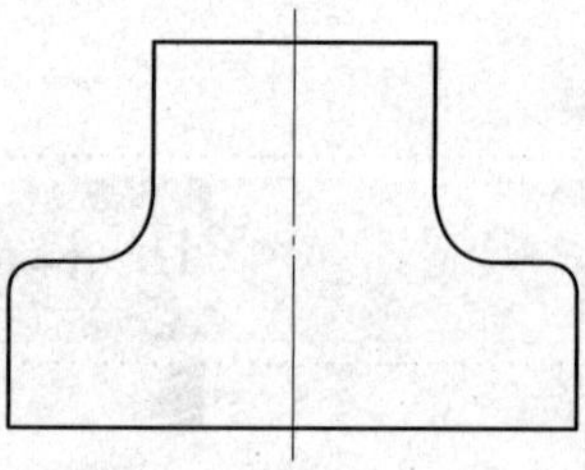

图3－4　T形块轮廓

5. 设置文字样式

单击下拉菜单“格式|文字样式”命令，新建名为“机械”的文字样式，所设置的参数如图3－5所示。

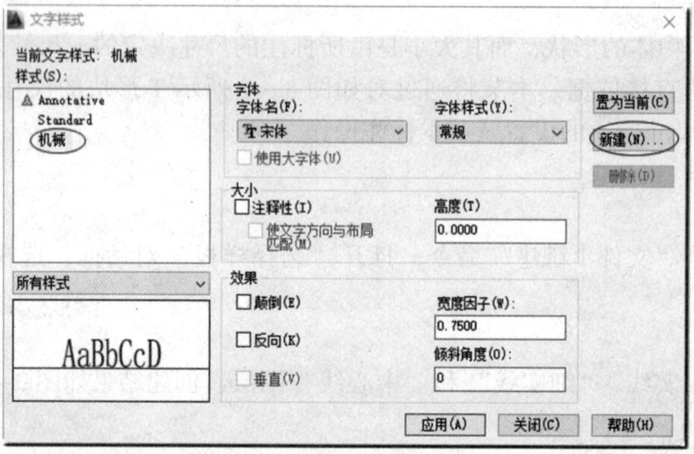

图3－5　“文字样式”对话框

6. 设置标注样式

（1）单击下拉菜单“格式|标注样式”命令，打开“标注样式管理器”对话框，如图3－6所示。

（2）单击“标注样式管理器”对话框上右侧的 新建(N)... 按钮，在弹出的“创建新标注样式”对话框的“新样式名”文本框中输入“尺寸标注”，其余采用默认设置，如图3－7所示。

（3）单击如图3－7所示“创建新标注样式”对话框上的 继续 按钮，弹出“新建标注样式：尺寸标注”对话框。在该对话框中进行尺寸线和尺寸界线相关参数的设置，如图3－8所示。

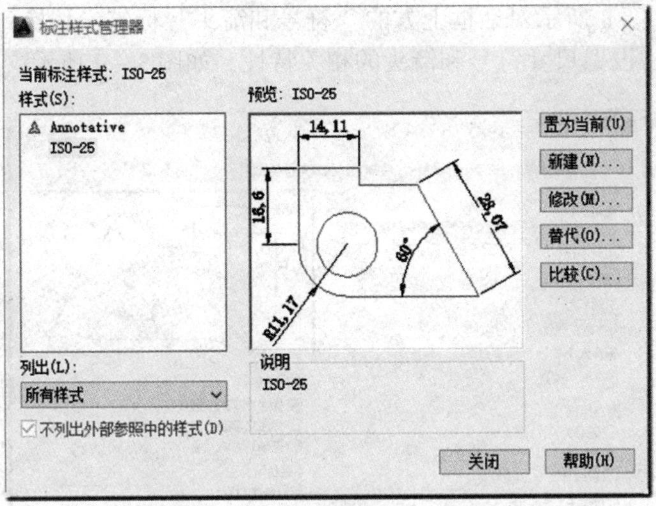

图 3－6 “标注样式管理器”对话框

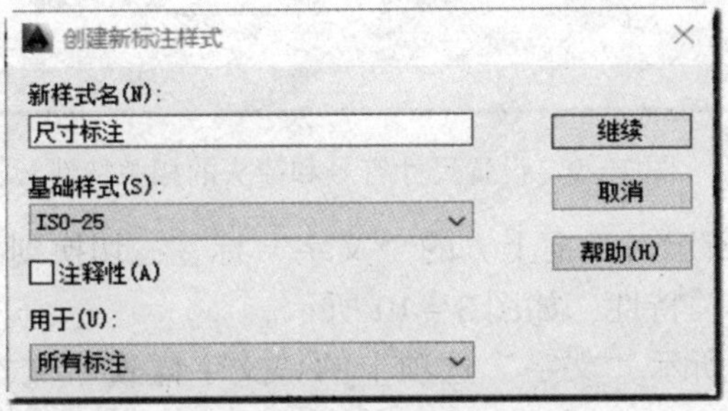

图 3－7 “创建新标注样式”对话框

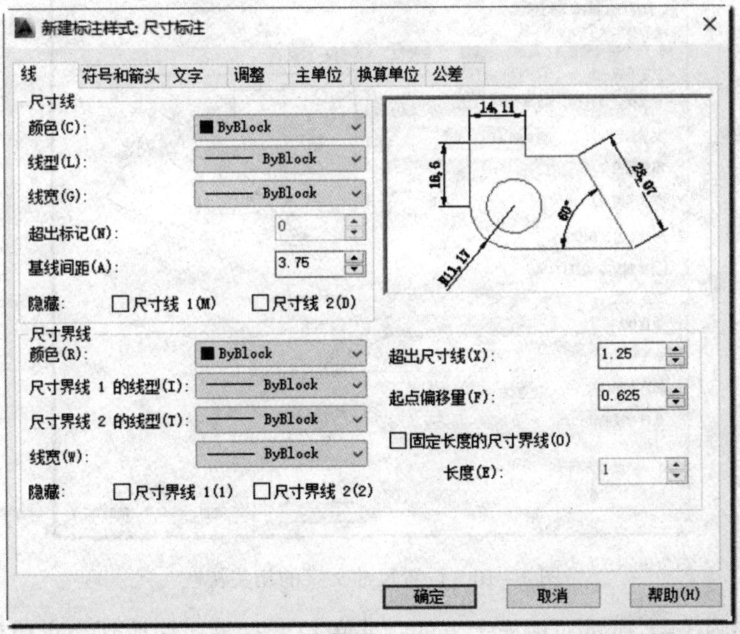

图 3－8 “新建标注样式：尺寸标注”对话框

（4）单击如图 3－8 所示对话框上方的“符号和箭头”标签，切换到“符号和箭头”选项卡，在该选项卡中设置尺寸符号和箭头的相关特性，如图 3－9 所示。

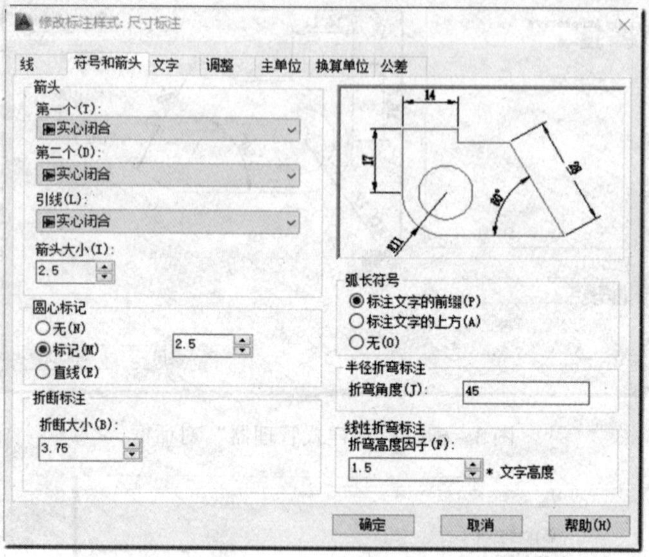

图 3－9　设置尺寸符号和箭头的相关特性

（5）单击如图 3－8 所示对话框上方的“文字”标签，切换到“文字”选项卡，在该选项卡中设置尺寸文字的相关特性，如图 3－10 所示。

注意：在如图 3－10 所示“文字”选项卡的“文字样式”文本框中选择的“机械”就是刚刚新建的文字样式。

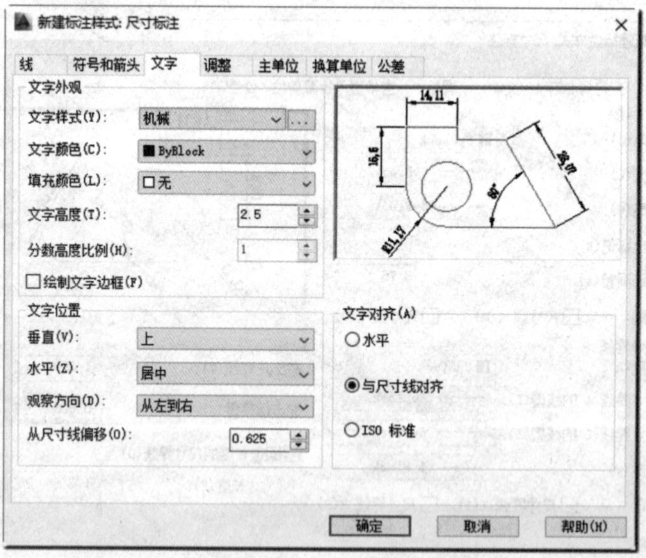

图 3－10　设置尺寸文字的相关特性

（6）单击如图 3－8 所示对话框上方的“主单位”标签，切换到“主单位”选项卡，在该选项卡中设置主单位相关特性，如图 3－11 所示。

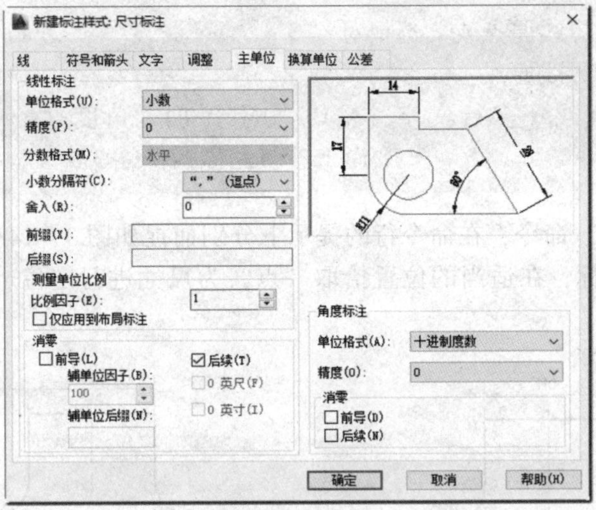

图 3－11　设置主单位相关特性

（7）单击如图 3－11 所示对话框下方的 确定 按钮，返回“标注样式管理器”对话框，此时在对话框的样式列表下新增了“尺寸标注”样式，如图 3－12 所示。

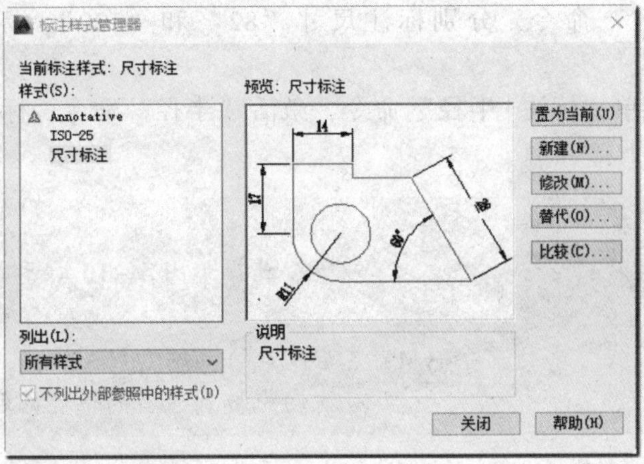

图 3－12　新增了“尺寸标注”样式的“标注样式管理器”对话框

（8）选中“尺寸标注”样式，单击如图 3－12 所示对话框右侧的 置为当前(U) 按钮，将“尺寸标注”样式设为当前样式。单击 关闭 按钮，退出对话框，标注样式设置完毕。

7. 对 T 形块进行尺寸标注

（1）单击“图层”工具栏中的“图层控制”列表，在其下拉列表中设置“细实线”图层为当前图层。

（2）单击下拉菜单“标注 | 线性”命令，激活“线性”命令，标注尺寸“60”。命令行的显示操作如下：

命令：_dimlinear //启动线性标注命令
指定第一条尺寸界线原点或 <选择对象>： //捕捉图 3－13 上的 *A* 点
指定第二条尺寸界线原点： //捕捉图 3－13 上的 *B* 点
指定尺寸线位置或［多行文字（M）/文字（T）/角度（A）/水平（H）/垂直（V）/旋转（R）］： //向上移动光标，在适当位置拾取一点，为尺寸定位

（3）重复“线性”命令，在命令行的提示下分别捕捉如图 3－14 所示 T 形块上的 *C* 点和 *D* 点，向右移动光标，在适当的位置拾取一点，为尺寸进行定位。标注结果如图 3－14 所示。

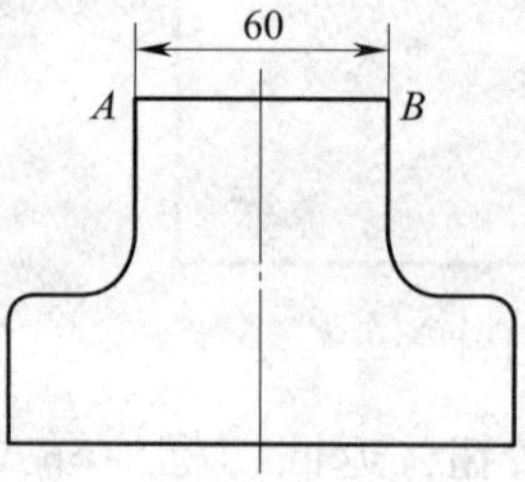

图 3－13　标注尺寸“60”

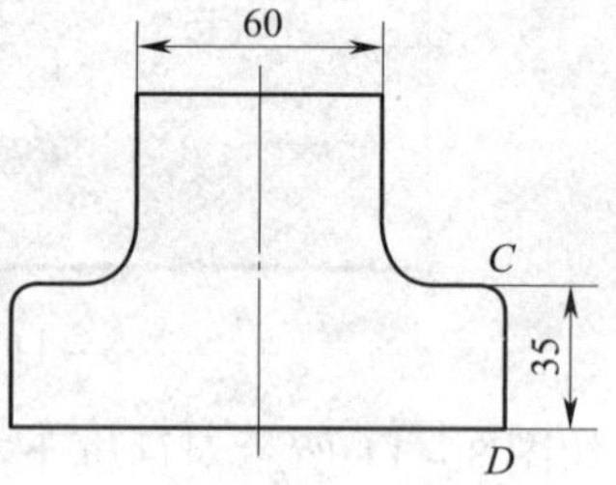

图 3－14　标注尺寸“35”

（4）重复“线性”命令，分别标注尺寸“82”和“120”，标注结果如图 3－15 所示。

（5）单击下拉菜单“标注|半径”命令，激活“半径”命令，标注半径尺寸“*R*16”。命令行的显示操作如下：

命令：_dimradius //启动半径标注命令
选择圆弧或圆： //选择如图 3－16 所示的右半侧较大的圆弧
标注文字＝16
指定尺寸线位置或［多行文字（M）/文字（T）/角度（A）］： //拖动光标到适当的位置拾取一点，为尺寸定位

标注结果如图 3－16 所示。

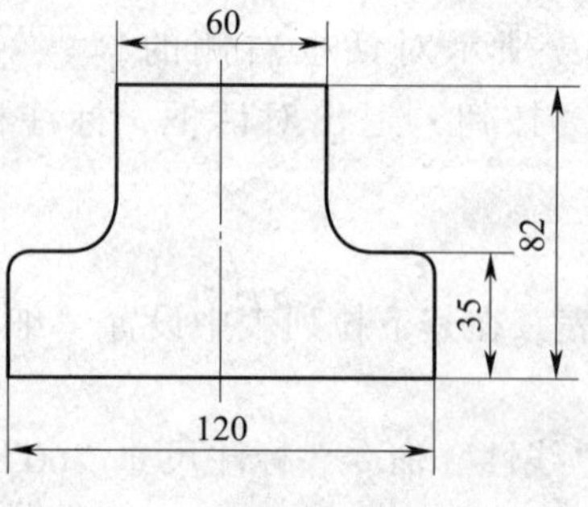

图 3－15　重复“线性”标注

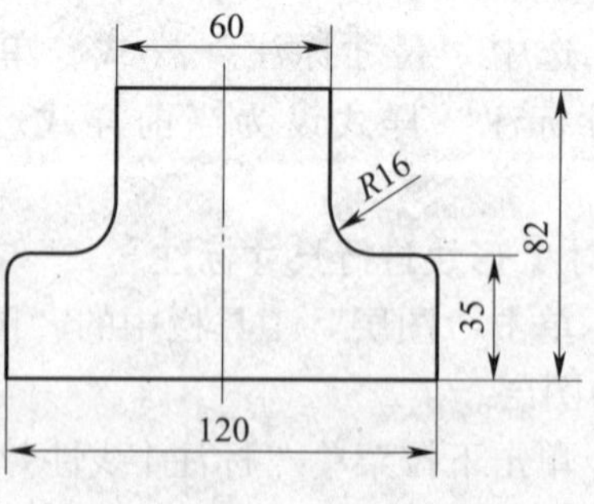

图 3－16　标注圆弧尺寸 *R*16

（6）重复“半径”命令，标注 T 形块上的小圆弧尺寸“*R*8”，标注结果如图 3－17 所示。

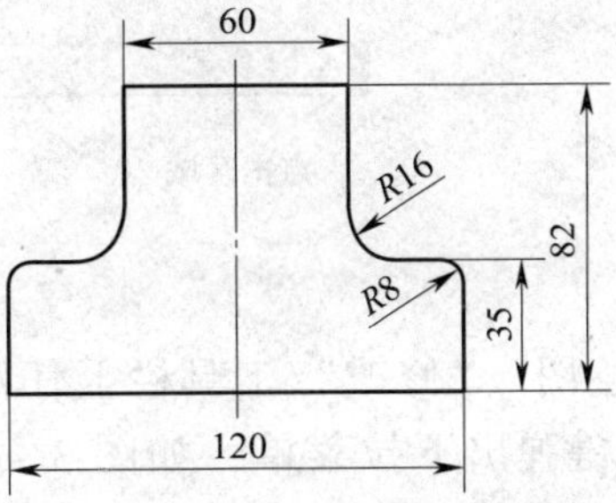

图 3－17　标注圆弧尺寸 *R*8

四、相关理论

1. 标注样式的修改

“标注样式”命令是用于控制尺寸外观形式的工具，它是各种尺寸变量的集合，这些变量决定了尺寸各组成部分的外观效果，用户可以调整这些变量，灵活修改尺寸的外观形式。

在上面的例子中已经比较具体地介绍了尺寸标注样式的设置方法，下面将通过修改上面例子中创建的“机械”标注样式的“文字”选项组内的文字高度来介绍尺寸标注样式的修改方法，具体步骤如下：

（1）单击下拉菜单“格式 | 标注样式”命令，打开“标注样式管理器”对话框。

（2）在此对话框的样式列表中选中要修改的样式“尺寸标注”，单击右侧的 修改(M)... 按钮，系统会弹出“新建标注样式：尺寸标注”对话框，如图 3－18 所示。

（3）单击此对话框上的“文字”标签，切换到“文字”选项卡，在“文字”选项卡中将“文字高度”编辑框内的“3.5”改为“5”。

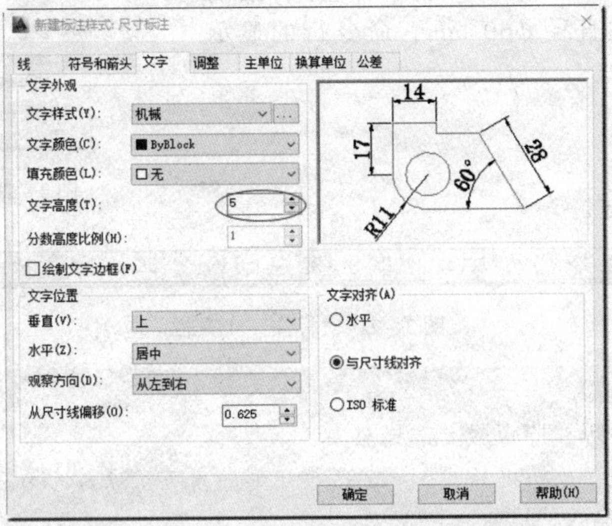

图 3－18　“新建标注样式：尺寸标注”对话框

（4）单击如图 3－18 所示对话框上的 确定 按钮，返回“标注样式管理器”对话框，单击 关闭 按钮，结束命令。修改其他参数的方法类似，在此不再赘述。

2. 线性标注

“线性”命令用于两点之间的水平尺寸、垂直尺寸及旋转尺寸等长度类的尺寸标注。在 AutoCAD 2014 中调用该命令的方法有两种：一是单击“标注”工具栏上的按钮 ；二是在命令行输入“dimlinear”或“dimlin”后按下 Enter 键。在 AutoCAD 2014 的默认启动状态下，没有把“标注”工具栏显示在操作界面上，如要调出“标注”工具栏，可把光标移到“标注”状态栏左端位置，如图 3－19 所示，或者把光标移到

图 3－19 “标注”状态栏

“绘图”“修改”工具栏上任意位置，然后单击鼠标右键弹出下拉菜单，如图 3－20 所示。最后在下拉菜单的“标注”处单击鼠标左键，系统会弹出“标注”工具栏，如图 3－21 所示。单击并拖动“标注”工具栏到绘图区右侧放开即可竖放。

现通过标注一直径为 60 mm、高度为 30 mm 的圆柱正面投影（矩形）进一步介绍线性标注方法，具体操作步骤如下：

（1）单击“绘图”工具栏中的矩形命令按钮 ，绘制长为 60 mm、宽为 30 mm 的矩形轮廓。再利用绘制直线命令绘制圆柱的中心线。

（2）单击下拉菜单“标注｜线性”命令，激活“线性”命令，标注直径 ϕ60 mm，命令行的显示操作如下：

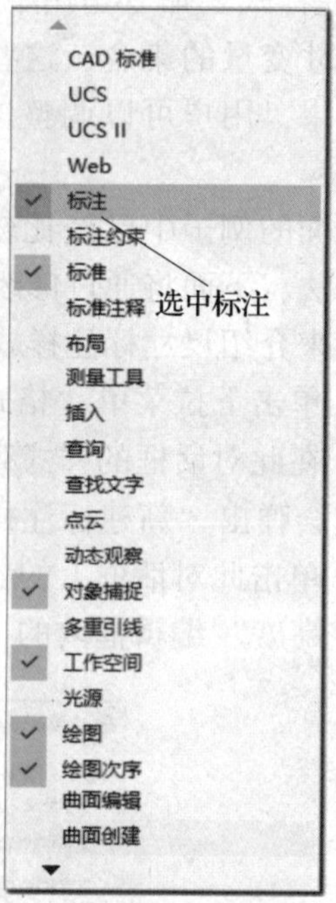

图 3－20 下拉菜单

图 3－21 “标注”工具栏

命令：_dimlinear //启动线性命令
指定第一条尺寸界线原点或 <选择对象>：
//捕捉如图 3－22 所示矩形的左下角点作为第一条尺寸界线的原点
指定第二条尺寸界线原点：
//捕捉如图 3－22 所示矩形的右下角点作为第二条尺寸界线的原点
指定尺寸线位置或［多行文字（M）/文字（T）/角度（A）/水平（H）/垂直（V）/旋转（R）］： //输入“t”，切换到命令行文字编辑模式，按下 Enter 键
输入标注文字 <60>： //输入“%%c60”，按下 Enter 键
指定尺寸线位置或［多行文字（M）/文字（T）/角度（A）/水平（H）/垂直（V）/旋转（R）］： //移动光标，在适当位置拾取一点为尺寸进行定位
标注文字 =60

(3) 重复“线性”命令，分别捕捉矩形宽边上的两端点标注矩形的宽，结果如图3－22所示。

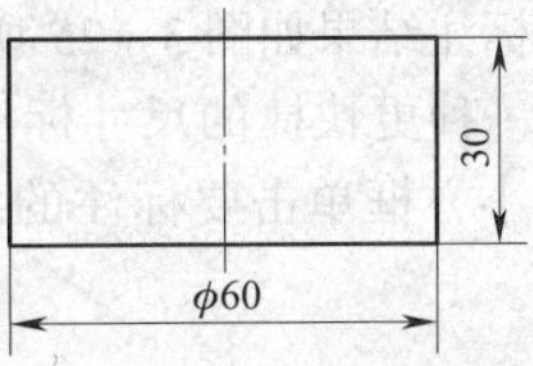

图3－22　标注线性尺寸

在上述操作中，输入“t”选择了“文字”选项。此选项用于为当前的尺寸文字添加前缀和后缀，或对当前的尺寸文字进行修改编辑。只不过它是通过命令行输入的形式来修改尺寸文字的。此外还可以输入“m”选择“多行文字”选项。

若对需要修改的文字进行修改编辑，还可直接双击要修改的文字，系统将会弹出如图3－23所示的“文字格式”编辑器，用户可以在此为系统实际测量值的前面或后面添加尺寸前缀和后缀，也可以修改尺寸内容。例如，在长度尺寸测量值输入“%%c60”后，单击如图3－23所示“文字格式”编辑器上的“确定”按钮，即可为尺寸“60”标注前缀“ϕ”了，如图3－22所示。

图3－23　“文字格式”编辑器

3. 半径标注

“半径”命令用于标注圆或圆弧的半径，如图3－24所示。调用此命令有两种方法：一是单击“标注”工具栏中的按钮；二是在命令行输入“dimradius”或“dimrad”后按下Enter键。

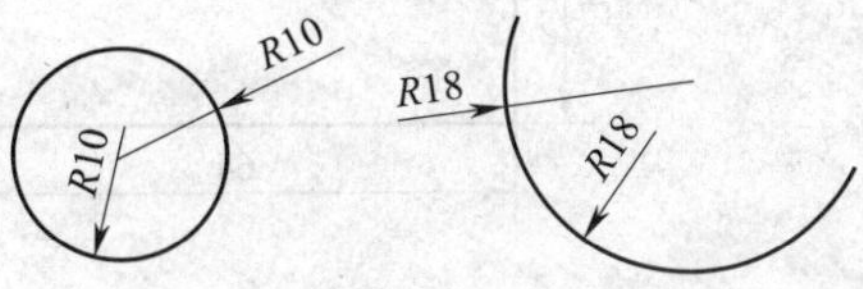

图3－24　标注圆和圆弧的半径

标注半径时，也可以对半径尺寸文字进行编辑，当执行到命令行“指定尺寸线位置或［多行文字(M)/文字(T)/角度(A)］:”时，可以输入“m”或“t”，按下Enter键，进入“文字格式”编辑器或“文字修改”命令行，操作方法与“线性”尺寸相同。

4. 对齐标注

“对齐”命令用于创建平行于所选对象或平行于两尺寸界线原点连线的直线型尺寸。调用此命令的方法有三种：一是单击下拉菜单“标注|对齐”命令；二是单击“标注”工具栏中的按钮；三是在命令行输入“dimaligned”或“dimali”后按下Enter键。

例：标注如图3－25所示三角形的三个边长（可绘制任意三角形）。命令行的显示操作如下：

```
命令：_dimaligned                                    //启动对齐命令
指定第一条尺寸界线原点或<选择对象>：                  //捕捉三角形的左下角点
指定第二条尺寸界线原点：                              //捕捉三角形的顶点
指定尺寸线位置或［多行文字(M)/文字(T)/角度(A)］：
                                        //移动光标，在适当位置拾取一点定位标注尺寸
```

标注结果如图 3 – 25 所示。

一种更快捷的尺寸标注方法是启动对齐命令后，单击鼠标右键，光标变成小方框，然后用小方框单击要标注的线段并拖动到适当位置放开，即得到对应的尺寸，如图 3 – 26 所示。

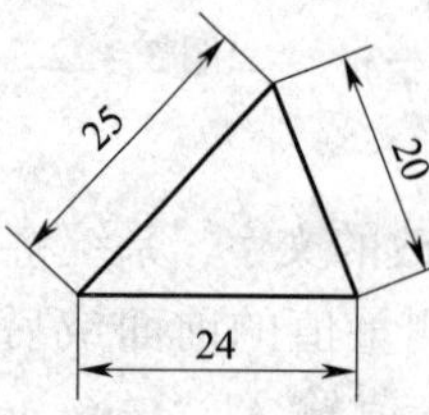

图 3 – 25　标注对齐尺寸

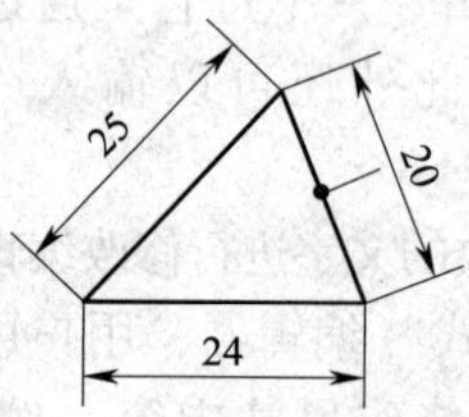

图 3 – 26　快捷标注对齐尺寸

五、上机练习

1. 完成如图 3 – 27 所示两图形的标注。

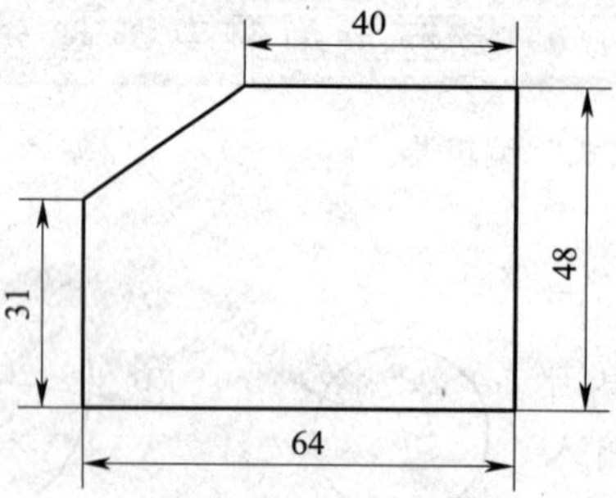

图 3 – 27　练习 1

2. 完成如图 3 – 28 所示图形的标注。

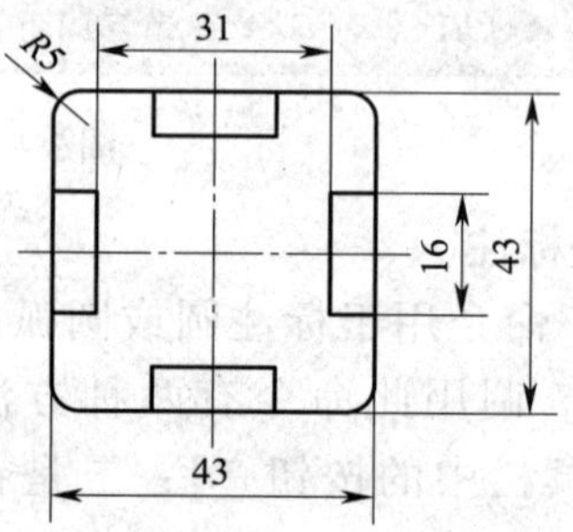

图 3 – 28　练习 2

【提示：在标注图 3 – 28 时，文字对齐方式需设置为“ISO 标准”，在此方式下才能标注出图中半径为 15 mm 的标注样式。】

§3-2　组合体的尺寸标注

一、教学目标

1. 掌握直径标注方法。

2. 掌握角度标注方法。

3. 掌握尺寸标注的编辑与修改。

二、任务分析

在制图中，经常需要标注圆的直径和倒角的角度，本节通过标注组合体尺寸（图3－29）介绍在AutoCAD 2014中直径和角度的标注方法。

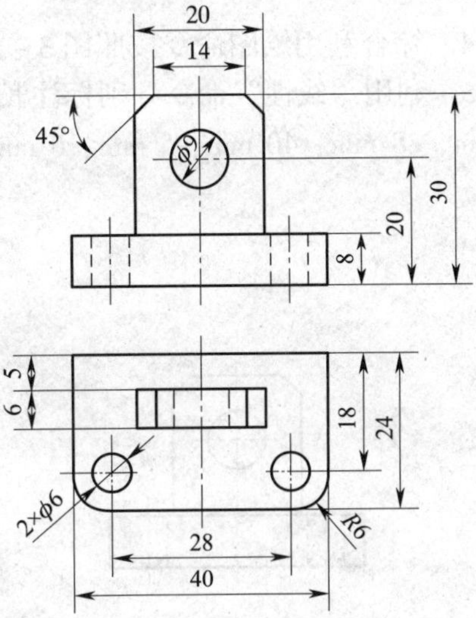

图3－29　组合体的尺寸标注

三、实践操作

1. 新建一个“无样板公制”文件，并创建“粗实线”“细实线”“中心线”“虚线”四个图层。

2. 打开“正交”模式和“对象捕捉”功能，对象捕捉的参数设置如图3－30所示。

3. 分别创建名为“ji”的文字样式和名为“jixie”的标注样式，其参数可按§3－1中介绍的进行设置，唯一不同的是需将“文字”选项卡下“文字对齐”的方式改为“ISO标准”，如图3－31所示。

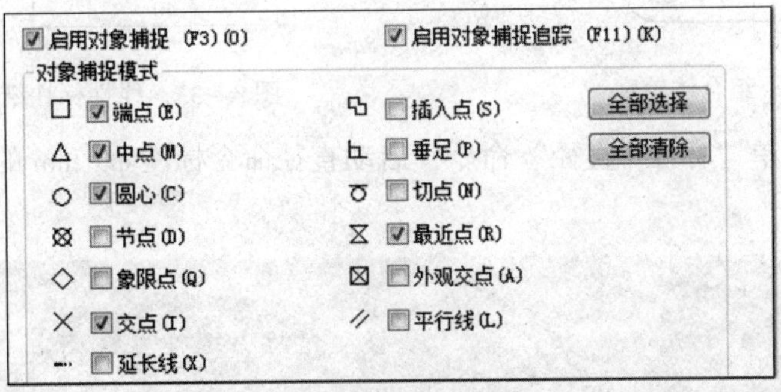

图3－30　设置对象捕捉参数

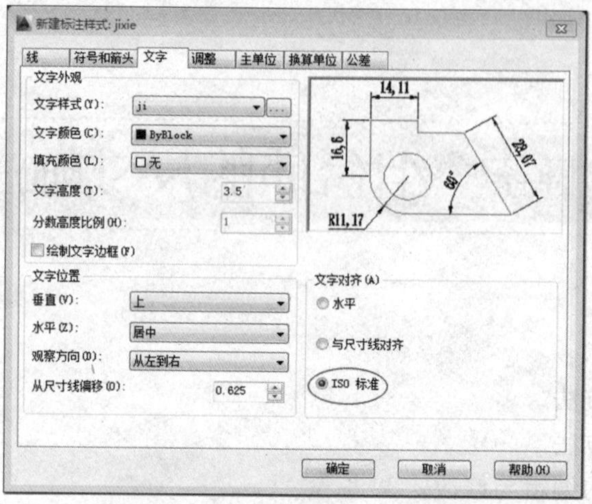

图 3－31　修改“文字对齐”方式

4. 综合利用绘图命令按照图 3－29 所给尺寸绘制其轮廓，绘制结果如图 3－32 所示。

5. 利用“线性”命令分别标注长度为 8 mm、20 mm、30 mm、14 mm、20 mm、18 mm、24 mm、28 mm、40 mm、5 mm、6 mm 的尺寸，标注结果如图 3－33 所示。

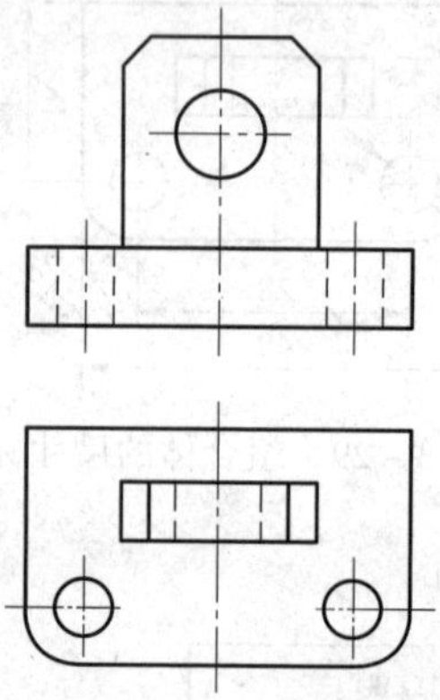

图 3－32　组合体轮廓

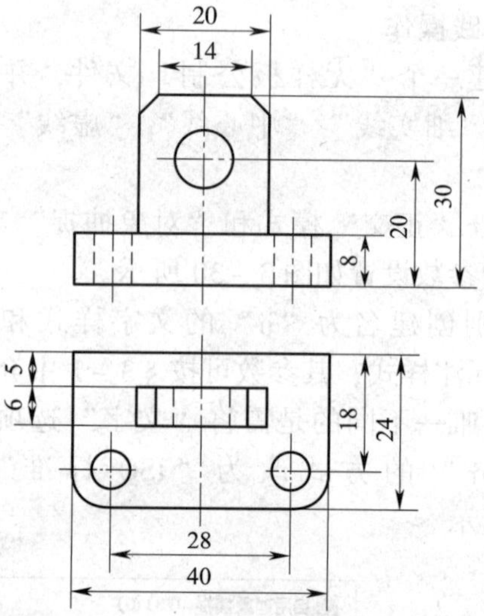

图 3－33　线性标注结果

6. 单击下拉菜单“标注 | 直径”命令，启动直径命令标注 ϕ9 mm 的尺寸，命令行的显示操作如下：

命令：_dimdiameter　　//启动直径标注命令
选择圆弧或圆：　　//移动光标，选择主视图上直径为 ϕ9 mm 的圆
标注文字 =9
指定尺寸线位置或［多行文字（M）/文字（T）/角度（A）］：
　　//移动光标到适当的位置拾取一点为尺寸定位

标注结果如图 3 – 34 所示。

7. 打断与尺寸“ϕ9 mm”字样相交的中心线，单击“修改”工具栏中的打断命令按钮 ，命令行的显示操作如下：

命令：_break
选择对象：　　//移动光标到与“ϕ9 mm”字样相交的水平中心线左侧适当位置单击
指定第二个打断点或［第一点（F）]：
　　//选中与“ϕ9 mm”字样相交的水平中心线右侧适当位置单击

结束操作后结果如图 3 – 35 所示。

注：国家标准规定尺寸数字不应与任何图线相交。

8. 单击下拉菜单“标注 | 角度”命令，启动角度命令标注主视图上的“45°”，命令行的显示操作如下：

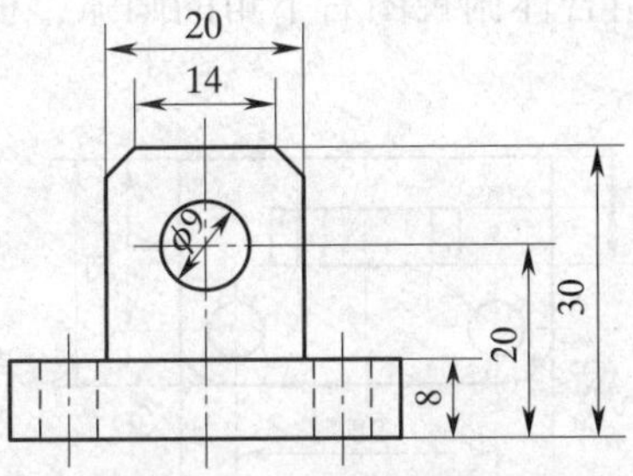

图 3 – 34　标注直径 ϕ9

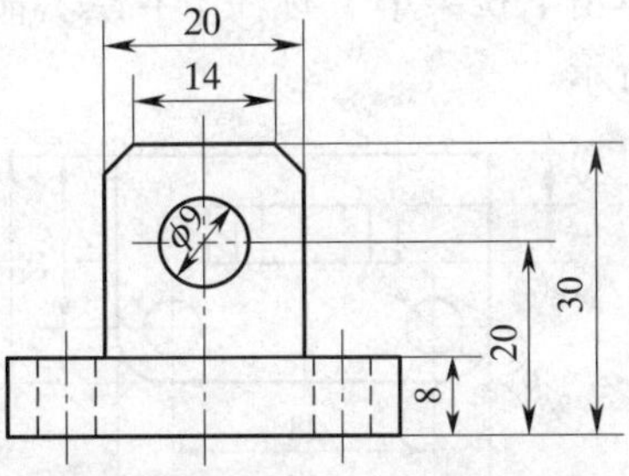

图 3 – 35　打断与“ϕ9”字样相交的中心线

命令：_dimangular
选择圆弧、圆、直线或 <指定顶点>：　　//选择如图 3 – 36 所示的 *a* 边
选择第二条直线：　　//选择如图 3 – 36 所示的 *b* 边
指定标注弧线位置或［多行文字（M）/文字（T）/角度（A）]：
　　//向左移动光标，在适当位置拾取一点为尺寸定位
标注文字 = 45

标注结果如图 3 – 37 所示。

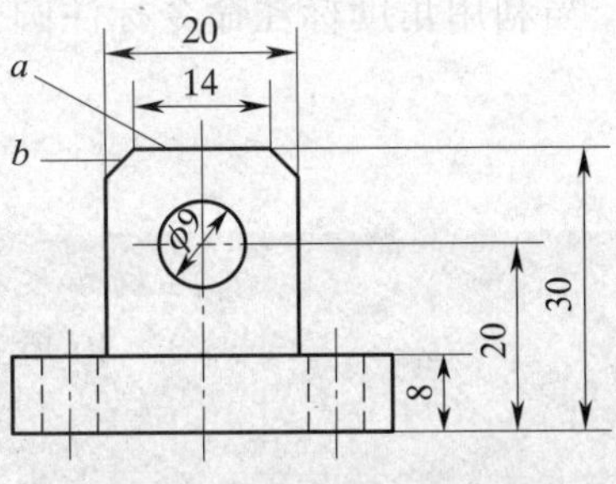

图 3 – 36　选择 *a*、*b* 边

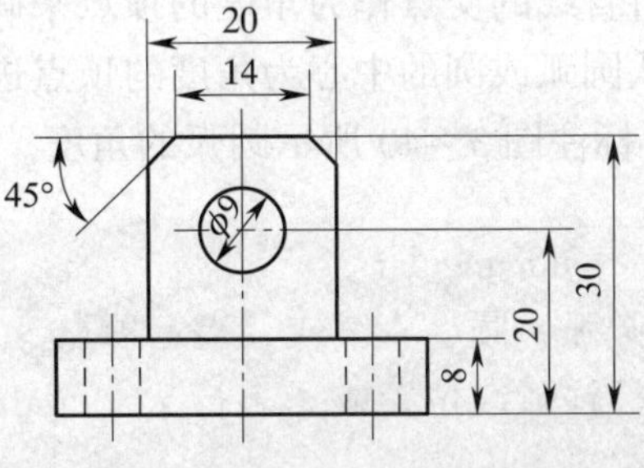

图 3 – 37　标注角度 45°

9. 单击下拉菜单“标注 | 直径”命令，启动直径命令标注 $\phi6$ mm 的尺寸，命令行的显示操作如下：

```
命令：_dimdiameter
选择圆弧或圆：                              //移动光标选择组合体俯视图上左侧的小圆
标注文字 =6
指定尺寸线位置或［多行文字（M）/文字（T）/角度（A）］：
                                                      //输入“t”并按下 Enter 键
输入标注文字 <6 >：                          //输入“2 × %%c6”并按下 Enter 键
指定尺寸线位置或［多行文字（M）/文字（T）/角度（A）］：
                                          //移动光标到适当的位置拾取一点为尺寸定位
```

标注结果如图 3 – 38 所示。

10. 单击下拉菜单“标注 | 半径”命令，标注组合体俯视图右下角的圆弧，标注结果如图 3 – 39 所示。

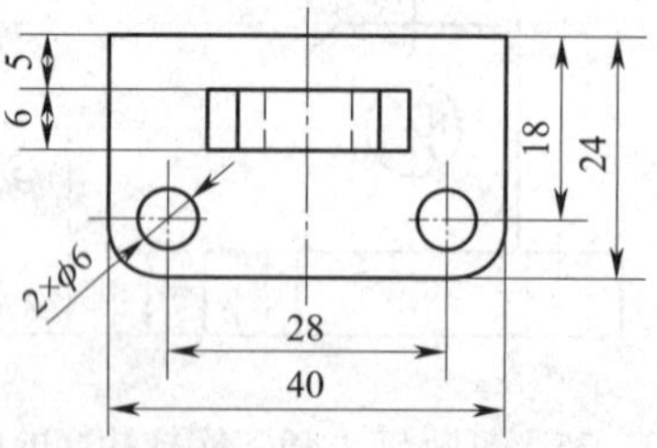

图 3 – 38　标注 2 × $\phi6$

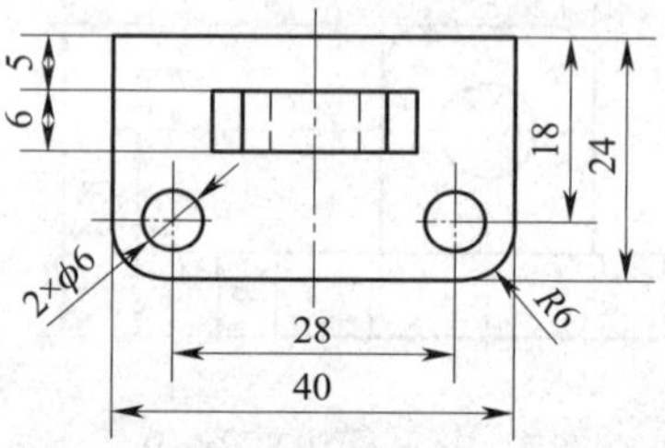

图 3 – 39　标注半径为 6 的圆弧

最终绘图标注结果如图 3 – 29 所示。

四、相关理论

1. 角度标注

在 AutoCAD 2014 中，“角度”命令用于标注直线、圆弧以及圆等对象的角度尺寸。调用此命令的方法有两种：一是单击“标注”工具栏中的按钮；二是在命令行中输入“dimangular”或“angular”后按下 Enter 键。

在上例中，选择了两条直线进行角度标注，AutoCAD 2014 会将每条直线作为角度的矢量边，并将直线的交点作为角度的顶点来确定角度。当利用角度标注命令标注圆弧和圆时，系统会默认圆弧或圆的中心为角度的顶点进行标注。

例 1：标注图 3 – 40 所示圆弧的角度。

```
命令：_dimangular                                          //启动角度标注命令
选择圆弧、圆、直线或 <指定顶点>：                     //选择如图 3 – 40 所示的圆弧
指定标注弧线位置或［多行文字（M）/文字（T）/角度（A）］：
                                          //移动光标在适当的位置拾取一点为尺寸定位
标注文字 =107
```

标注结果如图 3－40 所示。

例 2：标注图 3－41 所示圆上两点弧间的角度。

命令：_dimangular　　//启动角度标注命令
选择圆弧、圆、直线或 <指定顶点>：　　//选择如图 3－41 所示的圆上一点
指定角的第二个端点：　　//移动光标在圆上拾取另外一点
指定标注弧线位置或［多行文字（M）/文字（T）/角度（A）］：
　　//移动光标在适当的位置拾取一点为尺寸定位
标注文字 =94

标注结果如图 3－41 所示。

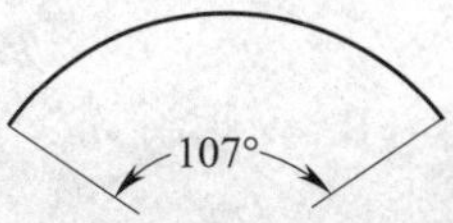

图 3－40　标注圆弧圆心角

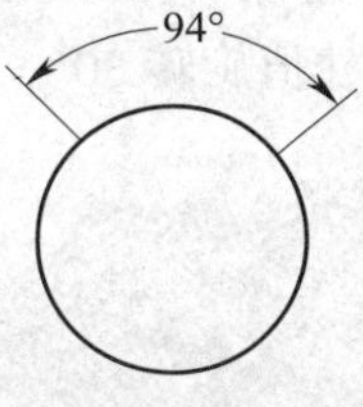

图 3－41　标注圆上两点圆弧的角度

2. 尺寸标注的编辑

用户可以根据自己的需要对已标注的尺寸进行编辑。

（1）编辑标注

在 AutoCAD 2014 中，对标注对象上的标注文字和尺寸界线进行编辑可调用“编辑标注”命令，调用方法有四种：一是单击下拉菜单“标注｜倾斜”命令；二是单击“标注”工具栏中的按钮；三是在命令行输入“dimedit”后按下 Enter 键；四是直接双击要修改的尺寸标注。

现通过编辑如图 3－42 所示矩形框上的线性标注介绍此命令的应用。

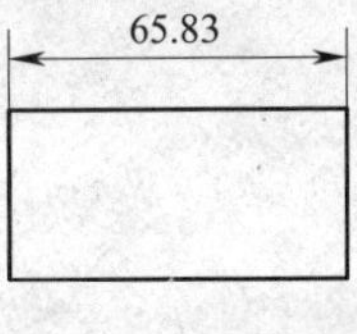

图 3－42　尺寸值修改前

1）在命令行输入“dimedit”后按下 Enter 键，将线性尺寸“65. 83”改为“30”，命令行的显示操作如下：

命令：_dimedit　　//启动编辑标注命令
输入标注编辑类型［默认（H）/新建（N）/旋转（R）/倾斜（O）］<默认>：
　　//输入“n”并按下 Enter 键，系统弹出“文字格式”对话框，如图 3－43 所示，将尺寸值改为“30”
选择对象：　　//选择如图 3－42 所示线性尺寸“65. 83”
选择对象：　　//按下 Enter 键或单击鼠标右键，结束操作

图 3－43　修改尺寸值

编辑结果如图 3－44 所示。

注：更快捷的方法是直接双击需要修改的线性尺寸“65.83”，同样可弹出“文字格式”对话框，将尺寸数值改为“30”后按下 Enter 键即可。

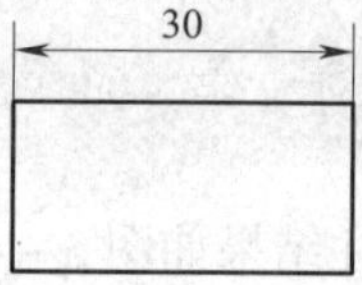

图 3－44　尺寸值修改结果

2）在命令行输入“dimedit”后按下 Enter 键，将如图 3－44 所示线性尺寸值旋转 30°，命令行的显示操作如下：

命令：_dimedit　　//启动编辑标注命令
输入标注编辑类型［默认（H）/新建（N）/旋转（R）/倾斜（O）］＜默认＞：
//输入“r”并按下 Enter 键
指定标注文字的角度：　　//输入倾斜角度 30°
选择对象：　　//选择如图 3－44 所示尺寸值为 30 的线性尺寸
选择对象：　　//按下 Enter 键

编辑结果如图 3－45 所示。

3）在命令行输入“dimedit”后按下 Enter 键，将如图 3－44 所示线性尺寸的尺寸界线倾斜 30°，命令行的显示操作如下：

命令：_dimedit　　//启动编辑标注命令
输入标注编辑类型［默认（H）/新建（N）/旋转（R）/倾斜（O）］＜默认＞：
//输入“o”并按下 Enter 键
选择对象：　　//选择如图 3－44 所示线性尺寸的尺寸界线
选择对象：　　//按下 Enter 键
输入倾斜角度（按下 Enter 键表示无）：　　//输入倾斜角 60°并按下 Enter 键

编辑结果如图 3－46 所示。

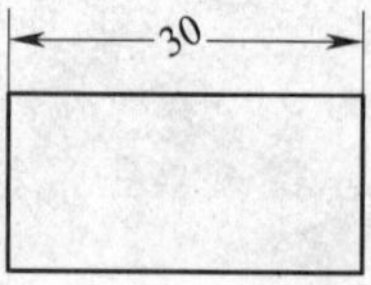

图 3－45　尺寸值旋转结果

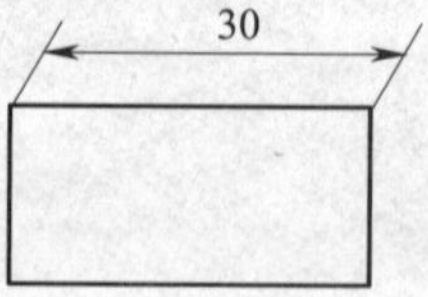

图 3－46　尺寸界线倾斜结果

（2）翻转箭头

在用 AutoCAD 2014 进行制图标注时，翻转标注箭头可调用“翻转箭头”命令，调用时在命令行中输入“aidimfliparrow”并按下 Enter 键即可。

现通过翻转如图 3－47 所示矩形框上线性标注的箭头介绍此命令的应用。

在命令行中输入“aidimfliparrow”并按下 Enter 键，启动翻转箭头命令，命令行的显示操作如下：

```
命令：_aidimfliparrow                          //启动翻转箭头命令
选择对象：                 //选择如图 3－47 所示线性尺寸的右尺寸界线
选择对象：            //按下 Enter 键结束命令，翻转结果如图 3－48 所示
命令：_aidimfliparrow                        //重新启动翻转箭头命令
选择对象：                 //选择如图 3－48 所示线性尺寸的左尺寸界线
选择对象：         //按下 Enter 键，结束命令，翻转结果如图 3－49 所示
```

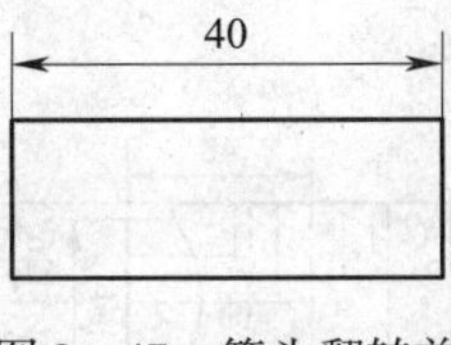

图 3－47　箭头翻转前

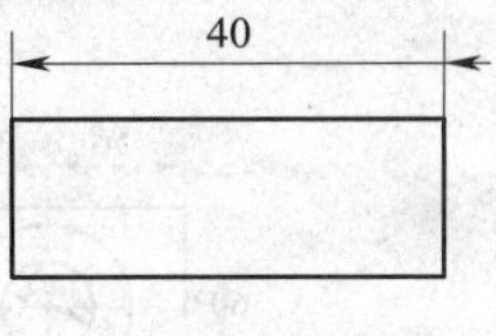

图 3－48　右侧箭头翻转后

1）先翻转哪个箭头与选择对象时拾取的点有关，拾取点应靠近要翻转的箭头。

2）先选择尺寸标注，然后将光标移到箭头标记处弹出快捷菜单（图 3－50），选择“翻转箭头”也可以启动该命令。

3）同理可翻转半径尺寸箭头，如图 3－51 所示。

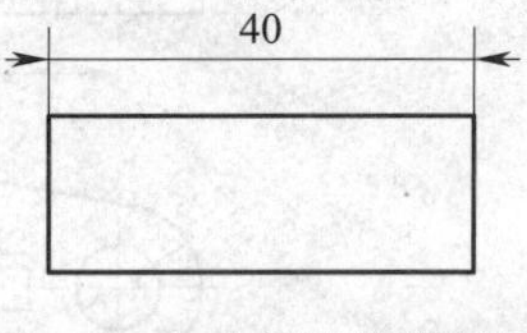

图 3－49　左侧箭头翻转后

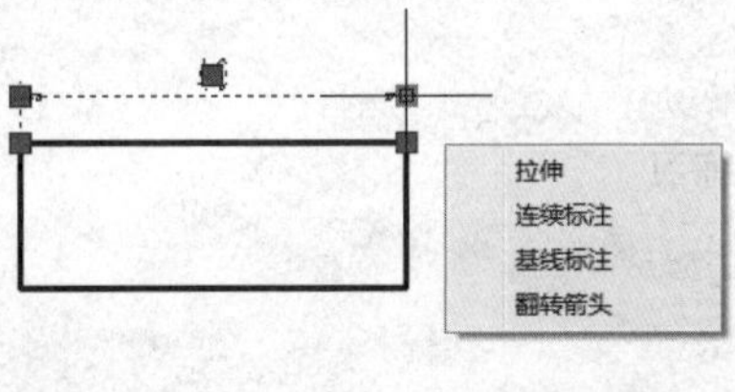

图 3－50　“翻转箭头”快捷菜单

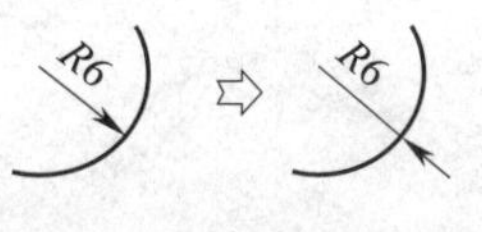

图 3－51　翻转半径尺寸箭头

五、上机练习

1. 完成如图 3－52 所示两组合体三视图的尺寸标注。
2. 完成如图 2－151 所示机座三视图的尺寸标注。

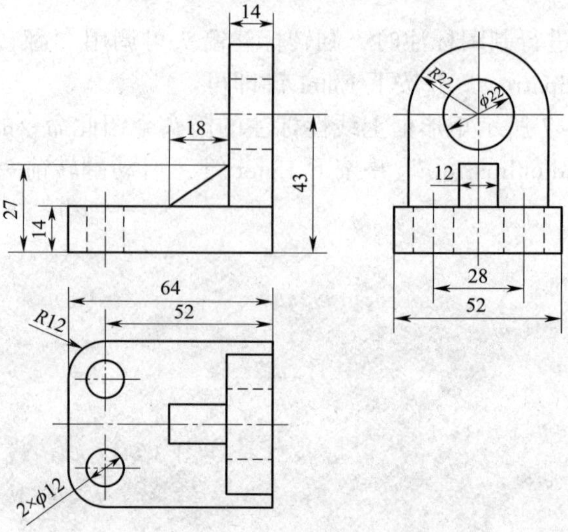

a）

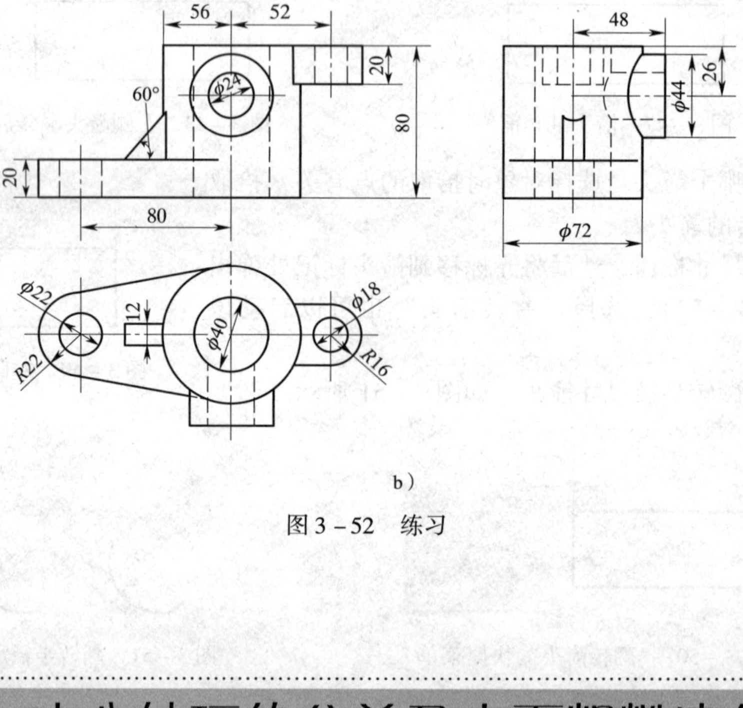

b）

图 3－52　练习

§3-3　空心轴环的公差及表面粗糙度的标注

一、教学目标

1. 掌握极限偏差的标注方法。
2. 掌握形位公差的标注方法。

3. 掌握表面粗糙度的标注方法。

4. 掌握块操作方法。

二、任务分析

在机械制造中，加工精度和表面粗糙度是衡量制造质量的重要指标，因此，在制图过程中学会标注尺寸公差等技术要求非常必要。本节将通过对如图 3－53 所示空心轴环标注公差介绍在 AutoCAD 2014 中标注公差的方法。

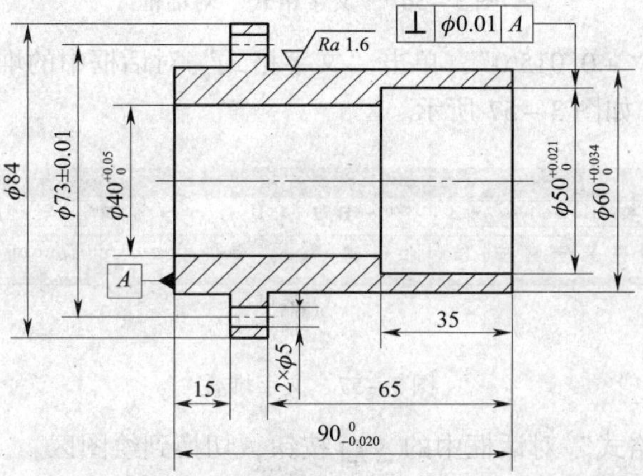

图 3－53　空心轴环

三、实践操作

1. 新建一个“无样板公制”文件，并创建“粗实线”“细实线”“中心线”三个图层。

2. 打开“正交”模式和“对象捕捉”功能，综合利用各绘图命令，按照如图 3－53 所标注的尺寸绘制如图 3－54 所示空心轴环的剖视图。

3. 创建“文字样式”和“标注样式”。(操作步骤和参数设置参见 § 3－1)

4. 标注直径为 40 mm 的尺寸极限偏差，步骤如下：

(1) 单击下拉菜单“标注 | 线性”命令，启动线性命令。

(2) 移动光标，分别捕捉直径为 40 mm 线段的两端点作为尺寸界线的端点。

(3) 单击鼠标右键，弹出如图 3－55 所示的下拉菜单，在下拉菜单中选择“多行文字”，系统弹出“文字格式”对话框。

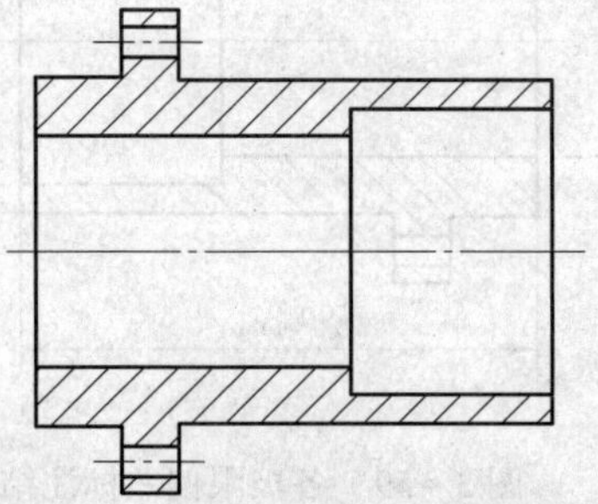

图 3－54　空心轴环的剖视图

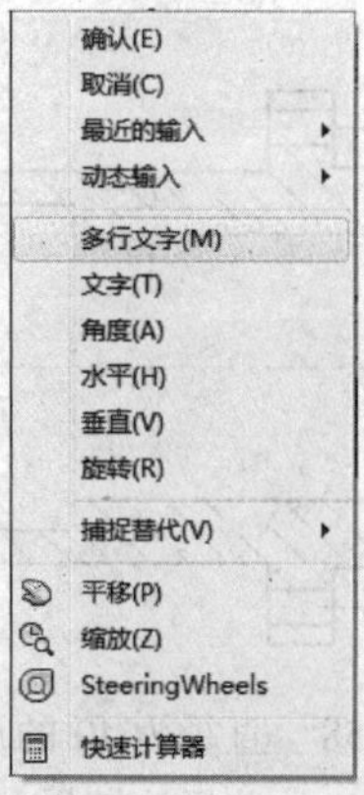

图 3－55　下拉菜单

（4）在“文字格式”对话框中输入“%%c40+0.015^0”，如图3－56所示。

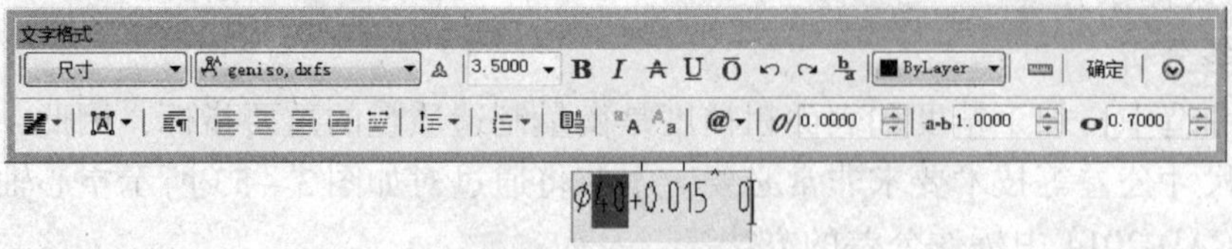

图3－56 “文字格式”对话框

（5）用鼠标选中“+0.015^0”，单击“文字格式”对话框中的堆叠按钮，选中的文字将按标注格式显示，如图3－57所示。

图3－57 文字堆叠

（6）单击“文字格式”对话框中的确定按钮，切换到绘图区。

（7）移动光标在适当位置拾取一点为尺寸定位。标注结果如图3－58所示。

注意：为使极限偏差标注完成后，上极限偏差和下极限偏差的相应位置能够对齐。可利用添加空格来保证，如上述上极限偏差“+0.015”和下极限偏差“0”需要数字与数字对齐，于是在符号“^”后加空格来完成。

5. 按照第4步操作方法，分别标注直径为50 mm和60 mm的极限偏差以及长度为90 mm的极限偏差，完成后如图3－59所示。

6. 标注直径为73 mm的对称偏差，步骤如下：

（1）单击下拉菜单“标注｜线性”命令，启动线性命令。

（2）移动光标，分别捕捉直径为73 mm线段的两端点作为尺寸界线的端点。

（3）单击鼠标右键，在弹出的下拉菜单中选择“多行文字”，系统弹出“文字格式”对话框。

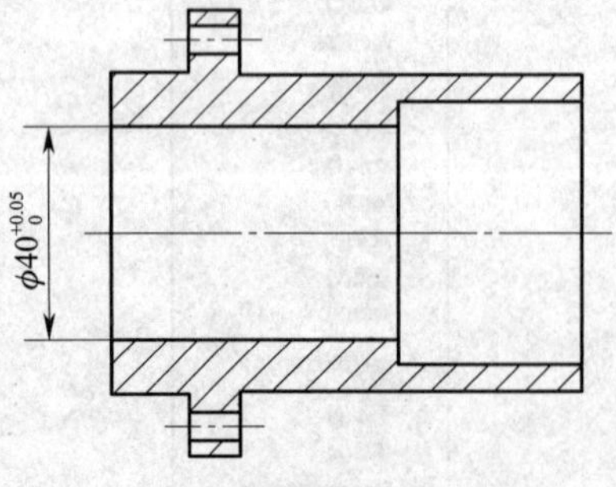

图3－58 直径为40的尺寸公差标注结果

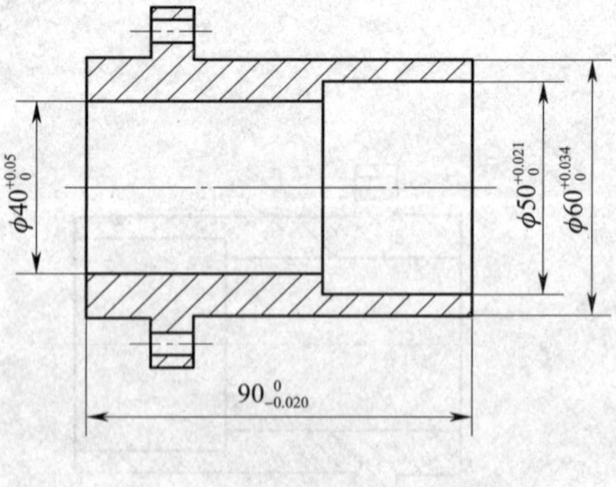

图3－59 各极限偏差标注结果

（4）在弹出的“文字格式”对话框中输入“%%c73 ±0.01”，如图 3 –60 所示。

图 3 –60　输入对称偏差

注：当输入“ ± ”时，单击“文字格式”对话框中的 @ 按钮，弹出如图 3 –61 所示的“符号”下拉菜单。在下拉菜单中选择“正/负（P）”即可。另外，利用此下拉菜单还可以输入其他的数学符号，用户可根据需要自行应用。

（5）单击“文字格式”对话框中的 确定 按钮，返回绘图区，在适当的位置单击鼠标左键拾取一点为尺寸定位，标注结果如图 3 –62 所示。

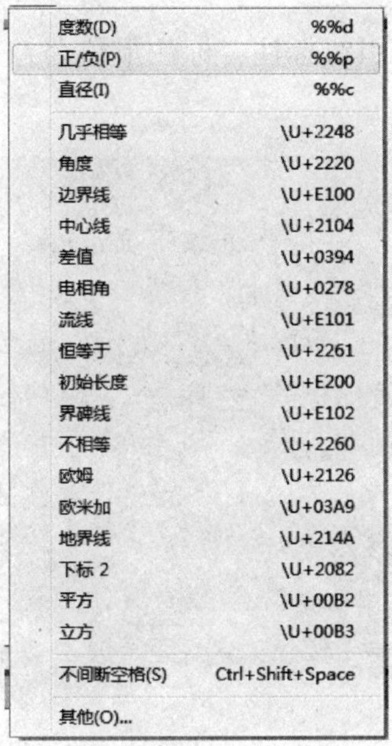

图 3 –61　“符号”下拉菜单

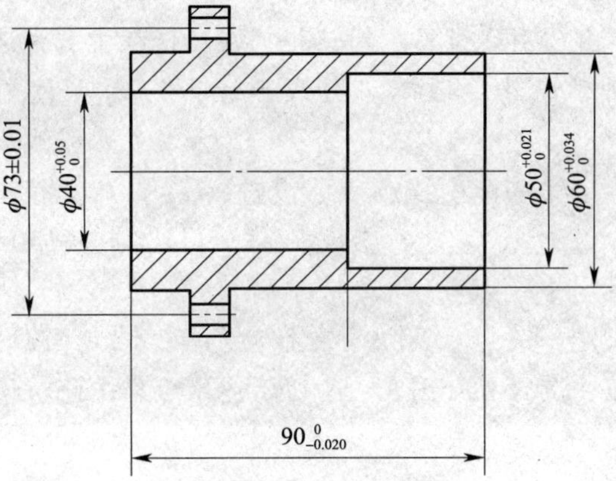

图 3 –62　直径为 73 的对称偏差标注结果

7. 利用绘图命令绘制如图 3 –63 所示的基准符号图形。单击“修改”工具栏中的移动命令按钮，以如图 3 –64 所示捕捉的点为基点，移到适当位置拾取一点作为目标移动点，结果如图 3 –65 所示。

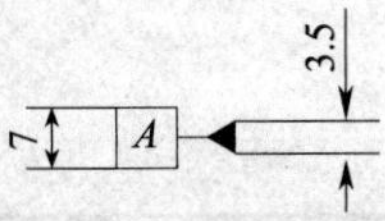

图 3 –63　基准符号图形

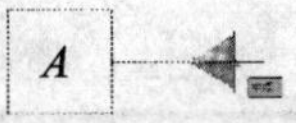

图 3 –64　捕捉基点

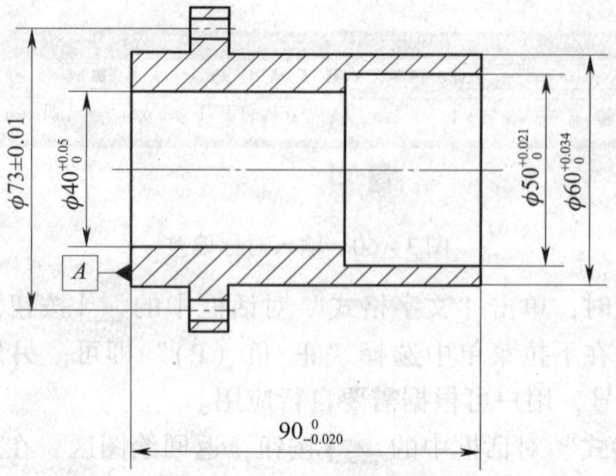

图 3－65　基准标注结果

8. 单击“修改”工具栏中的引线命令按钮，启动引线标注，标注形位公差（垂直度），命令行的显示操作如下：

命令：_qleader

指定第一个引线点或［设置（S）］＜设置＞：　//输入“s”并按下 Enter 键，系统弹出“引线设置”对话框，在对话框中首先选择“注释”选项卡，设置参数如图 3－66 所示。然后选择“引线和箭头”选项卡，其参数设置如图 3－67 所示。最后单击“引线设置”对话框中的 确定 按钮，返回绘图区

指定第一个引线点或［设置（S）］＜设置＞：

//捕捉 $\phi50$ mm 的尺寸线与其上方的尺寸界线的交点

指定下一点：　//向上移动光标，在适当位置拾取一点

指定下一点：　//向左移动光标，在适当位置拾取一点，系统弹出“形位公差”对话框，其设置如图 3－68 所示，然后单击此对话框上的 确定 按钮，完成垂直度公差的标注

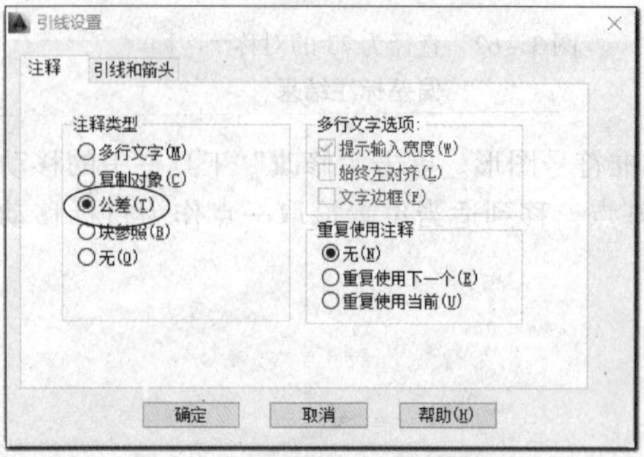

图 3－66　设置“注释”参数

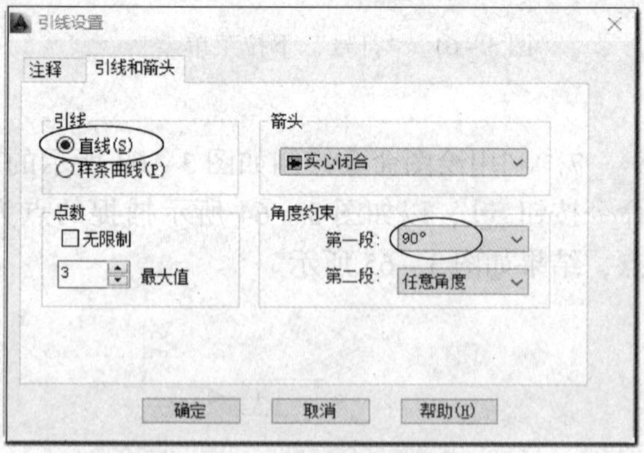

图 3－67　设置“引线和箭头”参数

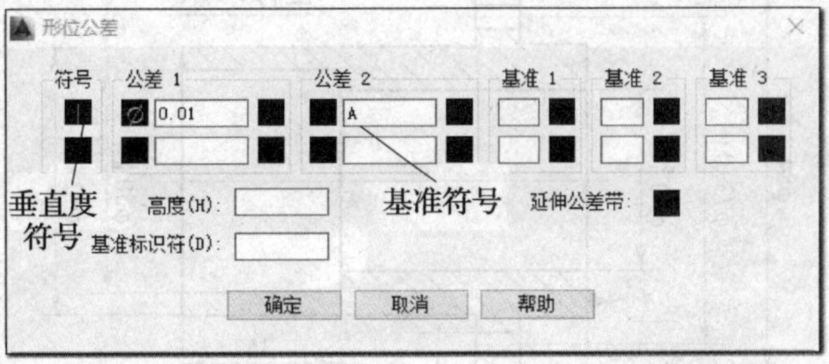

图 3－68　设置“形位公差”参数

标注结果如图 3－69 所示。

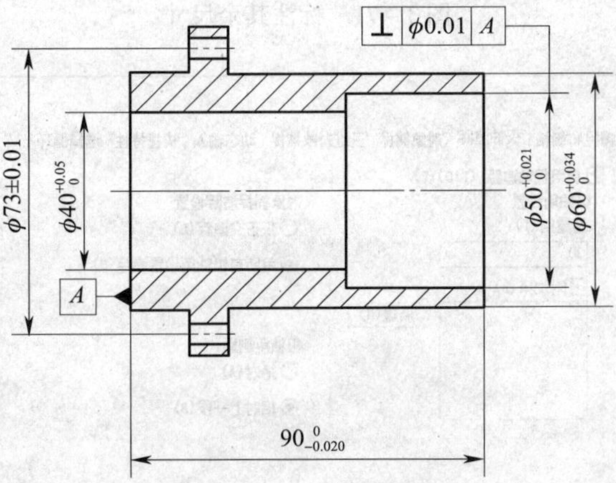

图 3－69　标注形位公差

（1）在“形位公差”对话框中选择垂直度符号时，可单击对话框上“符号”下面的小黑框，系统会弹出“特征符号”对话框（图 3－70），在其中选择 ⊥ 即可。

（2）当在如图 3－68 所示对话框中“公差 1”下面的小黑框中输入“φ”时，直接单击小黑框即可。

（3）单独标注形位公差时还可以单击“标注”工具栏中的 按钮。

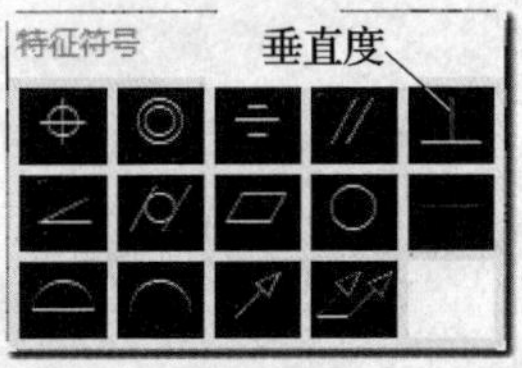

图 3－70　“特征符号”对话框

9. 利用“线性”命令分别标注水平尺寸 15 mm、35 mm、65 mm，垂直尺寸 φ84 mm 及 2×φ5 mm，标注结果如图 3－71 所示。

10. 绘制表面粗糙度符号并定义为块

（1）打开“极轴追踪”功能，设置增量角参数，如图 3－72 所示。

（2）综合利用绘图命令和“极轴追踪”功能绘制如图 3－73 所示的表面粗糙度符号。

（3）单击下拉菜单“绘图 | 块 | 定义属性”命令，打开“属性定义”对话框，如图 3－74 所示。在“属性”选项中输入属性的标记、提示说明以及默认值；在“文字设置”选项中设置属性的对正方式、文字样式以及文字高度等参数。

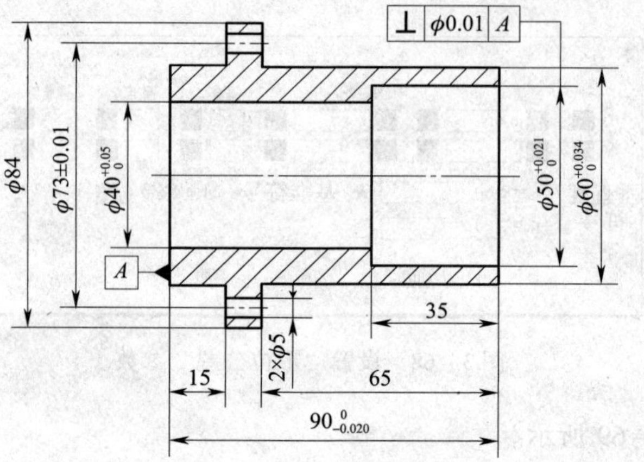

图 3－71　标注其余尺寸

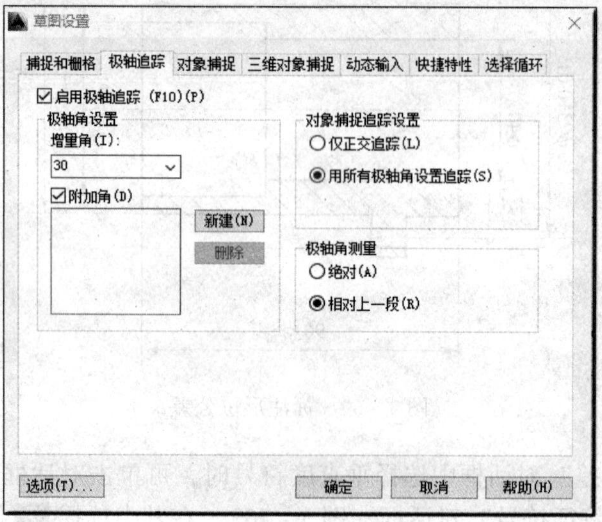

图 3－72　设置增量角

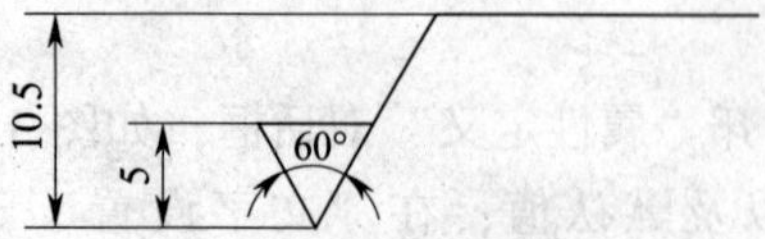

图 3－73　表面粗糙度符号

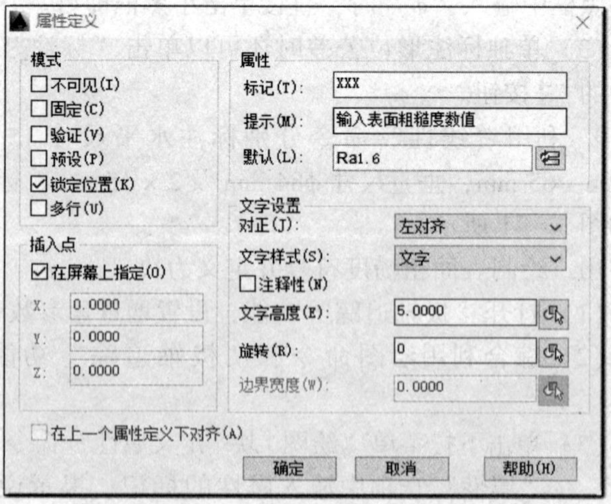

图 3－74　“属性定义”对话框

（4）单击“属性定义”对话框中的 确定 按钮，捕捉如图 3 – 75 所示的端点作为属性的插入点，插入结果如图 3 – 76 所示。

（5）单击“修改”工具栏中的移动命令按钮 ，选择刚定义的属性并将其向下移到适当的位置，结果如图 3 – 77 所示。

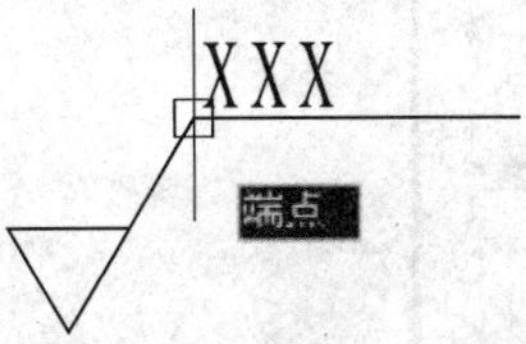

图 3 – 75　捕捉插入点

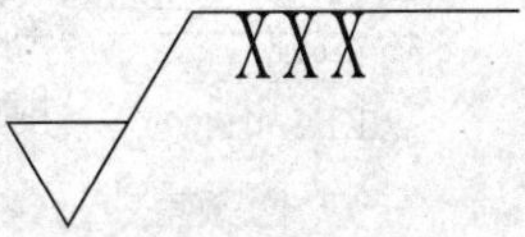

图 3 – 76　插入后的结果

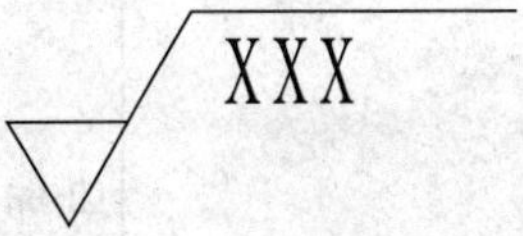

图 3 – 77　移动后的结果

（6）单击“绘图”工具栏中的创建块命令按钮 ，打开“块定义”对话框，如图 3 – 78 所示。单击“块定义”对话框中的拾取点按钮 ，捕捉如图 3 – 79 所示的点作为块的基点。

（7）单击“块定义”对话框中的选择对象按钮 ，框选所有对象，如图 3 – 80 所示，按下 Enter 键，返回“块定义”对话框。

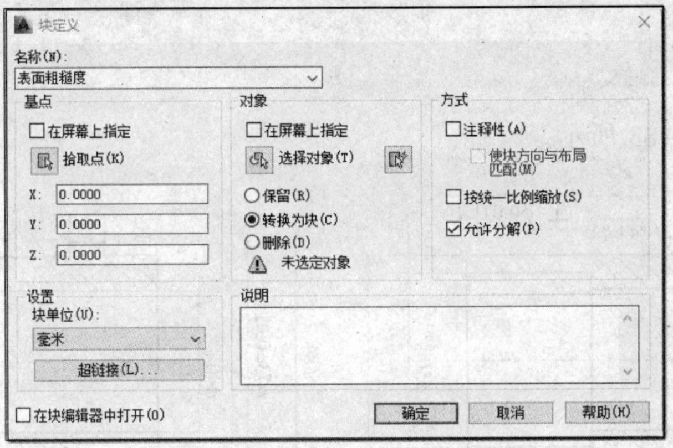

图 3 – 78　“块定义”对话框

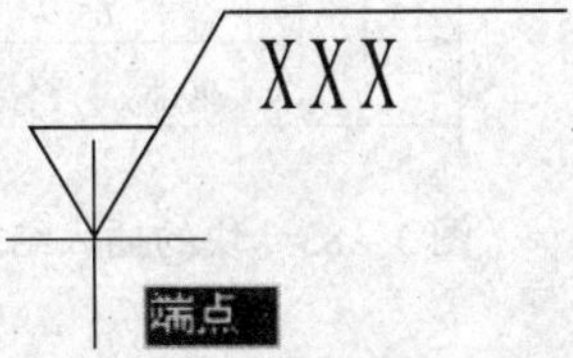

图 3 – 79　捕捉块基点

图 3 – 80　选择对象

（8）单击“块定义”对话框中的 确定 按钮返回绘图区。

11. 插入刚定义的表面粗糙度块

（1）单击下拉菜单“插入 | 块”命令，打开“插入”对话框，对话框中的参数设置如图 3 – 81 所示。

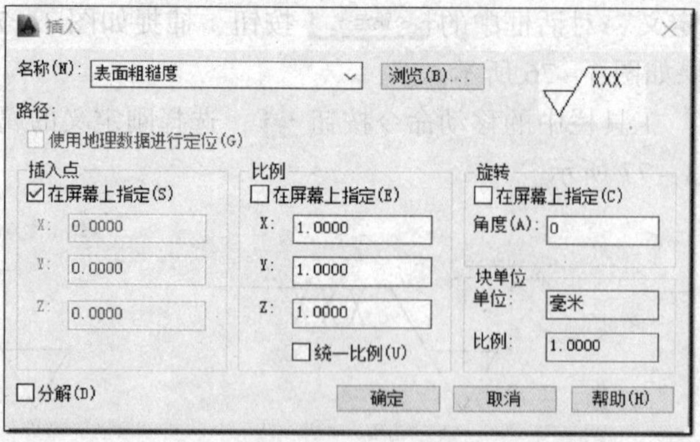

图 3－81 “插入”对话框中的参数设置

（2）单击“插入”对话框中的 确定 按钮返回绘图区，根据命令行的操作，在插入属性块的同时为其输入表面粗糙度值。命令行的显示操作如下：

命令：_insert
指定插入点或［基点（B）/比例（S）/旋转（R）］：
//移动光标到适当的位置，捕捉如图 3－82 所示的最近点作为插入点输入属性值
输入表面粗糙度值：　　//按下 Enter 键，采用默认值

插入结果如图 3－83 所示。

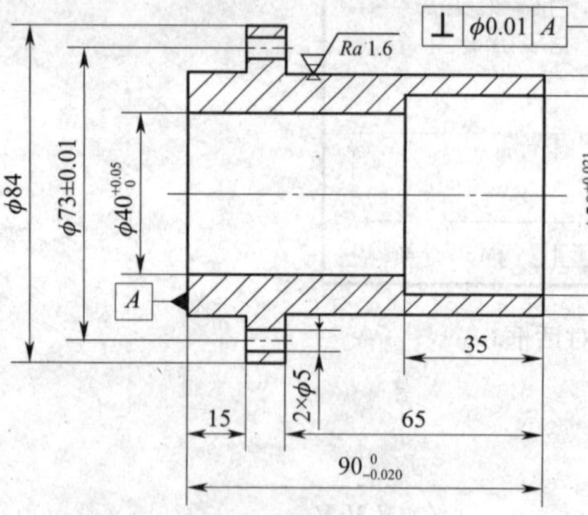

图 3－82 捕捉插入点

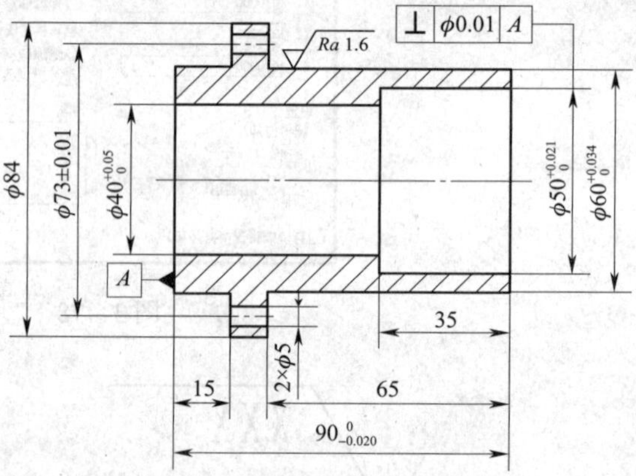

图 3－83 块的插入结果

四、相关理论

1. 标注极限偏差

在 AutoCAD 2014 中标注极限偏差的方法有三种，在上述实践操作中采用的是堆叠字符的方法，下面将分别介绍利用替代样式方法和修改公差特性方法标注公差。

（1）利用替代样式方法标注公差

1）单击下拉菜单“标注|标注样式”命令，系统弹出“标注样式管理器”对话框。

2）单击“标注样式管理器”对话框上右侧的 替代(O)... 按钮，系统弹出“替代当前样

式：尺寸标注”对话框，选择对话框上的“公差”选项卡设置公差的标注格式及参数，如图3-84所示。设置完成后单击 确定 按钮，返回“标注样式管理器”对话框。单击“标注样式管理器”对话框上的 关闭(C) 按钮，返回绘图窗口。

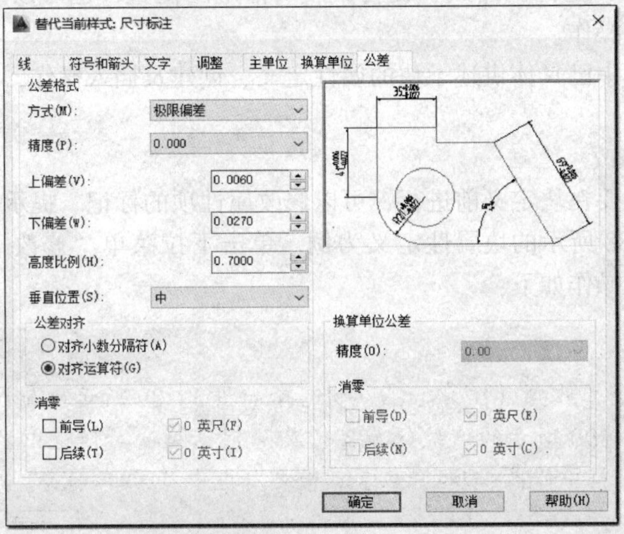

图3-84　设置公差参数

3）单击下拉菜单“标注|线性”命令，分别捕捉如图3-85所示矩形外轮廓上面的两端点标注尺寸，标注结果如图3-85所示。

（2）利用修改公差特性方法标注公差

1）单击下拉菜单“标注|线性”命令，分别捕捉如图3-86所示的*A*点和*B*点标注尺寸，标注结果如图3-86所示。

2）选中如图3-86所示标注的尺寸，单击下拉菜单“修改|特性”命令，系统会弹出“特性”列表框，向下拖动列表上面的滑条到“公差”栏，设置公差参数，如图3-87所示。

3）按下Enter键，单击列表左上角的 × 按钮，关闭列表框。

4）按下Esc键，标注结果如图3-85所示。

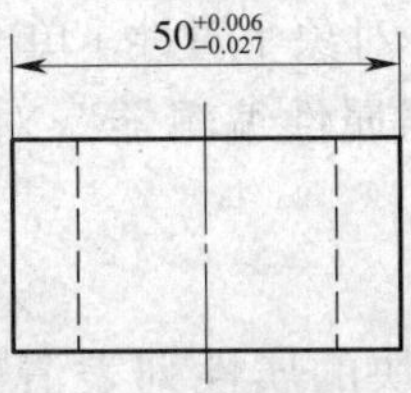

图3-85　公差标注结果

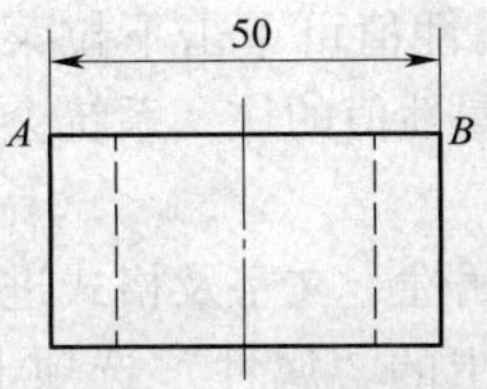

图3-86　标注线性尺寸“50”

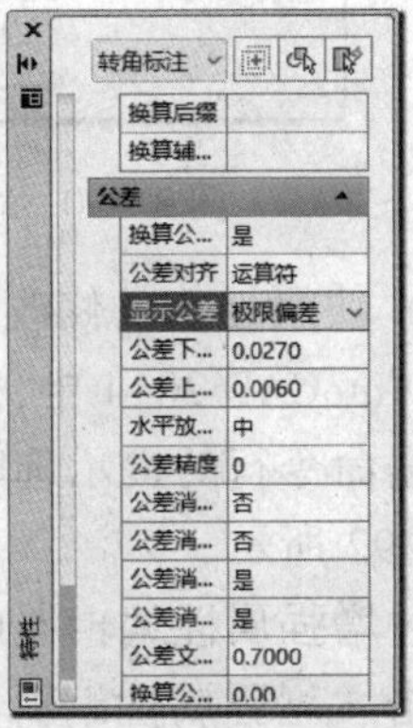

图3-87　设置公差参数

2. 图块操作

块是把一组图形或文本作为一个实体的总称，在块中，每个图形实体有其独立的属性特征，如线宽、颜色及线型等。在 AutoCAD 2014 中，块中的所有实体都作为一个整体来处理，可以根据需要将块按一定比例缩放、旋转、插入指定的位置，也可以插入块后对其进行复制、删除以及镜像等操作。

在上述实践操作中已具体讲述了块的属性定义、创建及插入操作，下面继续介绍一些块的其他操作。

(1) 块属性的修改

块属性的修改需要在块定义前进行，可以修改属性项的标记、提示信息等。

以修改如图 3-88 所示的块属性定义为例。单击下拉菜单"修改|对象|文字|编辑"命令，命令行的显示操作如下：

命令：_ddedit //启动文字编辑命令
选择注释对象或［放弃（U）］： //选择如图 3-89 所示块属性定义的标记文字，系统弹出如图 3-90 所示的"编辑属性定义"对话框，对话框中显示的是块原来的属性，可以在文本框中修改，现将"标记"文本框中符号"XXX"改为"AAA"，单击 确定 按钮，完成修改
选择注释对象或［放弃（U）］： //按下 Enter 键，结束操作

修改结果如图 3-91 所示。

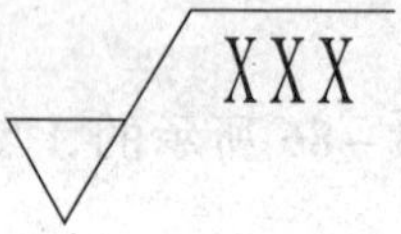

图 3-88　修改前的块

图 3-89　选择文字

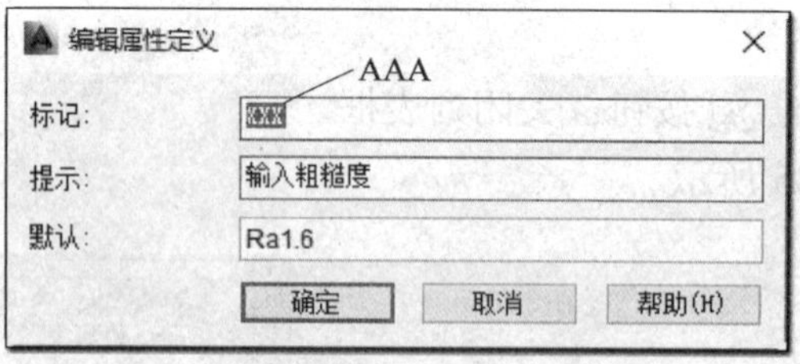

图 3-90　"编辑属性定义"对话框

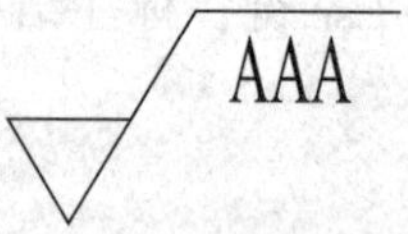

图 3-91　修改后的块

(2) 块属性值的修改

在 AutoCAD 2014 中，修改块的属性值可单击下拉菜单"修改|对象|属性|单个"命令，根据命令行的提示选取需要修改属性值的块，系统会弹出"增强属性编辑器"对话框，如图 3-92 所示。

通过增强属性编辑器可以对块的属性、文字及格式进行修改。

单击"增强属性编辑器"对话框上的"属性"选项卡会显示图块的属性列表清单，可在编辑框中修改属性值。

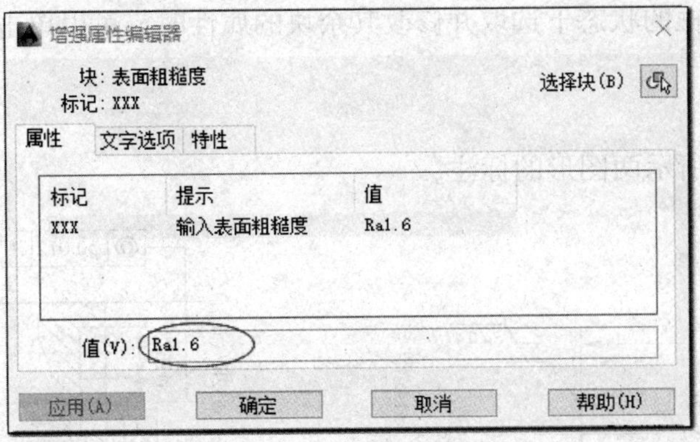

图 3－92　“增强属性编辑器”对话框

单击“增强属性编辑器”对话框上的“文字选项”选项卡可以设置文字的格式，如文字样式、高度以及旋转角度等，如图 3－93 所示。

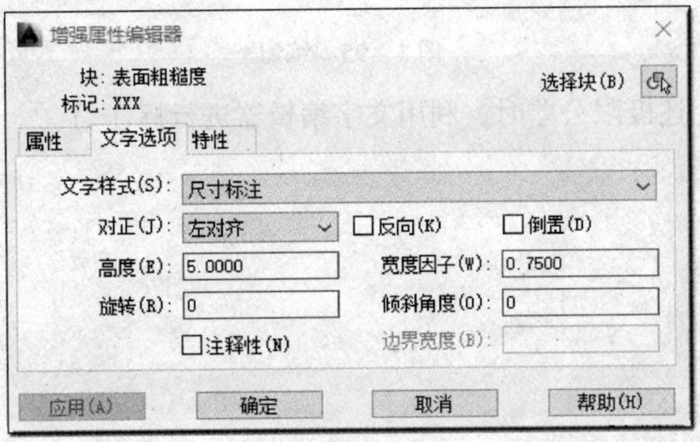

图 3－93　“文字选项”选项卡

单击“增强属性编辑器”对话框上的“特性”选项卡可以设置图块的图层特性，如图 3－94 所示。

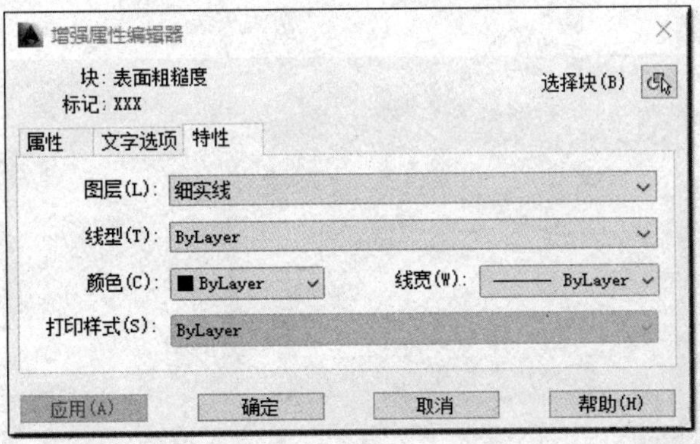

图 3－94　“特性”选项卡

属性修改完成后，单击“增强属性编辑器”对话框上的 应用(A) 按钮，对所修改的属性进行保存。

当在不退出对话框的状态下选取并修改其余块的属性时，可以单击对话框右上角的选择块按钮。

五、上机练习

完成如图 3－95 所示两图形的标注。

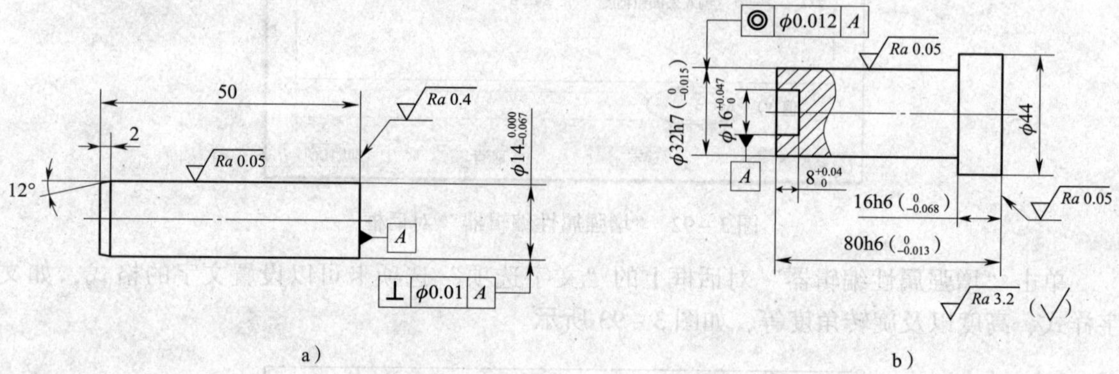

图 3－95　练习

【提示：在标注上述极限公差时，利用文字编辑器进行标注。】

第四章 综合演练

§4-1 绘制阶梯轴零件图

一、任务分析

轴类零件一般都是回转体，是组成机器或部件的最基本的零件之一。轴类零件的工程图通常只需一个主视图，在有键槽和孔的地方增加必要的局部剖视图或断面图，对某些退刀槽、中心孔等较小的结构，可以采用局部放大图来准确地表达形状和尺寸。

本节将通过绘制如图 4－1 所示的阶梯轴来训练在 AutoCAD 2014 中基本绘图工具的综合运用及轴类零件的绘制方法。

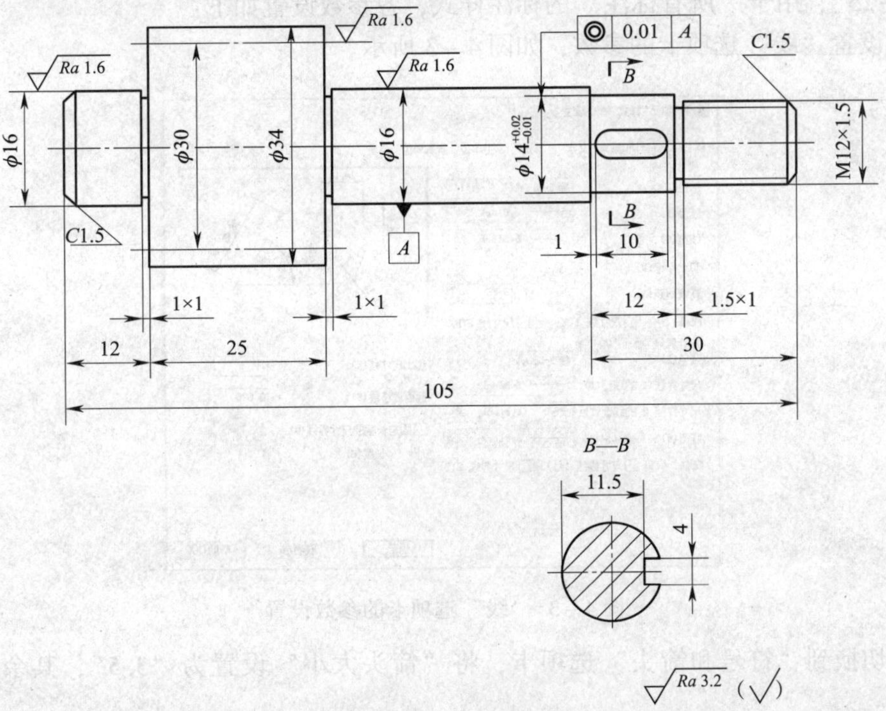

图 4－1 阶梯轴

二、实践操作

1. 单击下拉菜单“文件|新建”命令，打开“选择样板”对话框，选择“无样板公制”，新建一个文件。

2. 分别创建“粗实线”“细实线”和“中心线”图层，并将“中心线”图层设置为当前图层。

3. 打开“正交”模式和“对象捕捉”功能，并采用默认的捕捉参数。

4. 选择下拉菜单“格式|文字样式”命令，打开“文字样式”对话框，创建样式名为“轴”的文字样式，对话框中的参数设置如图4－2所示。

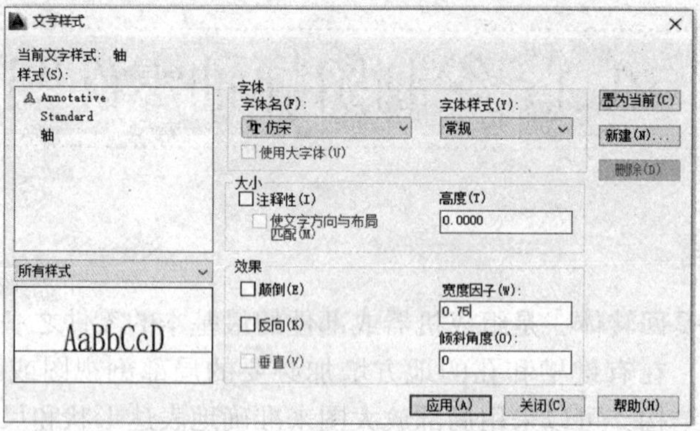

图4－2 “文字样式”参数设置

5. 选择下拉菜单中“格式|标注样式”命令，创建样式名为“轴的标注”，基础样式为“ISO－25”，用于“所有标注”的标注样式，各参数设置如下：

（1）设置“线”选项卡的参数，如图4－3所示。

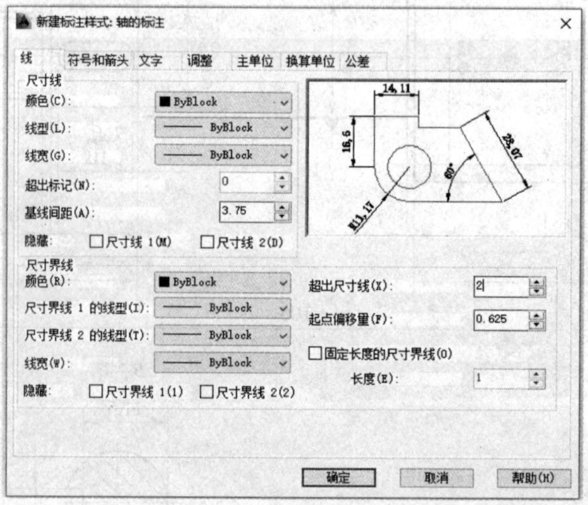

图4－3 “线”选项卡的参数设置

（2）切换到“符号和箭头”选项卡，将“箭头大小”设置为“3.5”，其余采用默认设置。

（3）设置“文字”选项卡的参数，如图4－4所示。

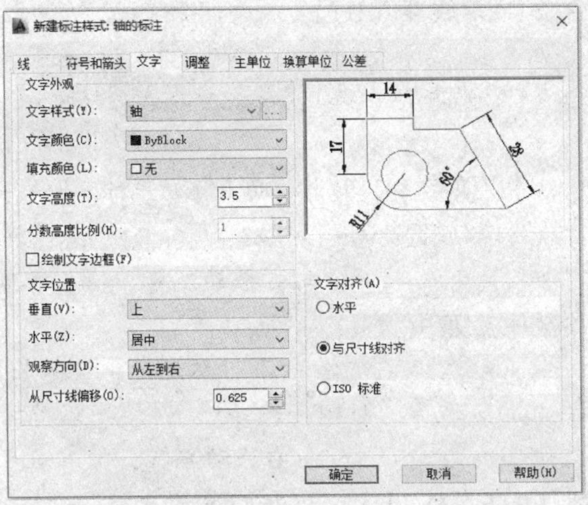

图 4－4 “文字”选项卡的参数设置

(4) 切换到“主单位”选项卡，将小数分隔符改为“句点”，其余采用默认设置。

6. 选择“直线”命令，绘制一条水平的中心线，命令行的显示操作如下：

命令：_line
指定第一点： //在绘图区适当位置拾取一点
指定下一点或［放弃（U)］： //水平向右拖动鼠标，输入长度值“109”并按下 Enter 键
指定下一点或［放弃（U)］： //按下 Enter 键，结束操作

完成后如图 4－5 所示。

图 4－5 轴中心线

7. 设置“粗实线”图层为当前图层。

8. 选择“直线”命令，绘制阶梯轴外轮廓上半部分，命令行的显示操作如下：

命令：_line
指定第一点： //捕捉中心线靠左端的某一点
指定下一点或［放弃（U)］： //向上移动光标，输入长度“8”并按下 Enter 键
指定下一点或［放弃（U)］： //向右移动光标，输入长度“11”并按下 Enter 键
指定下一点或［闭合（C）/放弃（U)］：
//向下移动光标，输入长度“1”并按下 Enter 键
指定下一点或［闭合（C）/放弃（U)］：
//向右移动光标，输入长度“1”并按下 Enter 键
指定下一点或［闭合（C）/放弃（U)］：
//向上移动光标，输入长度“10”并按下 Enter 键
指定下一点或［闭合（C）/放弃（U)］：
//向右移动光标，输入长度“25”并按下 Enter 键

指定下一点或［闭合（C）/放弃（U）］：
//向下移动光标，输入长度“10”并按下 Enter 键
指定下一点或［闭合（C）/放弃（U）］：　//向右移动光标，输入长度“1”并按下 Enter 键
指定下一点或［闭合（C）/放弃（U）］：//向上移动光标，输入长度“1”并按下 Enter 键
指定下一点或［闭合（C）/放弃（U）］：
//向右移动光标，输入长度“37”并按下 Enter 键
指定下一点或［闭合（C）/放弃（U）］：
//向下移动光标，输入长度“1”并按下 Enter 键
指定下一点或［闭合（C）/放弃（U）］：
//向右移动光标，输入长度“12”并按下 Enter 键
指定下一点或［闭合（C）/放弃（U）］：//向下移动光标，输入长度“2”并按下 Enter 键
指定下一点或［闭合（C）/放弃（U）］：
//向右移动光标，输入长度“1.5”并按下 Enter 键
指定下一点或［闭合（C）/放弃（U）］：
//向上移动光标，输入长度“1”并按下 Enter 键
指定下一点或［闭合（C）/放弃（U）］：
//向右移动光标，输入长度“16.5”并按下 Enter 键
指定下一点或［闭合（C）/放弃（U）］：//向下移动光标，输入长度“6”并按下 Enter 键
指定下一点或［闭合（C）/放弃（U）］：　//按下 Enter 键，结束操作

完成后如图 4-6 所示。

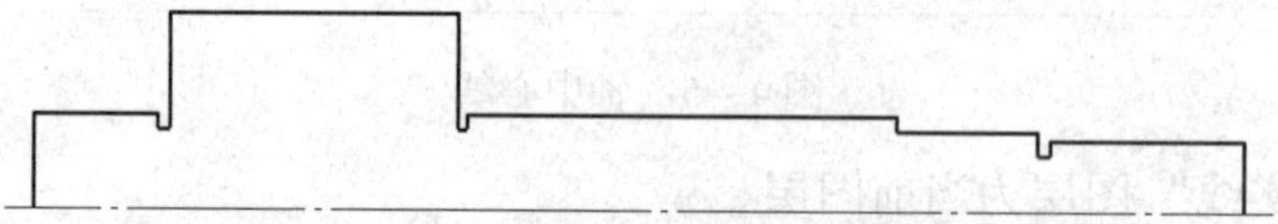

图 4-6　阶梯轴外轮廓上半部分

9. 选择“延伸”命令，以中心线为延伸边界，延伸如图 4-6 所示各条垂直线段（最左侧和最右侧垂直线除外），延伸结果如图 4-7 所示。

图 4-7　阶梯轴上半轮廓

10. 选择“偏移”命令，将中心线向上偏移 15 mm，绘制结果如图 4-8 所示。

图 4-8　偏移中心线

11. 利用快捷拉伸的方法将刚偏移的中心线进行修改，如图 4 – 9 所示。

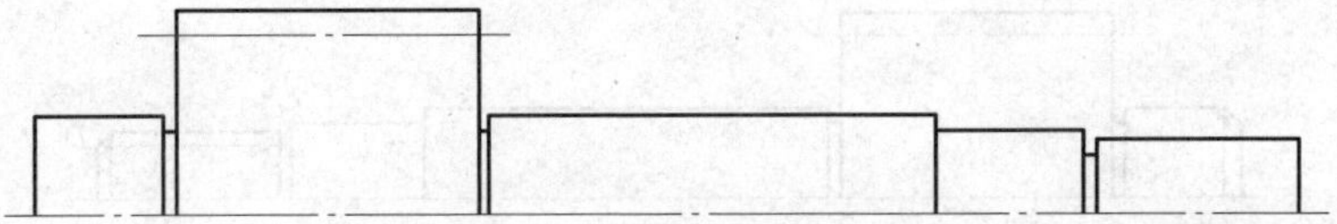

图 4 – 9　修改中心线

12. 选择“倒角”命令，给轴的最左端倒角，命令行的显示操作如下：

命令：_chamfer
（“修剪”模式）当前倒角距离 1 = 1.5000，距离 2 = 1.0000
选择第一条直线或［放弃（U）/多段线（P）/距离（D）/角度（A）/修剪（T）/方式（E）/多个（M）］：　//输入“a”并按下 Enter 键，切换到角度模式
指定第一条直线的倒角长度：　//输入倒角长度“1.5”并按下 Enter 键
指定第一条直线的倒角角度：　//输入角度“45”并按下 Enter 键
选择第一条直线或［放弃（U）/多段线（P）/距离（D）/角度（A）/修剪（T）/方式（E）/多个（M）］：　//选择轴最左垂直边
选择第二条直线或按住 Shift 键选择要应用角点的直线：　//选择上水平倒角边

重复倒角操作，给阶梯轴右上角倒 C1.5 mm 的角。完成后如图 4 – 10 所示。

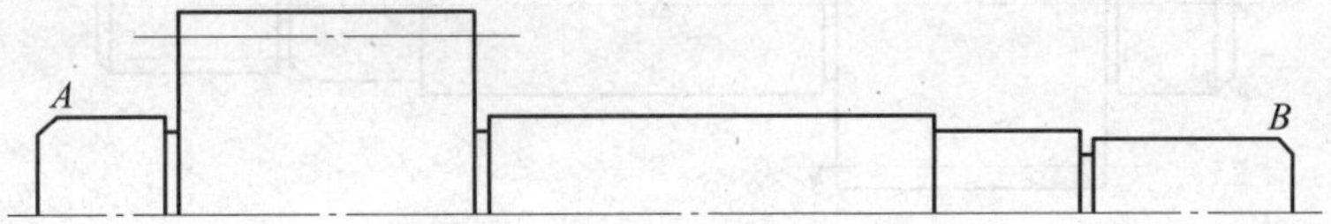

图 4 – 10　左、右两端倒角

13. 选择“直线”命令，分别捕捉如图 4 – 10 所示的 A、B 两点，绘制两条垂直于中心线的线段，绘制倒角线如图 4 – 11 所示。

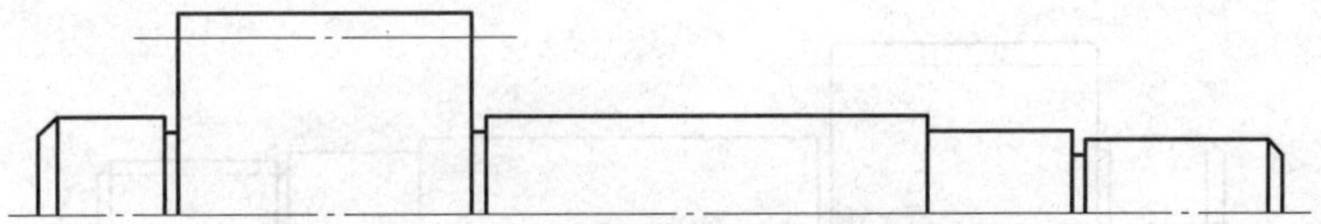

图 4 – 11　绘制倒角线

14. 将“细实线”图层设置为当前图层。
15. 重复“直线”命令，绘制螺纹小径线，命令行的显示操作如下：

命令：_line
指定第一点：　//捕捉如图 4 – 12 所示的 C 点
指定下一点或［放弃（U）］：　//向右拖动光标，捕捉到斜倒角线交点 D 后单击
指定下一点或［放弃（U）］：　//按下 Enter 键，结束直线命令

完成后如图 4 – 12 所示。

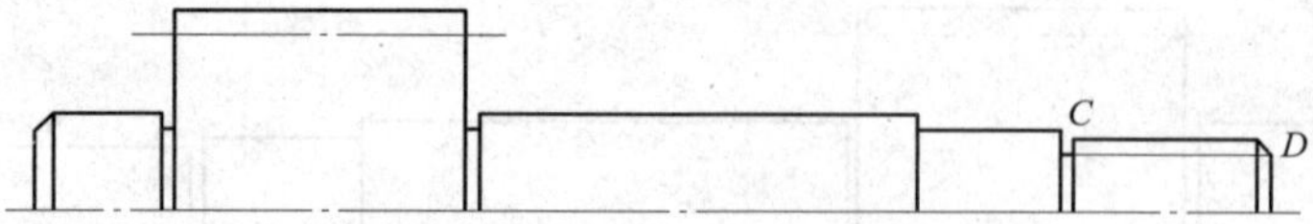

图 4 – 12　绘制螺纹小径线

16. 选择“镜像”命令，镜像如图 4 – 12 所示的阶梯轴上半视图，命令行的显示操作如下：

命令：_mirror	//启动镜像命令
选择对象：	//窗交选择如图 4 – 12 所示的阶梯轴上半视图
选择对象：	//按下 Enter 键，结束对象选择
指定镜像线的第一点：	//捕捉中心线的左端点
指定镜像线的第二点：	//捕捉中心线的右端点
要删除源对象吗？[是（Y）/否（N）] <N>：	//按下 Enter 键，结束操作

完成后如图 4 – 13 所示。

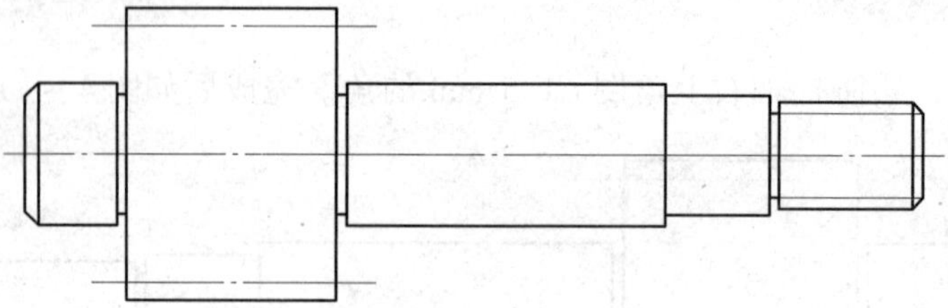

图 4 – 13　镜像阶梯轴上半视图

17. 绘制键槽

（1）选择“偏移”命令，将键槽左、右两端轴端轮廓线 a 和 b 分别向右和向左偏移 3 mm，绘制结果如图 4 – 14 所示。

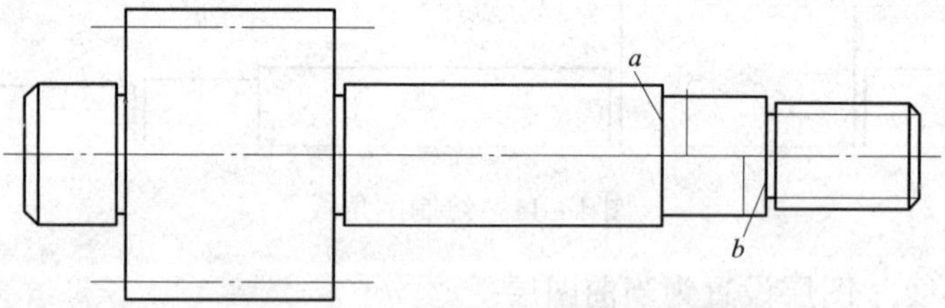

图 4 – 14　偏移轴端轮廓线，确定键槽圆心位置

（2）选择“圆”命令，分别以图 4 – 14 所示刚偏移的直线与中心线的交点作为圆心，绘制半径为 2 mm 的小圆，结果如图 4 – 15 所示。

（3）选择“直线”命令，借助捕捉功能绘制键槽的上、下轮廓线，绘制结果如图4 – 16 所示。

（4）选择“删除”命令，将如图 4 – 16 所示偏移的直线删除。

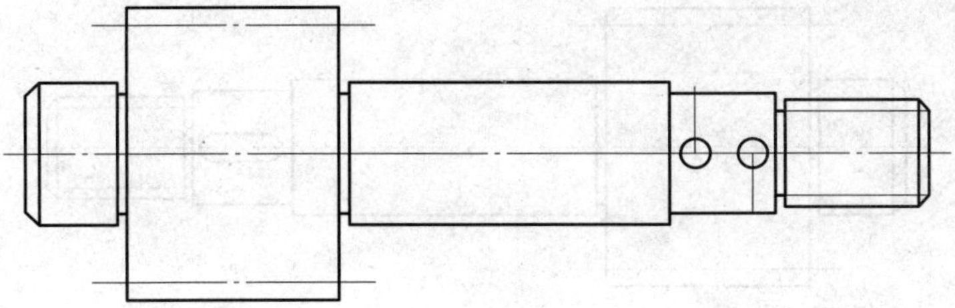

图 4－15　绘制小圆

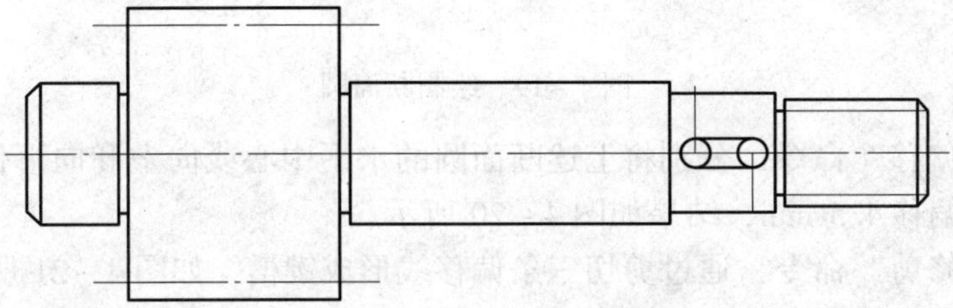

图 4－16　用直线命令绘制键槽轮廓

（5）选择“修剪”命令，修剪键槽轮廓，修剪结果如图 4－17 所示。

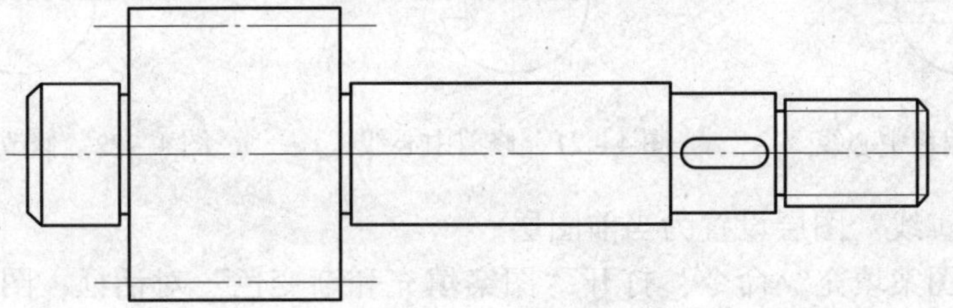

图 4－17　修剪结果

18. 将“中心线”图层设置为当前图层。

19. 选择“直线”命令，绘制断面图中心线，如图 4－18 所示。

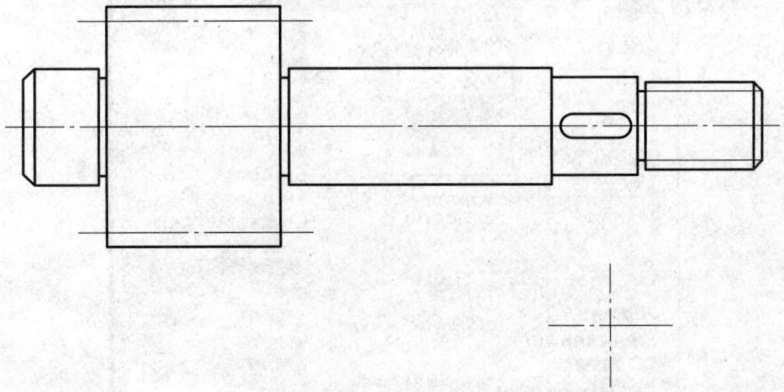

图 4－18　绘制中心线

20. 将“粗实线”图层设置为当前图层。

21. 选择“圆”命令，以刚绘制的十字中心线交点为圆心，绘制半径为 7 mm 的断面圆，完成后效果如图 4－19 所示。

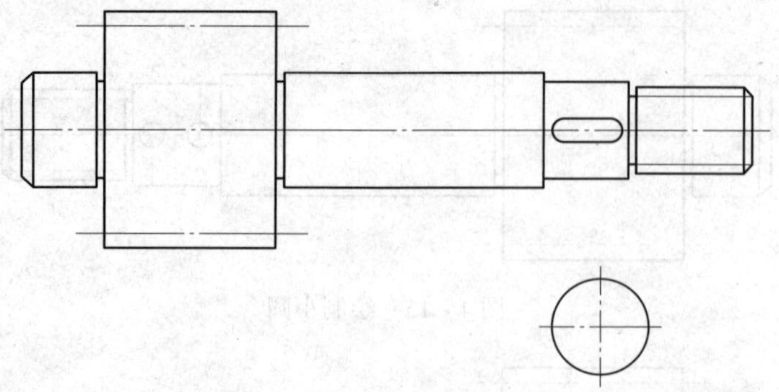

图 4－19　绘制断面圆

22．选择“偏移”命令，分别将上述断面圆的水平中心线向上和向下偏移 2 mm，将其垂直中心线向右偏移 4. 5 mm，结果如图 4－20 所示。

23．选择“修剪”命令，通过剪切三条偏移线形成键槽，如图 4－21 所示。

24．将偏移线的线型修改为“粗实线”，结果如图 4－22 所示。

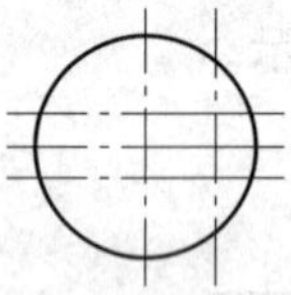

图 4－20　偏移中心线

图 4－21　修剪中心线

图 4－22　修改偏移线线型

25．将“细实线”图层设置为当前图层。

26．选择“图案填充”命令，打开“图案填充和渐变色”对话框，图案填充参数设置如图 4－23 所示。

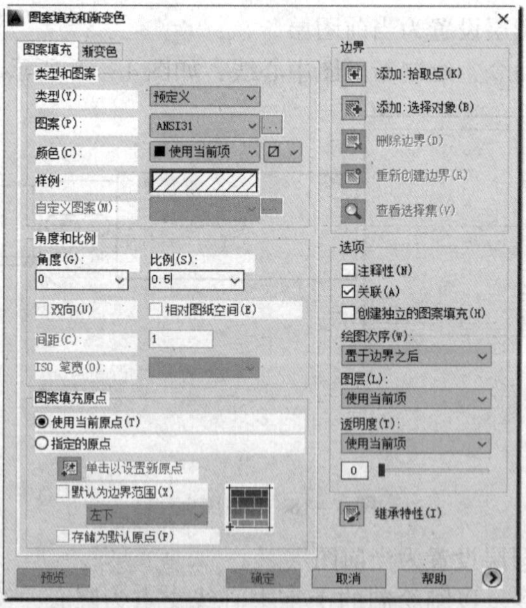

图 4－23　设置“图案填充”参数

27. 单击对话框上的拾取点按钮 ，对断面图进行填充，填充结果如图 4－24 所示。

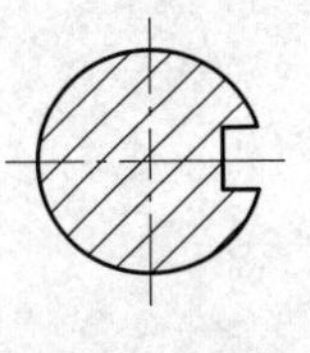

图 4－24　填充结果

28. 选择“线性”标注命令，标注轴上没有公差的各段直径尺寸 ϕ16 mm、ϕ34 mm、ϕ16 mm 和分度圆的直径尺寸 ϕ30 mm 以及 M12 × 1.5，标注结果如图 4－25 所示。

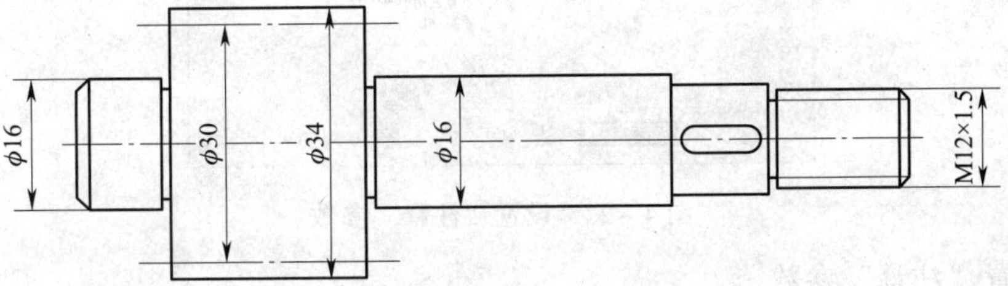

图 4－25　标注各段直径

29. 重复“线性”标注命令，标注其他无公差的线性尺寸（标注顺序按由内到外、由左到右）1 mm、10 mm、1 mm × 1 mm、1 mm × 1 mm、12 mm、1.5 mm × 1 mm、12 mm、25 mm、30 mm、105 mm。标注断面图线性尺寸 11.5 mm、4 mm。标注结果如图 4－26 所示。

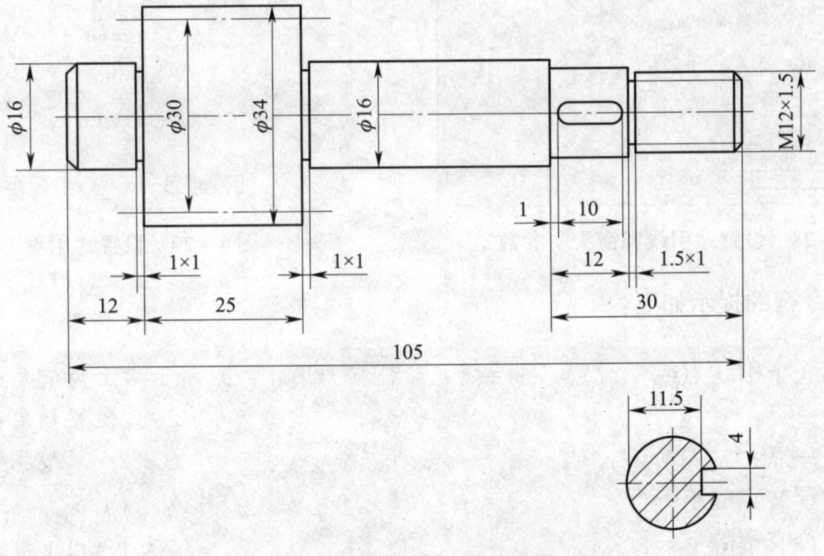

图 4－26　标注其他无公差线性尺寸

30. 标注倒角

（1）选择下拉菜单“标注 | 引线”命令，命令行的显示操作如下：

命令：_qleader

指定第一个引线点或［设置（S）］<设置>：

//输入“s”并按下 Enter 键，系统弹出“引线设置”对话框，如图 4－27 所示。

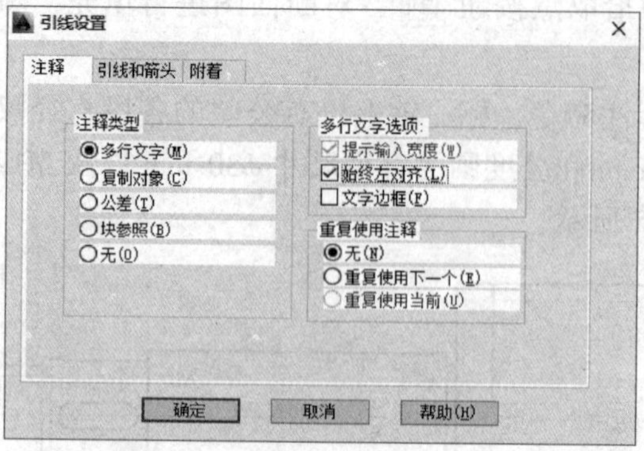

图 4-27　设置"注释"参数

(2) 设置"注释"参数。

(3) 切换到"引线和箭头"选项卡，设置"引线和箭头"参数，如图 4-28 所示。

(4) 切换到"附着"选项卡，设置"附着"参数，如图 4-29 所示。

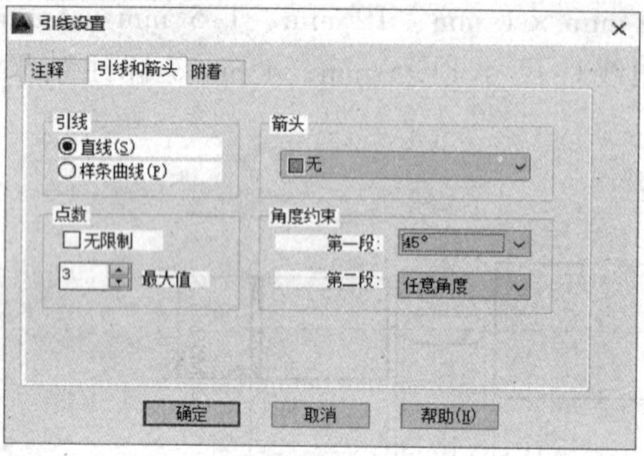

图 4-28　设置"引线和箭头"参数

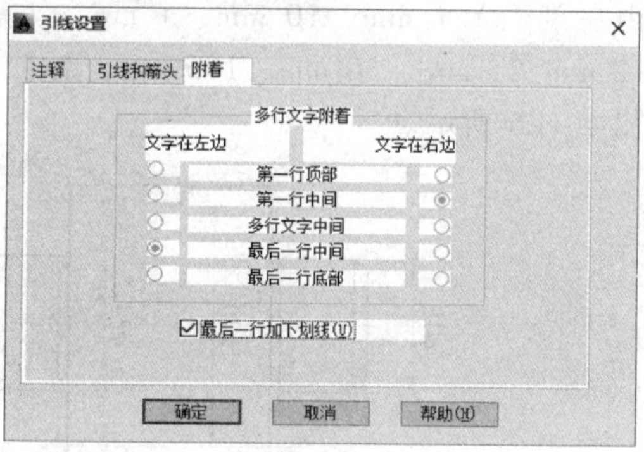

图 4-29　设置"附着"参数

(5) 命令行的提示如下：

指定第一个引线点或［设置(S)］:	//捕捉如图 4-26 所示右上角倒角处引线起点
指定下一点:	//在适当位置指定引线折角点
指定下一点:	//指定引线终点
输入注释文字的第一行:	//输入"C1.5"，按下 Enter 键
输入注释文字的下一行:	//按下 Enter 键，结束操作

(6) 重复引线操作，完成左下角倒角的标注。

完成后如图 4-30 所示。

31. 选择下拉菜单中"格式｜标注样式"命令，打开"标注样式管理器"对话框，创建样式名为"轴的标注（带公差）"，基础样式为"ISO-25"，用于"所有标注"的标注样式，在对话框上切换到"公差"选项卡，其参数设置如图 4-31 所示。

32. 将新建的标注样式设置为当前样式，选择"线性"命令标注带公差的直径 $\phi14$ mm，标注结果如图 4-32 所示。

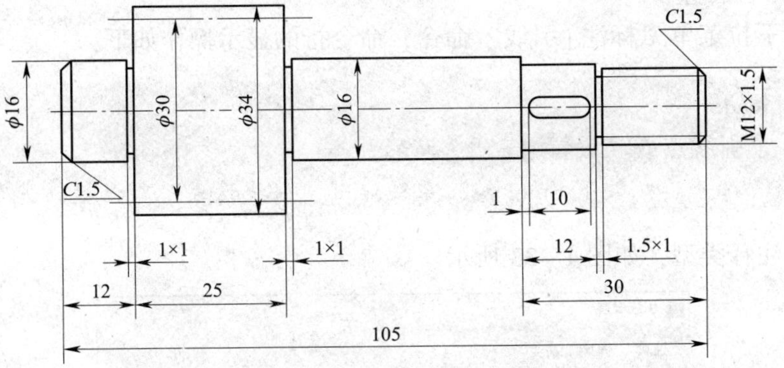

图 4 – 30　倒角标注结果

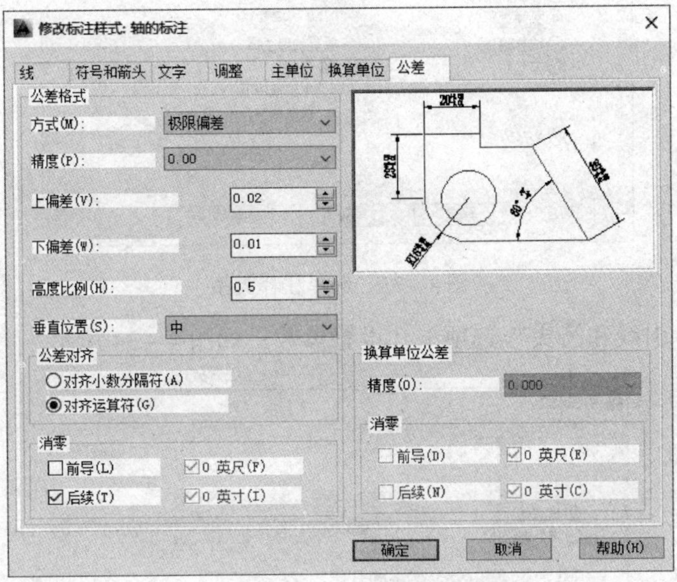

图 4 – 31　“公差”参数设置

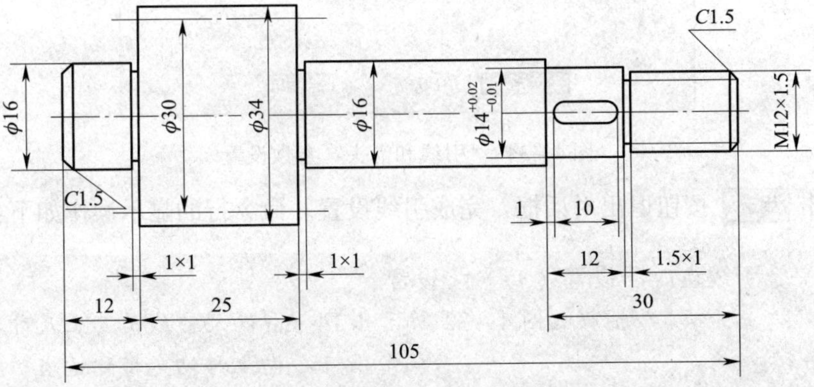

图 4 – 32　标注直径 φ 14 的公差

33. 标注形位公差

(1) 选择下拉菜单“标注 | 引线”命令，命令行的显示操作如下：

命令：_qleader
指定第一个引线点或［设置（S）］＜设置＞：
　　//输入“s”，按下 Enter 键，系统弹出“引线设置”对话框，如图 4－33 所示

(2) 选择注释类型，如图 4－33 所示。

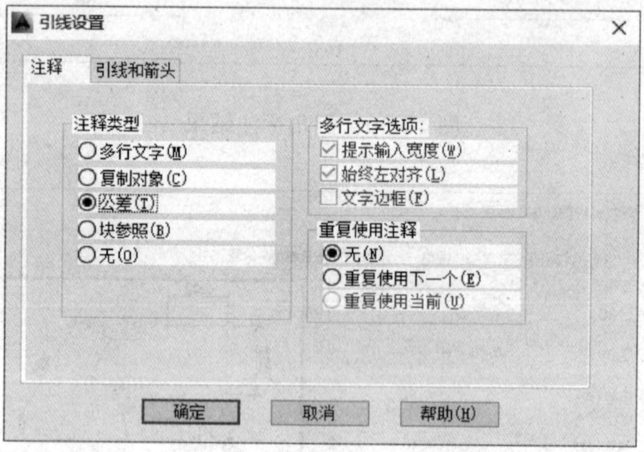

图 4－33　选择注释类型

(3) 切换到“引线和箭头”选项卡，设置参数，如图 4－34 所示。

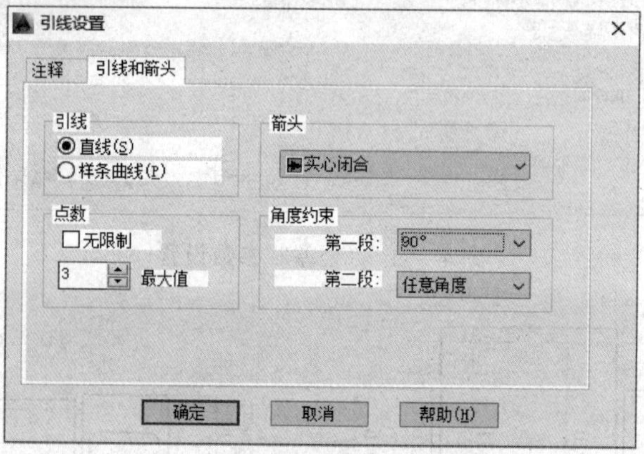

图 4－34　“引线和箭头”参数设置

(4) 单击 确定 按钮退出对话框，完成引线设置。命令行的显示操作如下：

指定第一个引线点或［设置（S）］＜设置＞：
　　//捕捉如图 4－32 所示 ϕ 14 mm 的尺寸线与其上尺寸界线的交点
指定下一点：　　//向上移动光标到适当位置拾取一点
指定下一点：//向右移动光标到适当位置拾取一点，系统弹出“形位公差”对话框，如图 4－35 所示，设置公差参数

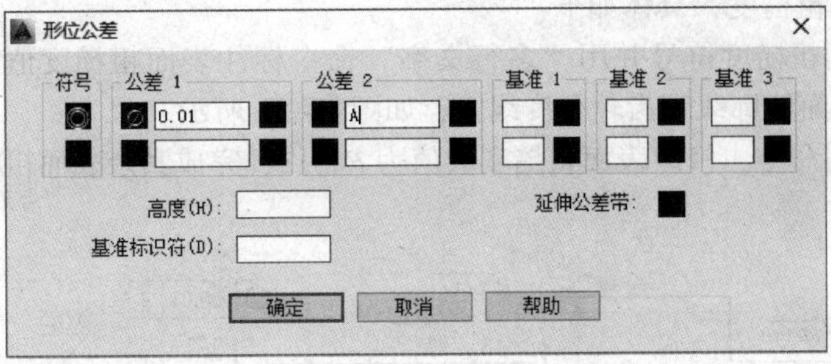

图 4－35 “形位公差”参数设置

（5）单击 确定 按钮，完成形位公差的标注，在阶梯轴上 $\phi16$ mm 处画出形位公差基准，如图 4－36 所示。

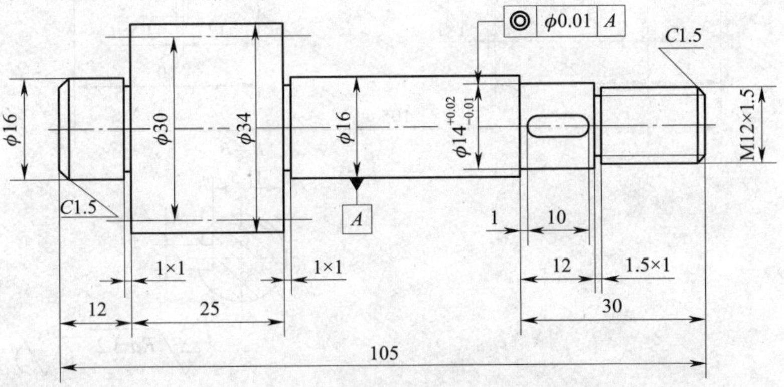

图 4－36 形位公差及基准标注结果

34. 选择“引线”命令并设置引线注释类型为“无”，标注剖切符号，然后选择“多行文字”命令，输入文本“B”，结果如图 4－37 所示。

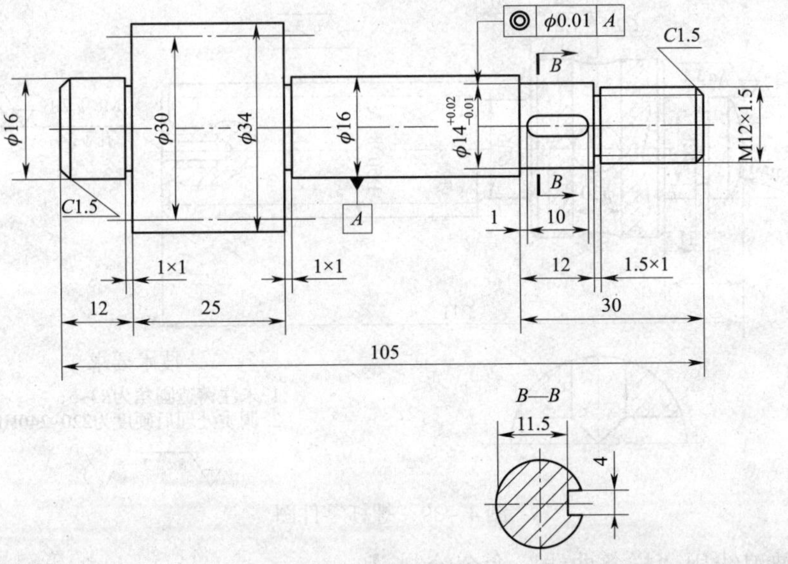

图 4－37 标注剖切符号及名称

35. 标注表面粗糙度，具体如下：

（1）绘制表面粗糙度符号并用“多行文字”命令标注表面粗糙度值 *Ra*1.6，分别标注在 $\phi16$ mm 圆柱表面轮廓线和齿轮分度线上，如图 4－38 所示。

（2）利用复制命令，修改表面粗糙度数值为 *Ra*3.2，完成其余表面粗糙度的标注，如图 4－38 所示。

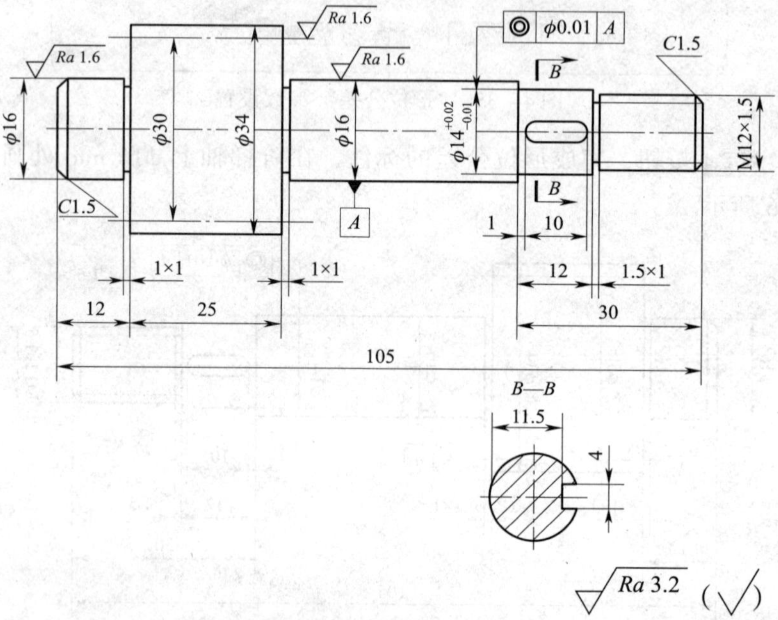

图 4－38　标注表面粗糙度

三、上机练习

1. 完成如图 4－39 所示螺杆零件图的绘制。

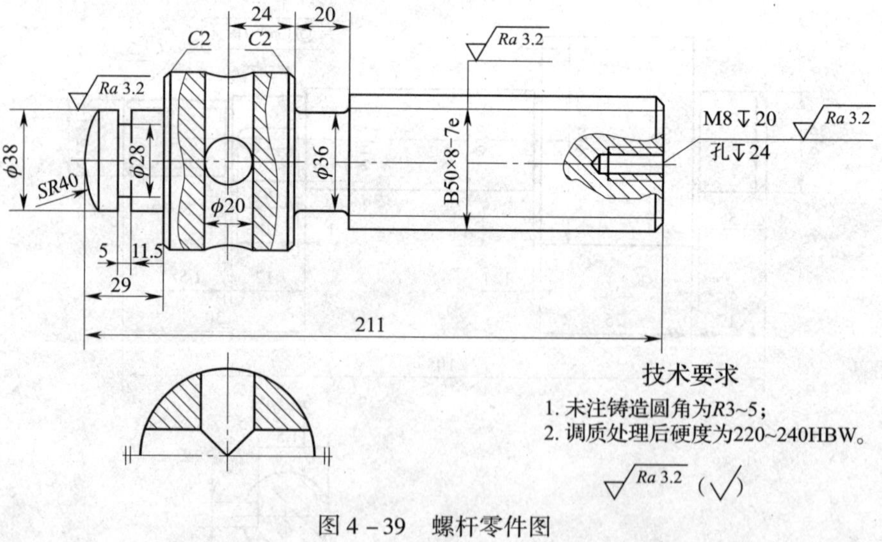

图 4－39　螺杆零件图

【提示：波浪线用“样条曲线”命令绘制。】

2. 完成如图 4－40 所示螺母零件图的绘制。

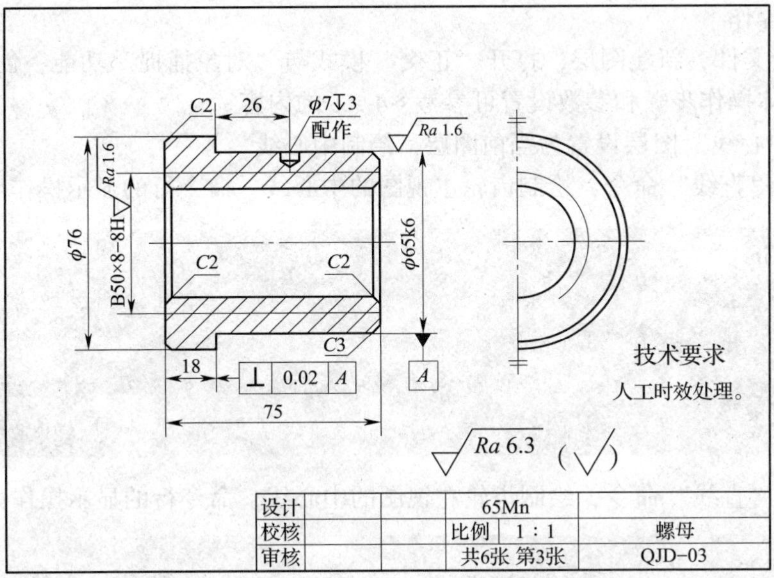

图 4－40　螺母零件图

§4-2　绘制齿轮零件图

一、任务分析

齿轮是机械设备中常用的机械零件之一，依照机械制图中的相关规范，绘制齿轮时一般用两个视图或一个主视图和一个局部视图来表达。其中，在剖视图中，当剖切面通过齿轮的轴线时，轮齿一律按不剖处理。本节通过绘制如图 4－41 所示圆柱齿轮介绍在 AutoCAD 2014 中齿轮的绘制方法。

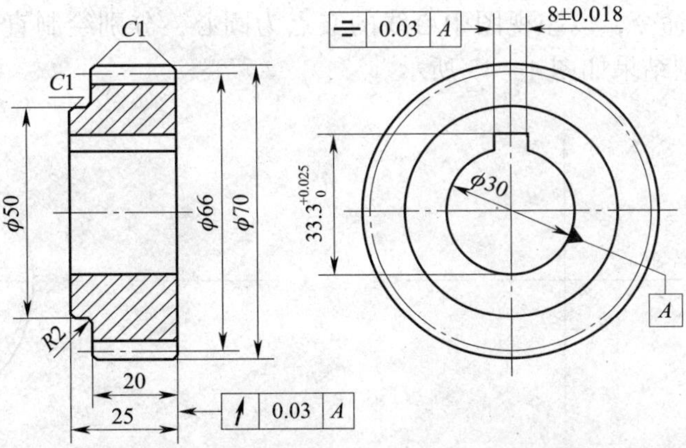

图 4－41　齿轮零件图

二、实践操作

1. 建立新文件，新建图层，打开“正交”模式与“对象捕捉”功能，创建文字样式及标注样式，具体操作步骤和参数设置可参考§4－1的内容。

2. 将“中心线”图层设置为当前图层，绘制中心线。

(1) 选择“直线”命令，绘制齿轮主视图的中心线，命令行的显示操作如下：

```
命令：_line
指定第一点：                                      //在绘图区适当位置拾取一点
指定下一点或［放弃（U）］：
                          //水平向右移动光标，输入长度值“31”并按下Enter键
指定下一点或［放弃（U）］：                          //按下Enter键，结束操作
```

(2) 重复“直线”命令，绘制齿轮左视图的中心线，命令行的显示操作如下：

```
命令：_line
指定第一点：                              //捕捉刚刚绘制的水平中心线的终点
指定下一点或［放弃（U）］： //水平向右移动光标，输入长度值“79”并按下Enter键
指定下一点或［放弃（U）］：                          //按下Enter键，结束操作
命令：                                          //按下Enter键，重复直线命令
命令：_line
指定第一点：                               //捕捉长度为79 mm的水平中心线的中点
指定下一点或［放弃（U）］： //竖直向上移动光标，输入长度值“39.5”，按下Enter键
指定下一点或［放弃（U）］：                          //按下Enter键，结束操作
```

(3) 选择“拉长”命令，将上述左视图中的垂直中心线向下拉长39.5 mm。

(4) 选择“移动”命令，窗交选择左视图的中心线，将其水平向右移动适当距离。完成后如图4－42所示。

3. 选择“圆”命令，以左视图中心线的交点为圆心，绘制直径为66 mm的圆。

4. 将“粗实线”图层设置为当前图层。

5. 选择“圆”命令，以左视图中心线的交点为圆心，分别绘制直径为70 mm、50 mm和30 mm的圆，绘制结果如图4－43所示。

图4－42　绘制中心线

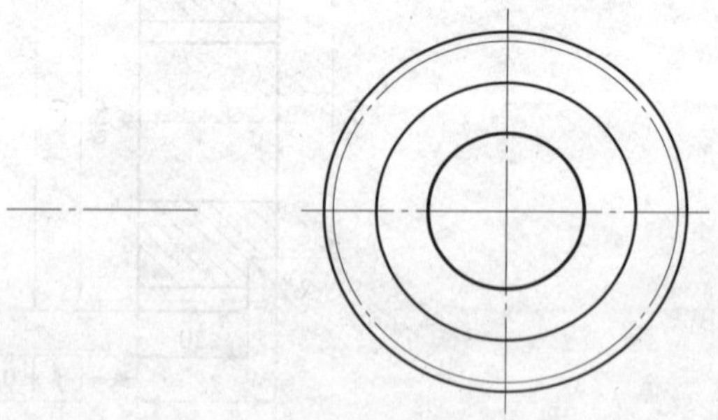

图4－43　绘制同心圆

6. 选择“偏移”命令，将左视图中的垂直中心线分别向左、向右各偏移 4 mm，将水平中心线向上偏移 18.3 mm，创建结果如图 4 – 44 所示。

7. 选择“修剪”命令，将圆弧和刚偏移的三条直线修剪成键槽，如图 4 – 45 所示。

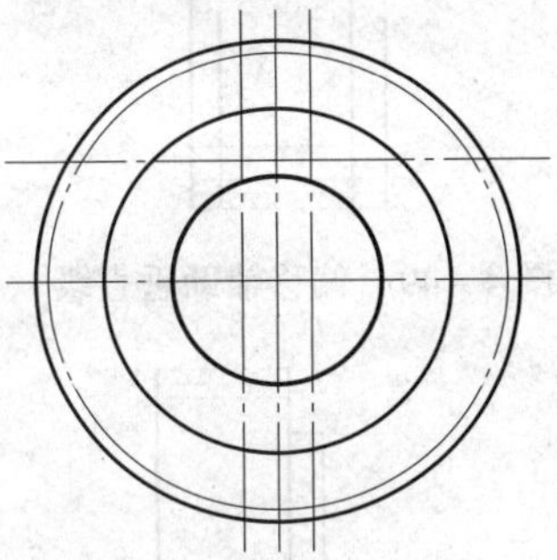

图 4 – 44　偏移中心线

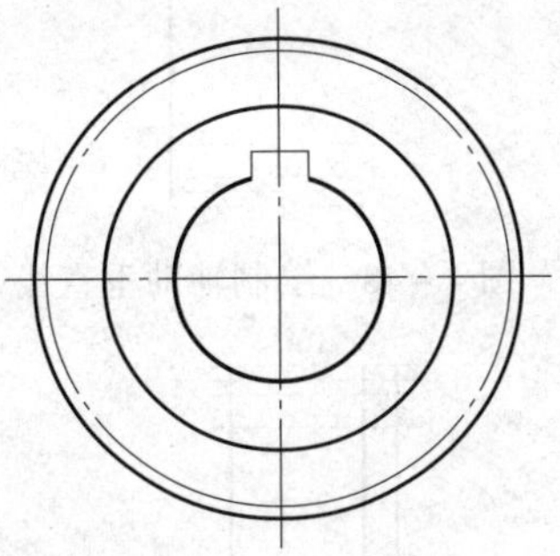

图 4 – 45　修剪结果

8. 将键槽的线型改为“粗实线”，修改结果如图 4 – 46 所示。

9. 选择“偏移”命令，将主视图的中心线分别向上、向下偏移 25 mm、31 mm、33 mm、35 mm，偏移结果如图 4 – 47 所示。

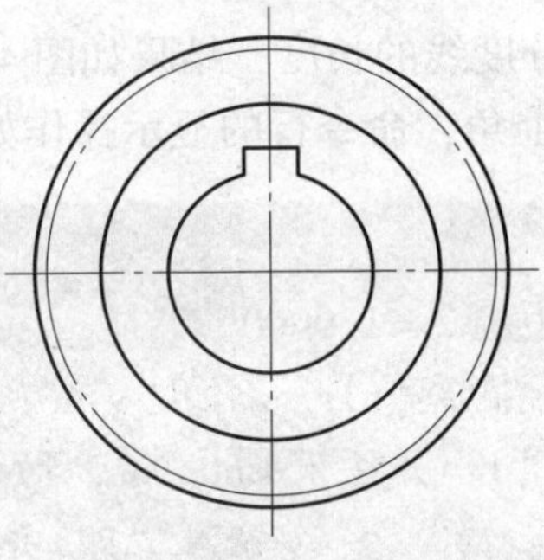

图 4 – 46　修改键槽线型

图 4 – 47　偏移主视图中心线

10. 选择“直线”命令，绘制主视图辅助线，命令行的显示操作如下：

```
命令：_line
指定第一点：                          //捕捉图 4 – 47 所示最上中心线的右端点
指定下一点或［放弃（U）］：            //捕捉图 4 – 47 所示最下中心线的右端点
指定下一点或［放弃（U）］：            //按下 Enter 键，结束操作
```

完成后如图 4 – 48 所示。

11. 选择“偏移”命令，将刚刚绘制的辅助垂直线分别向左偏移 3 mm、23 mm、28 mm，结果如图 4 – 49 所示。

12. 选择“删除”命令，删除辅助垂直线，结果如图 4 – 50 所示。

13. 选择“修剪”命令，将如图 4 – 50 所示的图形修剪为如图 4 – 51 所示的图形。

图 4-48　绘制辅助垂直线

图 4-49　偏移辅助垂直线

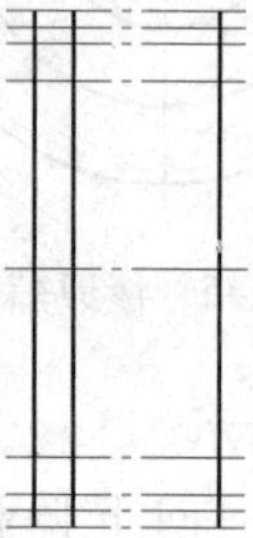

图 4-50　删除操作

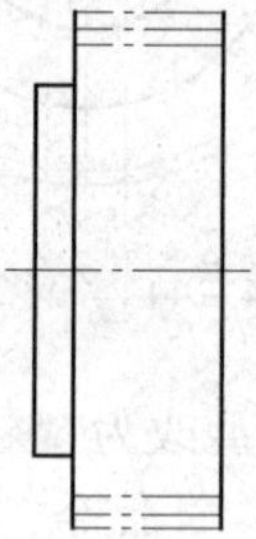

图 4-51　修剪结果

14. 修改主视图中可见轮廓线的线型，并调整分度线的长度，结果如图 4-52 所示。

15. 选择“倒角”命令，倒主视图外轮廓的右上角，命令行的显示操作如下：

命令：_chamfer

（“修剪”模式）当前倒角距离 1 = 1.0000，距离 2 = 1.0000

选择第一条直线或［放弃（U）/多段线（P）/距离（D）/角度（A）/修剪（T）/方式（E）/多个（M）］：　　//输入“d”并按下 Enter 键，切换到距离模式

指定第一个倒角距离 <1.0000>：1　　//输入“1”并按下 Enter 键

指定第二个倒角距离 <1.0000>：1　　//输入“1”并按下 Enter 键

选择第一条直线或［放弃（U）/多段线（P）/距离（D）/角度（A）/修剪（T）/方式（E）/多个（M）］：　　//选择最右侧垂直线

选择第二条直线或按住 Shift 键选择要应用角点的直线：　　//选择顶轮廓线

完成后如图 4-53 所示。

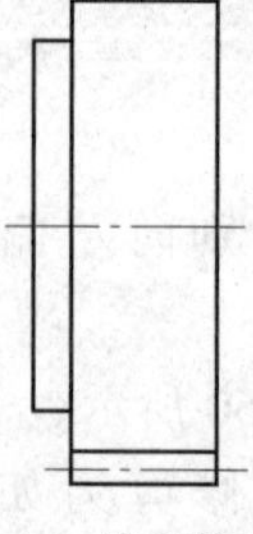

图 4-52　线型修改结果

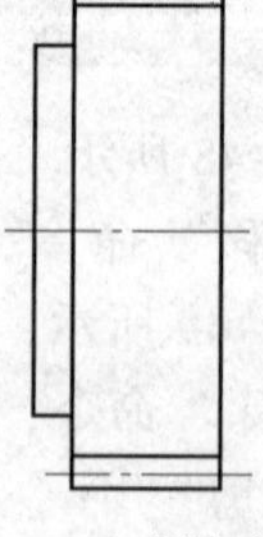

图 4-53　倒角操作

16. 重复上述倒角操作，分别对如图 4－54 所示 A、C、D、F、G 点处倒 C1 mm 的角，结果如图 4－55 所示。

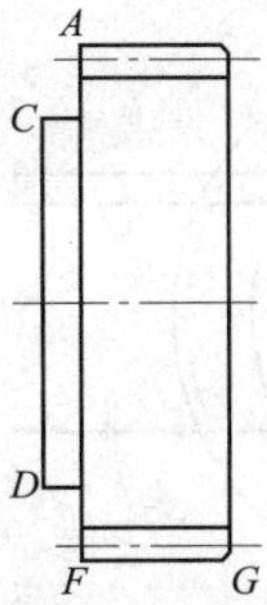

图 4－54　角点

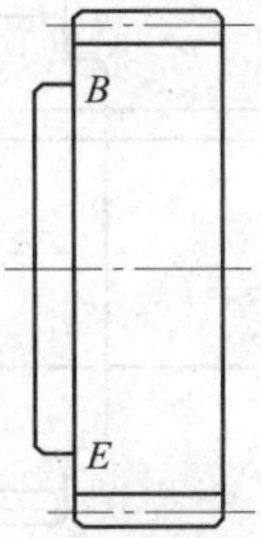

图 4－55　倒角结果

17. 选择“修剪”命令，将如图 4－55 所示的线段 BE 修剪掉，如图 4－56 所示。

18. 选择“圆角”命令，分别对如图 4－56 所示的 B、E 点处倒圆角，命令行的显示操作如下：

```
命令：_fillet                                               //启动圆角命令
当前设置：模式 = 修剪，半径 = 1.0000
选择第一个对象或［放弃（U）/多段线（P）/半径（R）/修剪（T）/多个（M）]：
                                        //输入“r”并按下 Enter 键，切换到半径模式
指定圆角半径：                               //输入圆角半径“2”并按下 Enter 键
选择第一个对象或［放弃（U）/多段线（P）/半径（R）/修剪（T）/多个（M）]：
                                                    //选择图 4－56 中的线段 BC
选择第二个对象或按住 Shift 键选择要应用角点的对象：//选择图 4－56 中的线段 AB
命令：                                          //按下 Enter 键，重复圆角命令
FILLET
当前设置：模式 = 修剪，半径 = 2.0000                          //沿用当前模式
选择第一个对象或［放弃（U）/多段线（P）/半径（R）/修剪（T）/多个（M）]：
                                                    //选择图 4－56 中的线段 DE
选择第二个对象或按住 Shift 键选择要应用角点的对象：//选择图 4－56 中的线段 EF
```

完成后如图 4－57 所示。

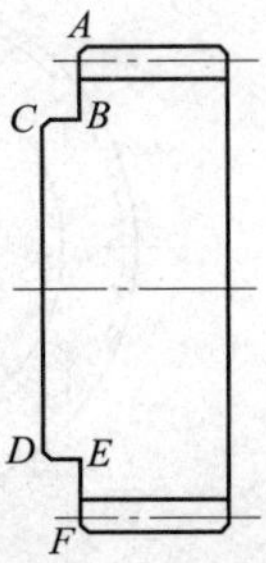

图 4－56　修剪 BE 线段

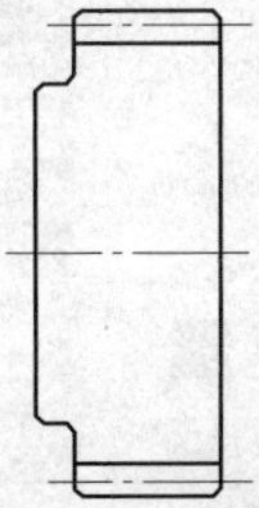

图 4－57　圆角结果

19．选择“构造线”命令，根据投影规律画出主视图上键槽的轮廓线，绘制结果如图 4 –58 所示。

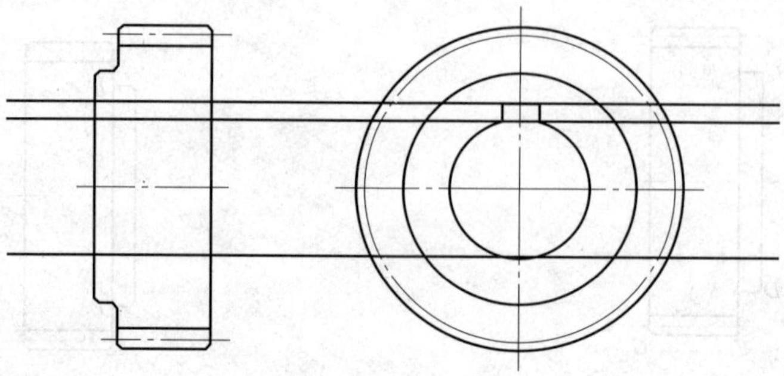

图 4 –58　绘制键槽的轮廓线

20．选择“修剪”命令，将如图 4 –58 所示图形修剪为如图 4 –59 所示图形（键槽轮廓）。

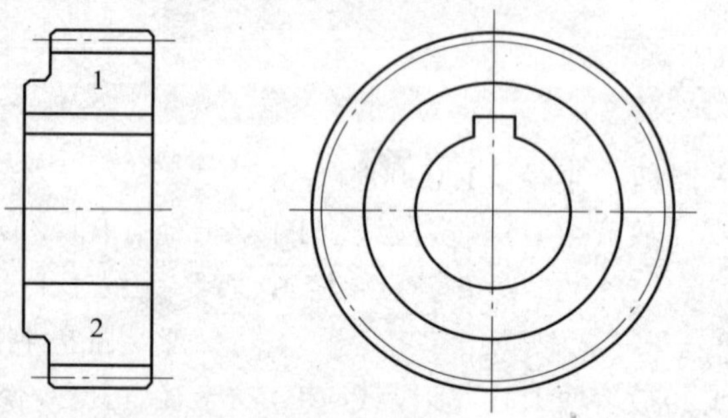

图 4 –59　修剪结果

21．设置“细实线”图层为当前图层。

22．选择“图案填充”命令，打开“图案填充和渐变色”对话框，设置“图案填充”参数（图 4 –60），然后单击“添加：拾取点”按钮 ，分别填充如图 4 –59 所示的 1、2 两个区域，填充结果如图 4 –61 所示。

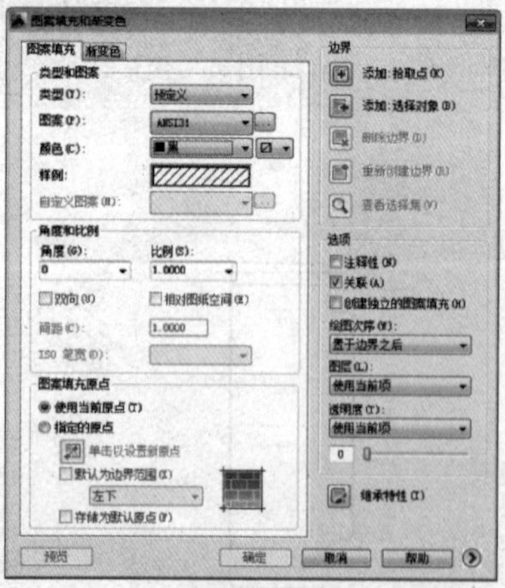

图 4 –60　设置“图案填充”参数

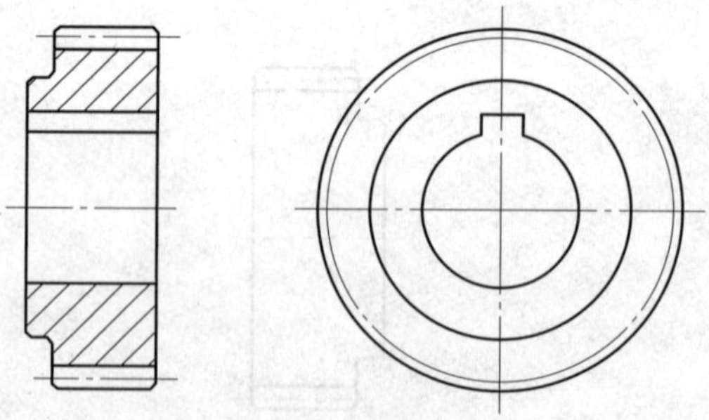

图 4 –61　填充结果

23. 选择“线性”标注命令，标注齿轮分度圆的直径，命令行的显示操作如下：

命令：_dimlinear //启动线性命令
指定第一条尺寸界线原点或 <选择对象>： //捕捉主视图上分度线的右端点
指定第二条尺寸界线原点： //捕捉主视图下分度线的右端点
指定尺寸线位置或［多行文字（M）/文字（T）/角度（A）/水平（H）/垂直（V）/旋转（R）］： //输入“t”并按下 Enter 键
输入标注文字 <66>： //输入“%%c66”并按下 Enter 键
指定尺寸线位置或［多行文字（M）/文字（T）/角度（A）/水平（H）/垂直（V）/旋转（R）］： //在绘图区适当位置拾取一点为尺寸定位
标注文字 = 66

24. 依照上一步操作方法标注其他直径尺寸，结果如图 4 – 62 所示。

25. 选择“线性”命令标注其他线性尺寸，结果如图 4 – 63 所示。

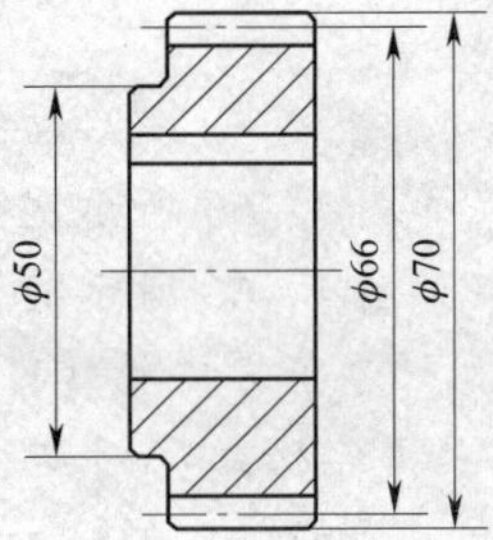

图 4 – 62 标注直径

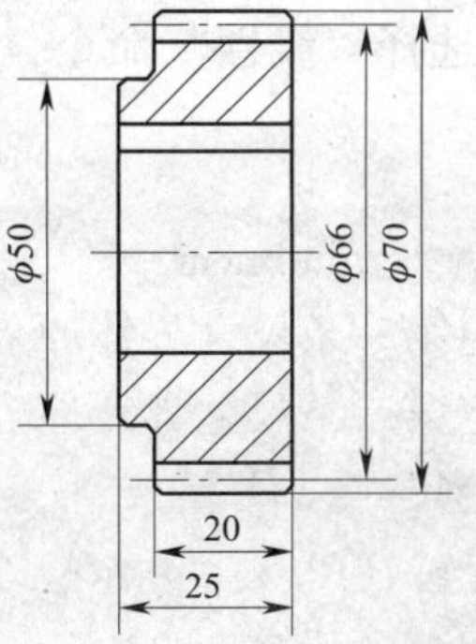

图 4 – 63 标注其他线性尺寸

26. 分别选择“半径”和“倒角”命令，标注主视图上半径为 2 mm 的圆角和 3 个 $C1$ mm 的倒角（图 4 – 64 主视图）。

27. 分别选择“直径”和“线性”命令，标注左视图轴孔的直径和线性尺寸，标注结果如图 4 – 64 所示。

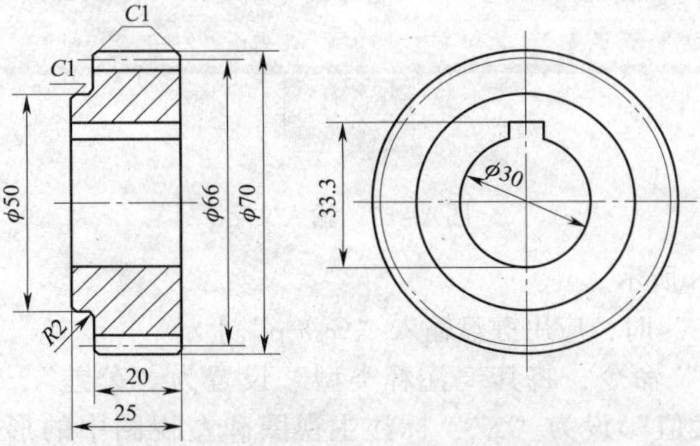

图 4 – 64 标注圆角、倒角和轴孔的尺寸

28. 双击长度为“33.3”的尺寸，系统弹出“文字格式”对话框，在对话框下方的“文字”区域输入“33.3 +0.025^0”（图4－65）；然后选中“33.3 +0.025^0”的阴影部分，单击对话框中的 按钮，最后按 确定 按钮结束标注，标注结果如图4－66所示。

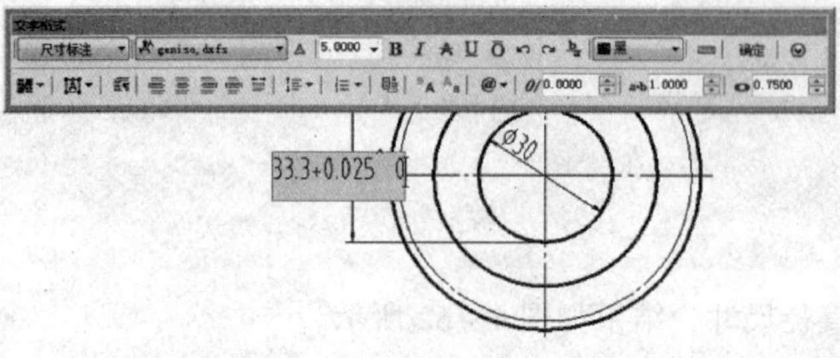

图4－65　设置极限偏差参数

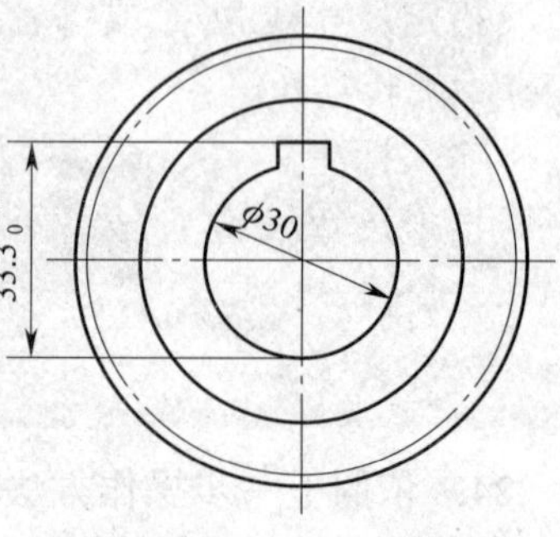

图4－66　极限偏差标注结果

29. 选择“线性”命令，标注左视图上键槽的宽度及其对称度公差，命令行的显示操作如下：

命令：_dimlinear　　//启动线性命令

指定第一条尺寸界线原点或 <选择对象>：　　//捕捉如图4－66所示键槽左端点

指定第二条尺寸界线原点：　　//捕捉如图4－66所示键槽右端点

指定尺寸线位置或［多行文字（M）/文字（T）/角度（A）/水平（H）/垂直（V）/旋转（R）］：//输入“m”并按下Enter键，系统弹出“文字格式”对话框，输入参数（图4－67）后单击 确定 按钮

指定尺寸线位置或［多行文字（M）/文字（T）/角度（A）/水平（H）/垂直（V）/旋转（R）］：　　//在适当位置拾取一点定位尺寸线

标注文字 =8

图4－67　输入文字

完成后如图4－68所示。

【提示：输入“ ± ”时，应用键盘输入“%%p”。】

30. 选择“引线”命令，将其“注释类型”设置为“公差”，“引线和箭头”选项中“点数”的“最大值”设为“2”，标注主视图和左视图中的形位公差，如图4－69所示。

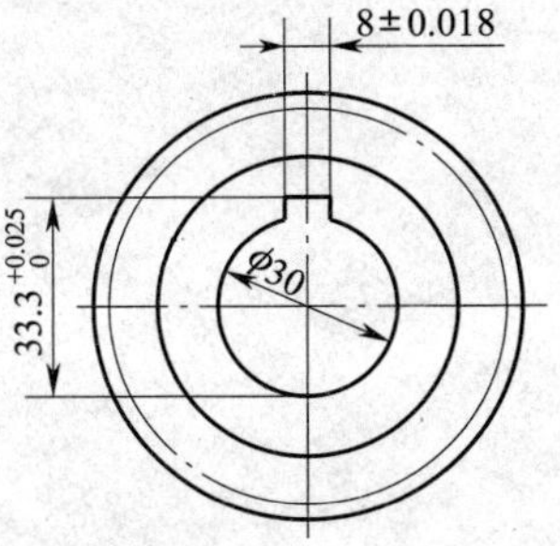

图 4－68　对称度公差标注结果

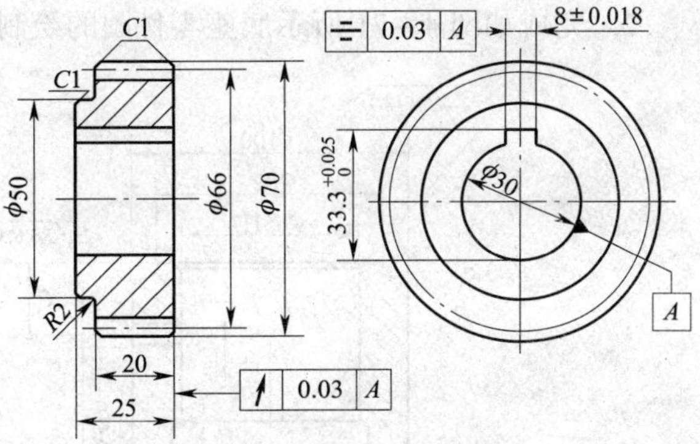

图 4－69　形位公差标注结果

三、上机练习

1．完成如图 4－70 所示两个零件图形的绘制。

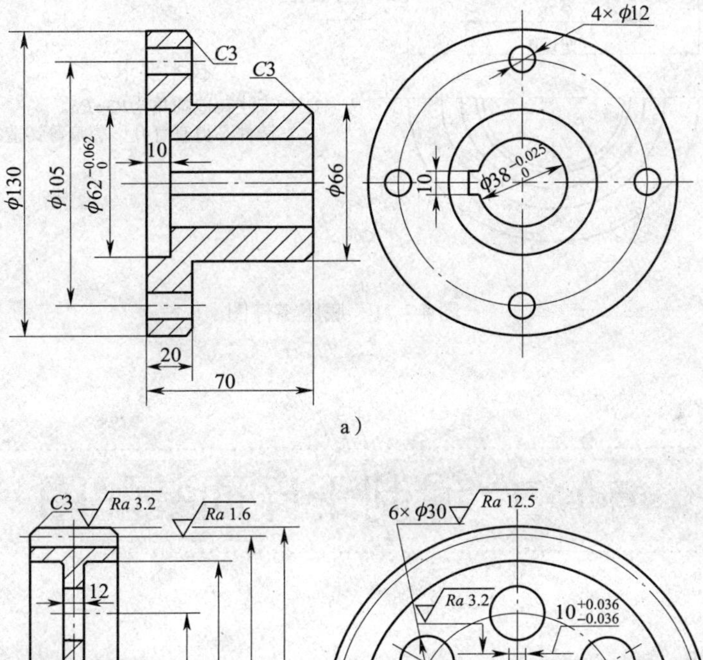

a）

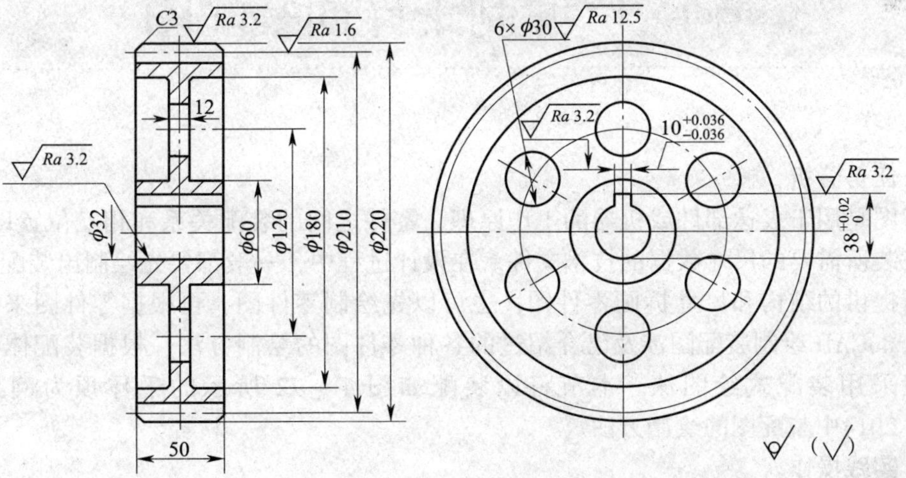

b）

图 4－70　练习零件图

a）法兰盘　b）齿轮

2. 完成如图 4 – 71 所示底座零件图的绘制。

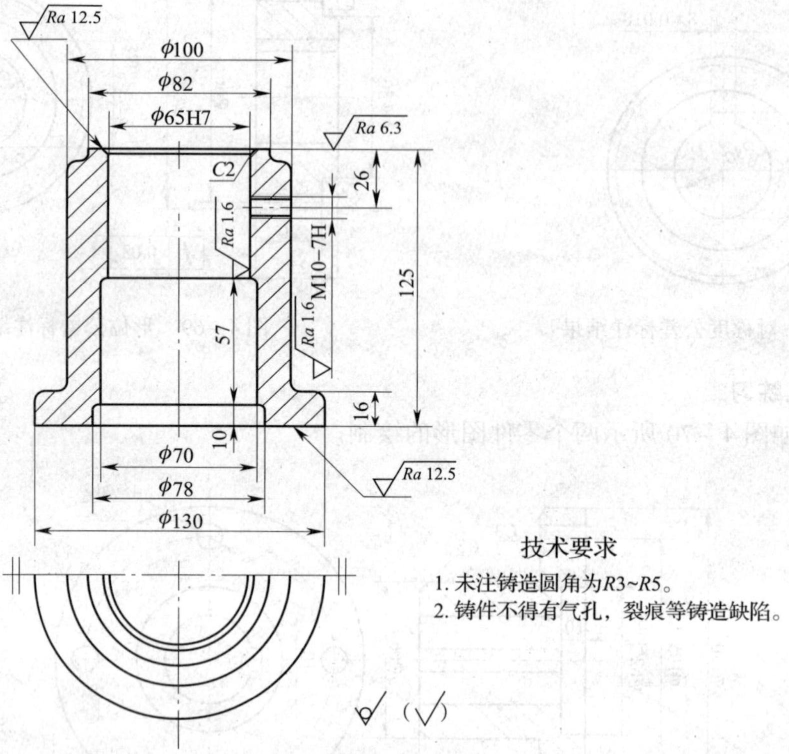

图 4 – 71　底座零件图

§4-3　绘制千斤顶装配图

一、任务分析

装配图是用于表达部件或机器的工作原理、零件之间的装配关系和相互位置以及装配、检验、安装所需要的尺寸数据的技术文件。在设计过程中，一般都要先绘制出装配图，再由装配图所提供的结构和尺寸拆画零件图；也可以先绘制零件图，再根据零件图来拼画装配图。用 AutoCAD 绘制装配图涉及已介绍过的各种零件图的绘制方法，根据装配体的结构特点，一般采用装配式绘图法。本节将以装配如图 4 – 72 所示的千斤顶为例，介绍在 AutoCAD 2014中装配图的绘制方法。

二、实践操作

1. 绘制底座块

(1) 新建一个图形文件，按照如图 4 – 71 所示零件图绘制底座图形，如图4 – 73 所示。

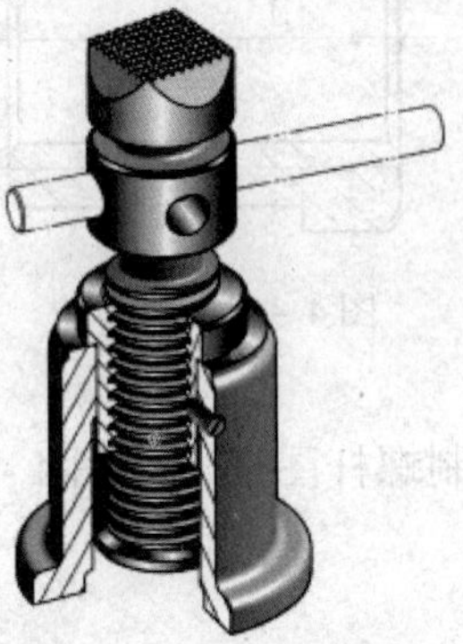

a）

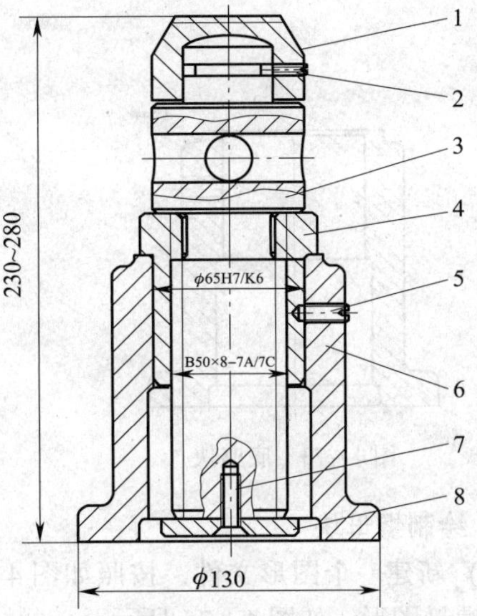

序号	代号	名称	数量	材料	备注
8		挡圈	1	Q235	
7	GB/T68 –2016	螺钉 M8×20	1	35	
6		底座	1	HT200	
5	GB/T75 –2018	螺钉 M10×21	1	35	
4		螺母	1	65Mn	
3		螺杆	1	45	
2	GB/T75 –2018	螺钉 M6×17	1	35	
1		顶垫	1	45	
设计					
校核		比例 1∶1		千斤顶	
审核		共6张第1张		QJD –01	

b）

图 4 –72　千斤顶

a）立体图　b）装配图

（2）在命令行输入“wblock”命令，按下 Enter 键，系统弹出“写块”对话框。

（3）将“写块”对话框“目标”选项区域中的“文件名和路径”编辑框内的内容改为“F：\ 装配图 \ 底座块 . dwg”，如图 4 –74 所示。

（4）单击对话框上选择对象按钮，选择如图 4 –73 所示整个图形为块对象。

（5）单击对话框上拾取点按钮，捕捉如图 4 –73 所示轴线与底面基线交点为插入基点。

（6）单击对话框上的 确定 按钮即生成一个底座块。

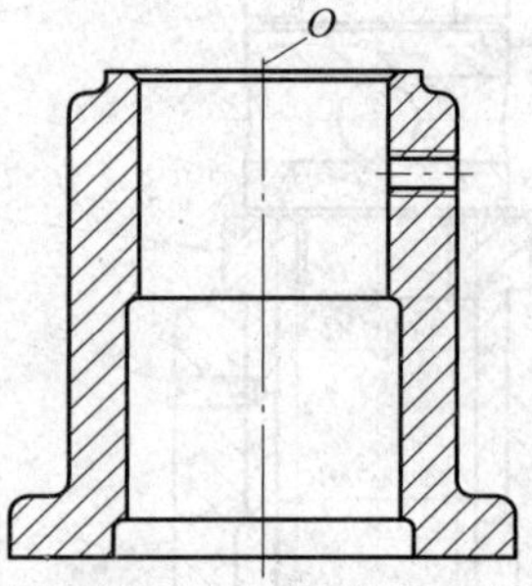

图 4-73　底座块

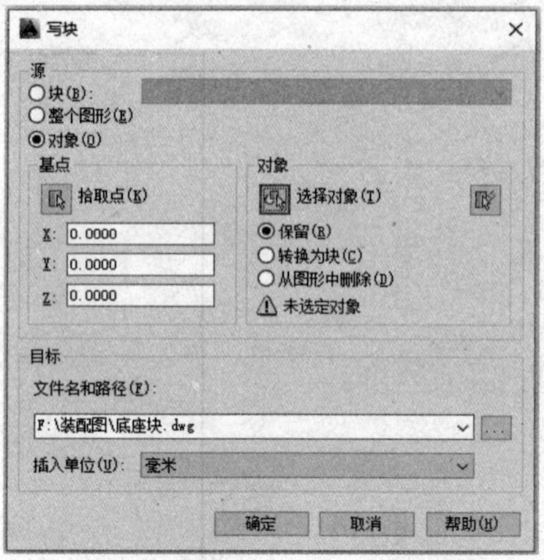

图 4-74　设置“写块”参数

2. 绘制螺母块

（1）新建一个图形文件，按照如图 4-40 所示的螺母零件图绘制螺母图形，如图 4-75 所示。

（2）在命令行输入“wblock”命令，按下 Enter 键，系统弹出“写块”对话框。

（3）将“写块”对话框“目标”选项区域中的“文件名和路径”编辑框内的内容改为“F：\ 装配图 \ 螺母块 . dwg”。

（4）选择图 4-75 所示的 *A* 点为插入基点创建螺母块。

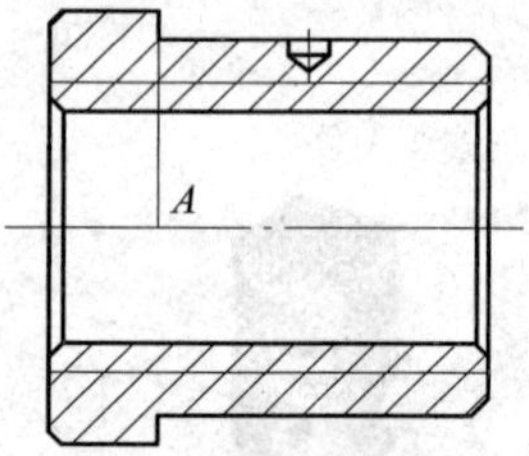

图 4-75　螺母块

3. 绘制螺杆块

（1）新建一个图形文件，按照如图 4-39 所示的螺杆零件图绘制螺杆图形，如图 4-76 所示。

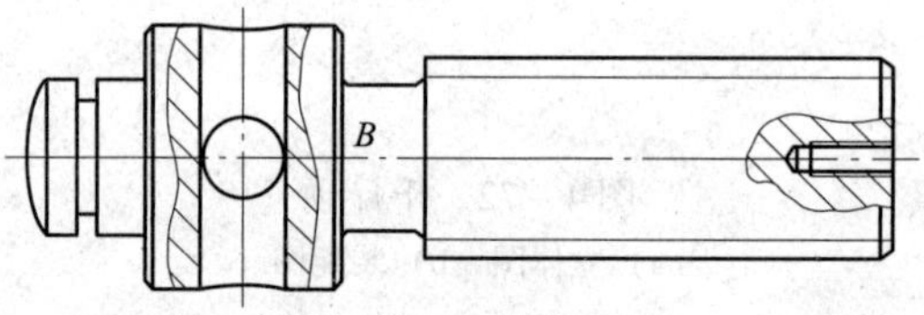

图 4-76　螺杆块

（2）在命令行输入“wblock”命令，按下 Enter 键，系统弹出“写块”对话框。

（3）将“写块”对话框“目标”选项区域中的“文件名和路径”编辑框内的内容改为“F：\ 装配图 \ 螺杆块 . dwg”。

（4）选择图 4-76 所示的 *B* 点为插入基点创建螺杆块。

4. 绘制顶垫块

（1）新建一个图形文件，按照如图 4-77 所示的顶垫零件图绘制顶垫图形，如图 4-78 所示。

（2）在命令行输入“wblock”命令，按下 Enter 键，系统弹出“写块”对话框。

（3）将“写块”对话框“目标”选项区域中的“文件名和路径”编辑框内的内容改为

“F：\ 装配图 \ 顶垫块 . dwg”。

（4）选择图 4 – 78 所示的 *C* 点为插入基点创建顶垫块。

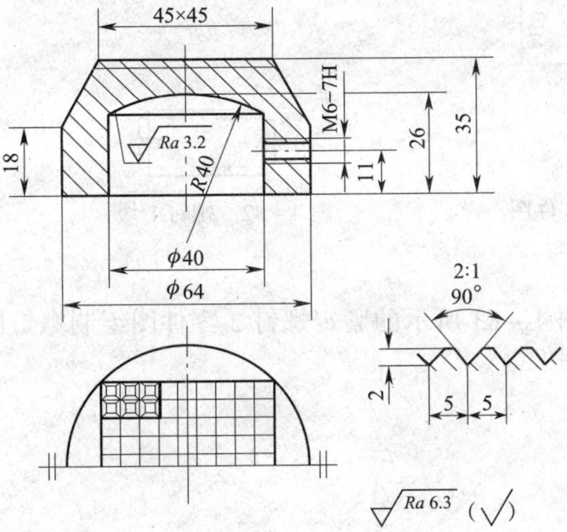

图 4 – 77　顶垫零件图

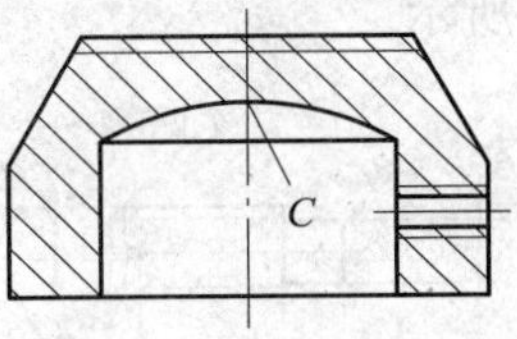

图 4 – 78　顶垫块

5. 绘制挡圈块

（1）新建一个图形文件，按照图 4 – 79 所示的挡圈零件图绘制挡圈图形，如图 4 – 80 所示。

（2）在命令行输入“wblock”命令，按下 Enter 键，系统弹出“写块”对话框。

（3）将“写块”对话框“目标”选项区域中的“文件名和路径”编辑框内的内容改为“F：\ 装配图 \ 挡圈块 . dwg”。

（4）选择图 4 – 80 所示的 *D* 点为插入基点创建挡圈块。

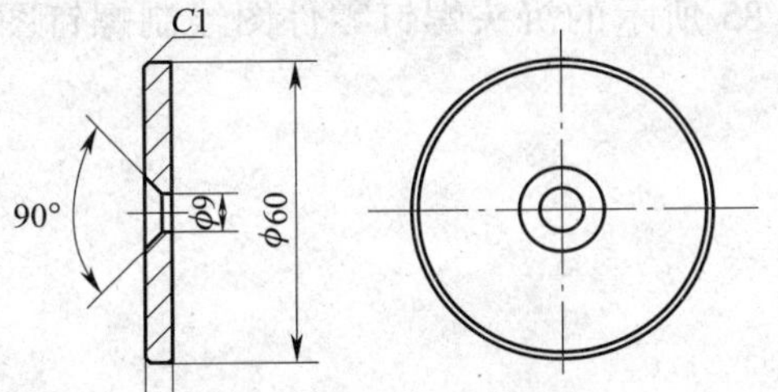

图 4 – 79　挡圈零件图

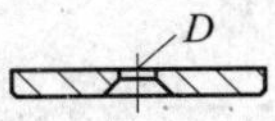

图 4 – 80　挡圈块

6. 绘制螺钉 1 块

（1）新建一个图形文件，按照图 4 – 81 所示的紧定螺钉 1 零件图绘制螺钉图形，如图 4 – 82 所示。

（2）在命令行输入“wblock”命令，按下 Enter 键，系统弹出“写块”对话框。

（3）将“写块”对话框“目标”选项区域中的“文件名和路径”编辑框内的内容改为“F：\ 装配图 \ 螺钉 1 块 . dwg”。

（4）选择图 4－82 所示的 *E* 点为插入基点创建螺钉 1 块。

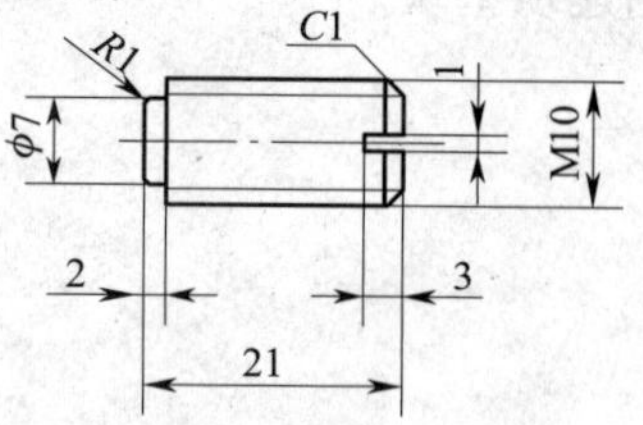

图 4－81　紧定螺钉 1 零件图

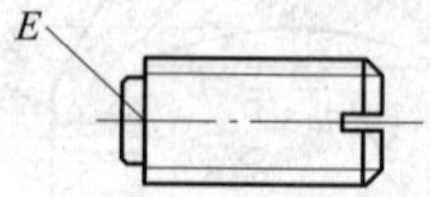

图 4－82　螺钉 1 块

7. 绘制螺钉 2 块

（1）新建一个图形文件，按照如图 4－83 所示的紧定螺钉 2 零件图绘制螺钉图形，如图 4－84 所示。

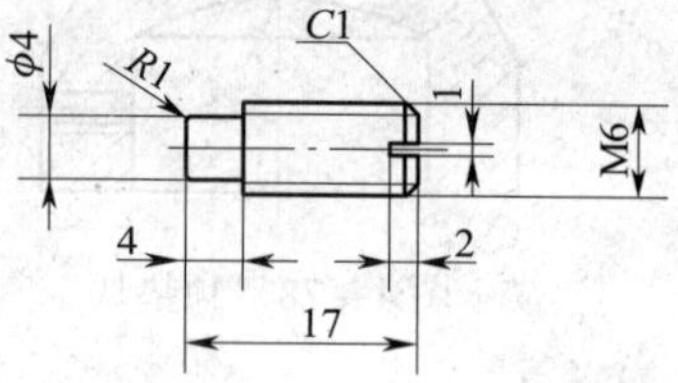

图 4－83　紧定螺钉 2 零件图

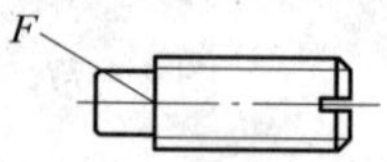

图 4－84　螺钉 2 块

（2）在命令行输入“wblock”命令，按下 Enter 键，系统弹出“写块”对话框。

（3）将“写块”对话框“目标”选项区域中的“文件名和路径”编辑框内的内容改为“F:\ 装配图\ 螺钉 2 块 . dwg”。

（4）选择图 4－84 所示的 *F* 点为插入基点创建螺钉 2 块。

8. 绘制螺钉 3 块

（1）新建一个图形文件，按照如图 4－85 所示的沉头螺钉零件图绘制螺钉图形，如图 4－86 所示。

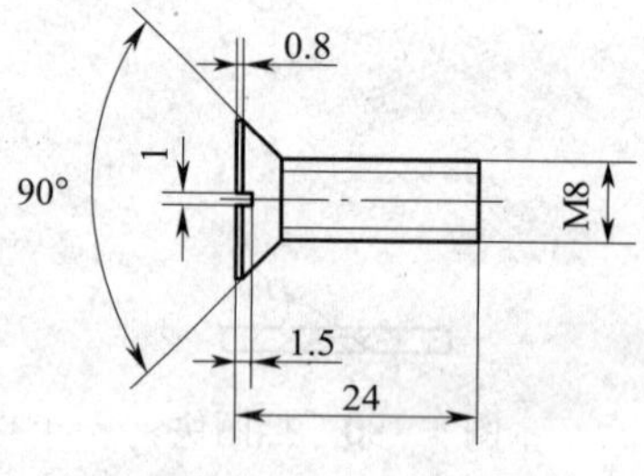

图 4－85　沉头螺钉零件图

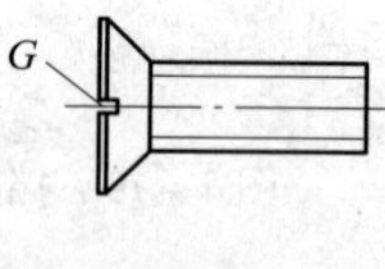

图 4－86　螺钉 3 块

（2）在命令行输入“wblock”命令，按下 Enter 键，系统弹出“写块”对话框。

（3）将“写块”对话框“目标”选项区域中的“文件名和路径”编辑框内的内容改为“F:\ 装配图\ 螺钉 3 块 . dwg”。

（4）选择图 4－86 所示的 *G* 点为插入基点创建螺钉 3 块。

9. 拼装装配图

(1) 打开前面绘制完成的“底座块”零件图文件，并将其另存为一个名为“千斤顶装配图”的新文件。

(2) 选择“插入”菜单中的“块”命令，系统弹出“插入”对话框，如图4－87所示。

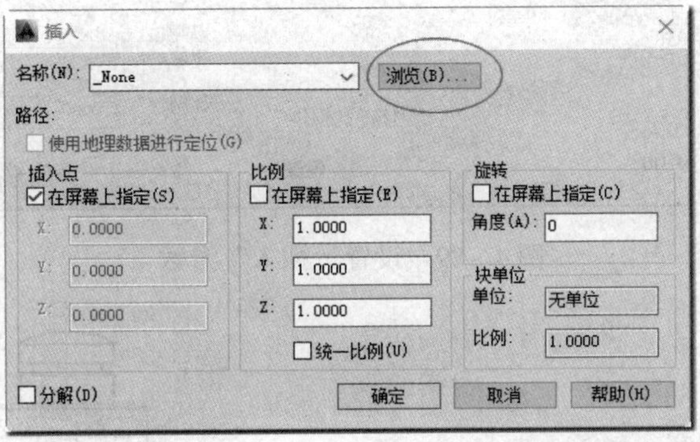

图4－87 “插入”对话框

(3) 单击右上角的 浏览(B)... 按钮，弹出“选择图形文件”对话框，如图4－88所示。找出创建块保存的位置，然后选择“螺母块”，单击 打开(O) 按钮。

(4) 回到“插入”对话框，将对话框上旋转项中的角度参数设为－90（目的是将原螺母块图形自动绕插入点顺时针旋转90度，以便插入图块），其他采用默认参数，如图4－89所示，单击 确定 按钮，调出插入块——螺母块。

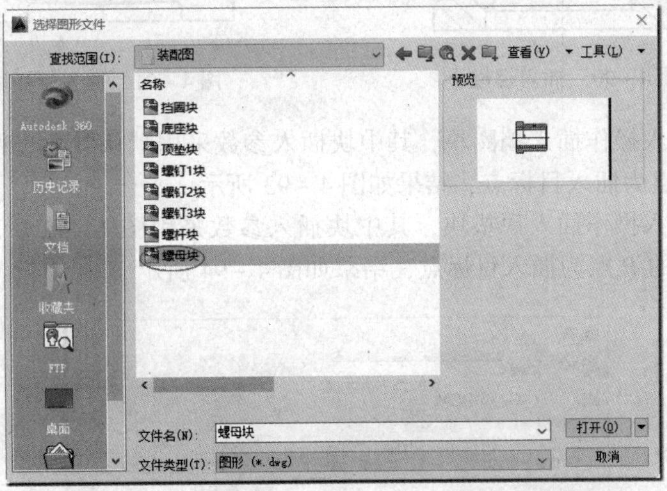

图4－88 选择“螺母块”图形文件

(5) 捕捉如图4－73所示的 O 点作为插入目标点，结果如图4－90所示。

(6) 重复块插入操作插入螺杆块，其中块插入参数设置同图4－89，捕捉如图4－90所示的 L 点为插入目标点，结果如图4－91所示。

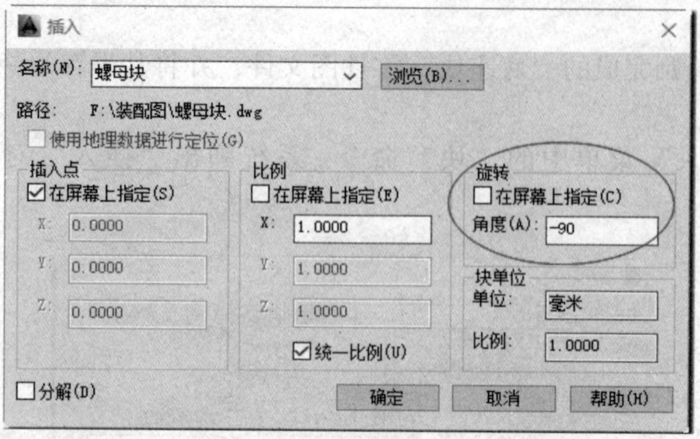

图 4－89　设置“插入”参数

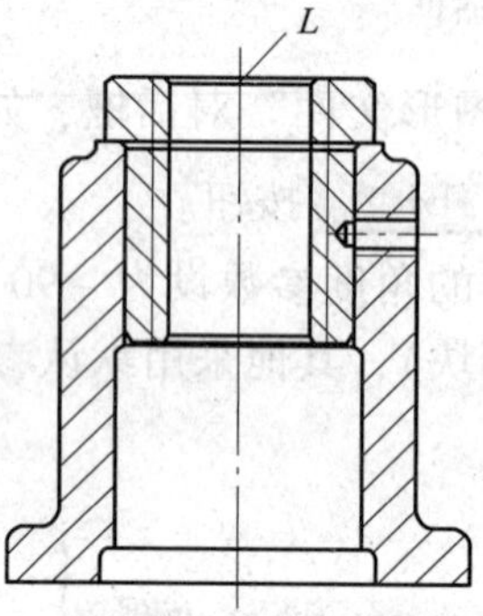

图 4－90　插入螺母块

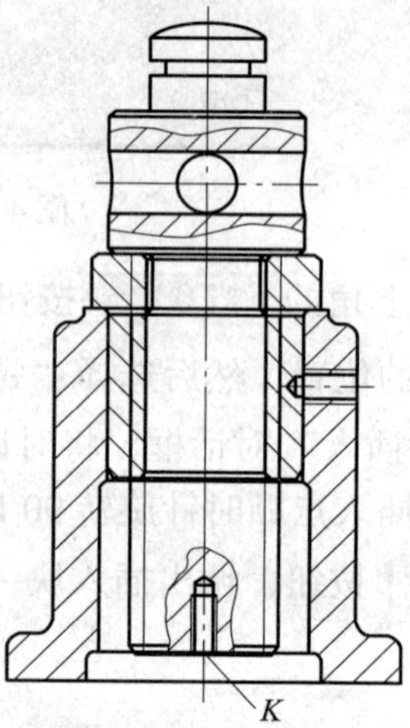

图 4－91　插入螺杆块

（7）重复块插入操作插入挡圈块，其中块插入参数采用默认参数（图 4－92），捕捉如图 4－91所示的 K 点为插入目标点，结果如图 4－93 所示。

（8）重复块插入操作插入顶垫块，其中块插入参数采用图 4－92 所示的默认参数，捕捉如图 4－93 所示的 P 点为插入目标点，结果如图 4－94 所示。

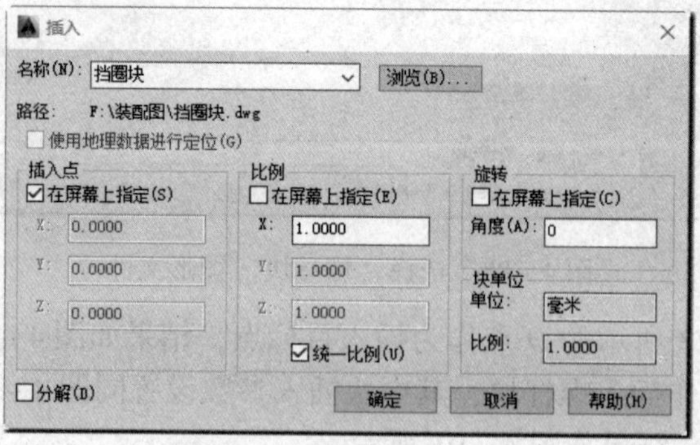

图 4－92　设置插入默认参数

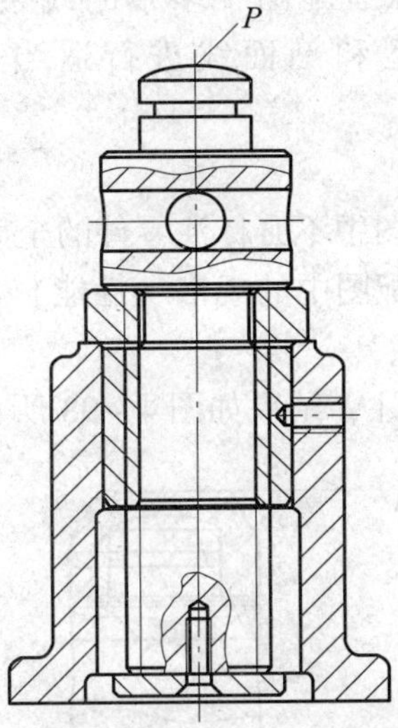

图 4－93　插入挡圈块

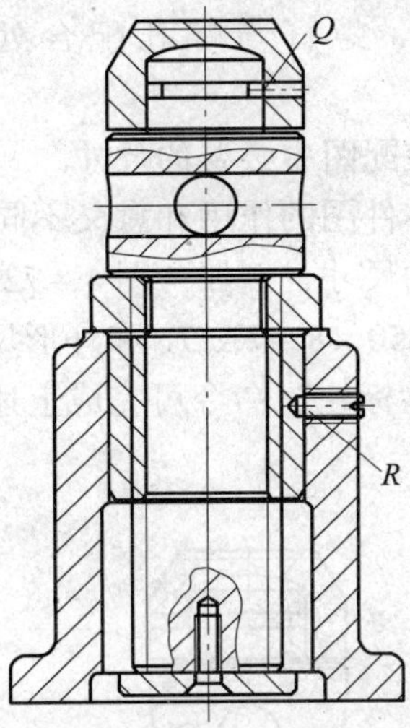

图 4－94　插入顶垫块

（9）重复块插入操作插入螺钉 1 块，其中块插入参数采用图 4－92 所示的默认参数，捕捉如图 4－94 所示的 Q 点为插入目标点，结果如图 4－95 所示。

（10）用同样的方法插入螺钉 2 块，其中块插入参数采用图 4－92 所示的默认参数，捕捉如图 4－94 所示的 R 点为插入目标点，结果如图 4－95 所示。

（11）重复块插入操作插入螺钉 3 块，其中块插入对话框旋转项中的角度参数设为 90，其他采用默认参数，捕捉如图 4－95 所示的 Y 点为插入目标点，结果如图 4－96 所示。

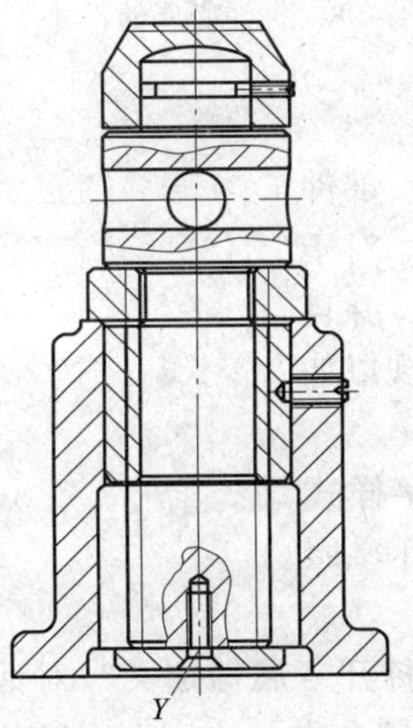

图 4－95　插入螺钉 1 块和 2 块

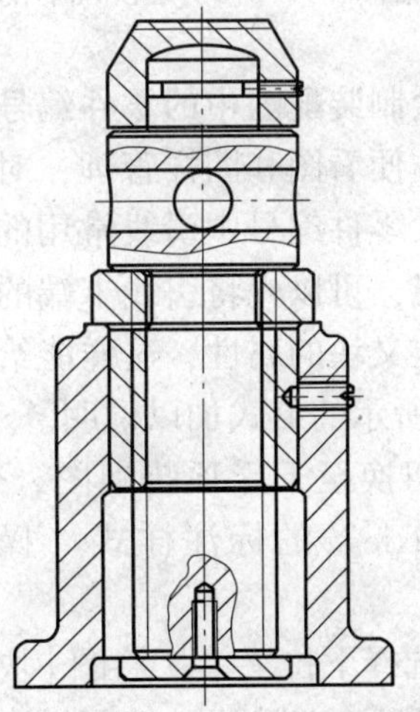

图 4－96　插入沉头螺钉 3 块

10. 修剪装配图

（1）选择“分解”命令，将如图 4－96 所示装配图上插入的各零件块分解（可框选全部对象，然后单击“分解”命令）。

（2）利用“修剪”和“删除”命令修剪及删除装配图中多余的线条，补画漏缺的线，并把螺钉、螺杆与螺孔配合处的粗、细线型和剖面线进行适当修改，结果如图 4 – 97 所示。

11. 标注装配图中必要的尺寸

装配图与零件图的作用和意义不同，所以在装配图中不必标注零件的全部尺寸，而只需标出几个必要的尺寸，例如，图 4 – 72 所示千斤顶装配图中的规格（性能）尺寸 230 ~ 280、主要装配尺寸 B50 × 8 – 7A/7c 和外形尺寸 ϕ130。

利用“线性标注”命令可完成上述三种尺寸的标注，结果如图 4 – 98 所示。

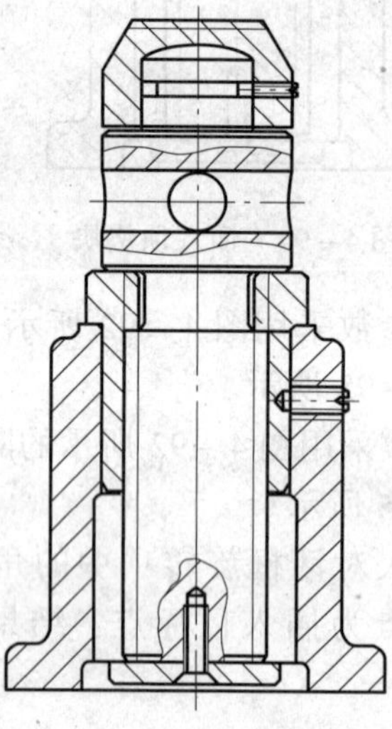

图 4 – 97　修剪装配图后的结果

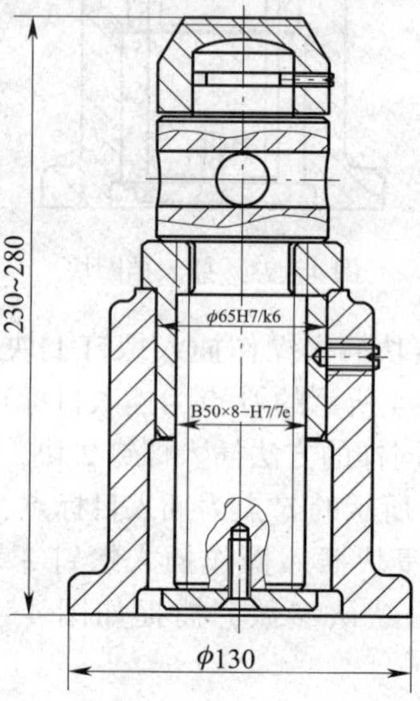

图 4 – 98　标注必要的尺寸

12. 绘制装配图中的零件编号

为了方便看图和图样管理，对装配图中的所有零件、部件均需编号。零件编号中引线常用的形式如图 4 – 99 所示。对于这两种情况，可以先将引线末端的直线或圆圈定义成块，并且在序号处定义块的属性，这样能给标注带来很大方便。现以如图 4 – 99a 所示的形式加以说明。

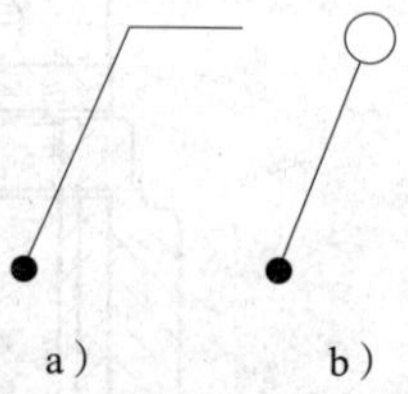

图 4 – 99　编号引线

（1）切换至千斤顶装配图，创建名为“ji”的文字样式和名为“jixie”的标注样式（操作步骤和参数设置可参照§4 – 1）。

（2）选择下拉菜单“绘图 | 块 | 定义属性”命令，打开“属性定义”对话框，分别在“标记”“提示”“默认”填写栏中输入“A”“序号”“1”，在“文字高度”栏中输入数值“5”，如图 4 – 100 所示。

（3）单击 确定 按钮，然后在屏幕的适当区域选取一点，此时绘图区出现“A”字样，如图 4 – 101 所示。

（4）在字样“A”的下方绘制一条细实线，如图 4 – 102 所示。

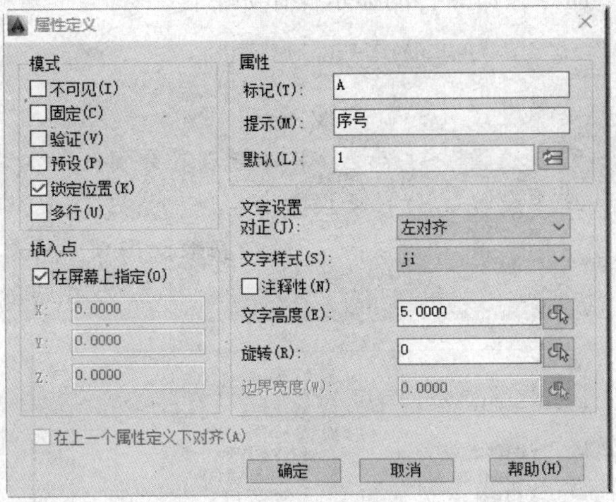

图 4－100　设置“属性定义”的参数

图 4－101　“A”字样

图 4－102　画下划线

（5）利用“定义块”命令（在命令行输入“wblock”），将图 4－102 所示的图形定义成块，块的名称为“序号”，基点为直线的左端点，如图 4－103 所示。

（6）选择下拉菜单“格式 | 标注样式”，打开“标注样式管理器”对话框。

（7）单击“修改”按钮，打开“修改标注样式：jixie”对话框，将“符号和箭头”选项卡下“引线”列表框内的“实心箭头”改为“小点”，如图 4－104 所示。

（8）单击 确定 按钮，返回“标注样式管理器”对话框，单击 置为当前(U) 按钮后，关闭对话框。

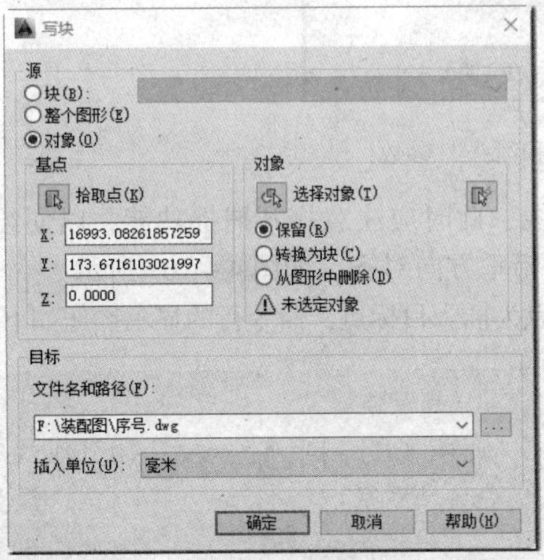

图 4－103　设置“写块”参数

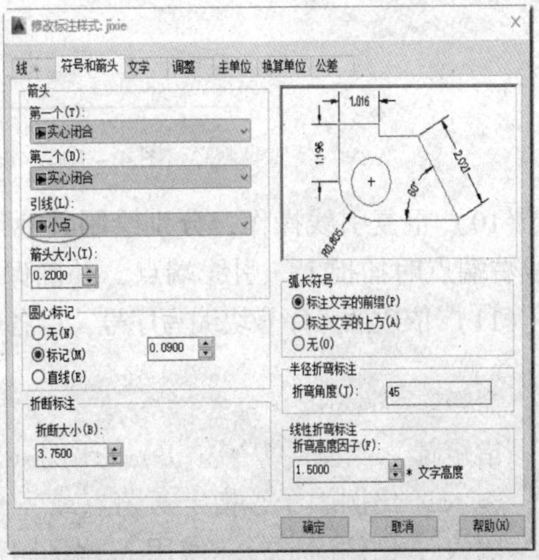

图 4－104　设置标注样式

（9）选择“引线”命令，命令行的显示操作如下：

命令：_qleader
指定第一个引线点或［设置（S）］<设置>：　　//输入“s”并按下 Enter 键，弹出“引线设置”对话框，其参数设置分别如图 4－105、图 4－106 所示
指定第一个引线点或［设置（S）］<设置>：　　//在装配图顶垫轮廓内适当位置拾取一点
指定下一点：　　//在绘图区适当位置拾取一点

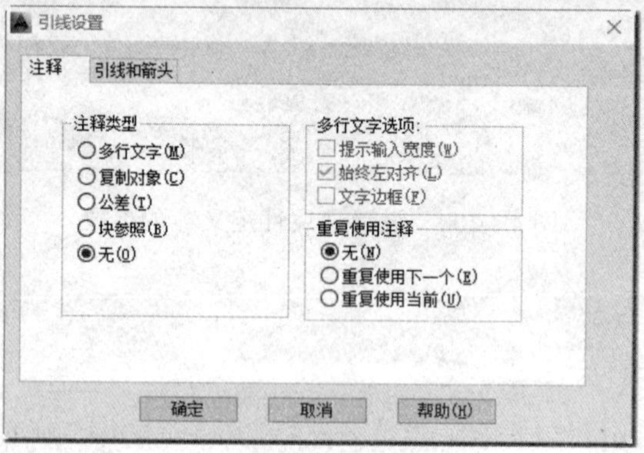

图 4－105　设置“注释”参数

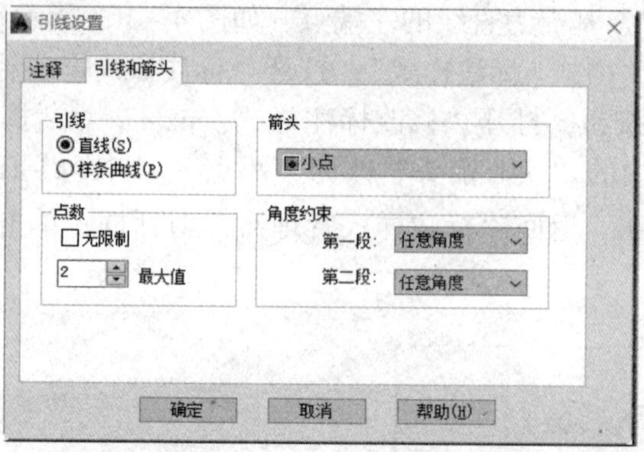

图 4－106　设置“引线和箭头”参数

（10）重复引线操作，分别绘制其他零件的引线，此时应注意打开捕捉功能，以便绘制引线右端点时捕捉上一引线端点，并确保引线右端铅垂方向对齐，如图 4－107 所示。

（11）依次插入序号块编写序号，以各引线的端点为插入目标点，命令行的显示操作如下：

命令：_insert
指定插入点或［基点（B）/比例（S）/X/Y/Z/旋转（R）］：　　//选择引线端点
输入 X 比例因子，指定对角点或［角点（C）/XYZ（XYZ）］<1>：　　//默认设置
输入 Y 比例因子或 <使用 X 比例因子>：　　//默认设置
输入属性值序号 <1>：　　//输入序号值（如 1、2、3、4 等）后按下 Enter 键

完成后如图 4 – 72b 所示。

(12) 利用直线、偏移和修剪等命令，按 A3 图纸竖式绘制图框、标题栏及明细栏，然后用“单行文字”命令填写其中的文字，最后完成千斤顶装配图，如图 4 – 72b 所示。

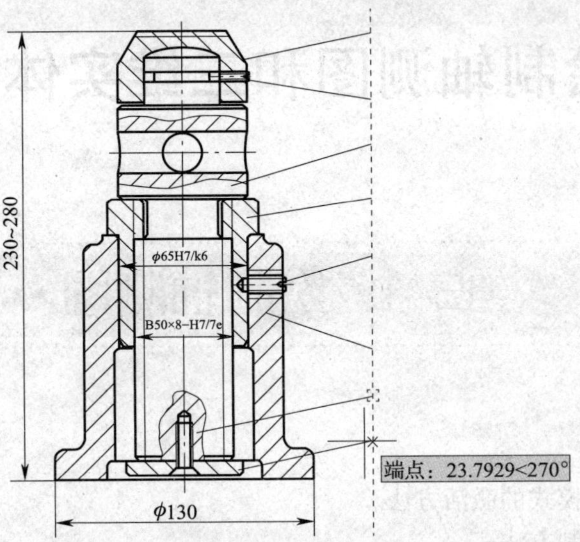

图 4 – 107　插入序号

第五章 绘制轴测图和三维实体图

§5-1 绘制轴测图

一、教学目标

1. 掌握轴测投影模式的激活方法。
2. 掌握椭圆的绘制方法。
3. 掌握在轴测投影模式下基本图形的绘制。
4. 了解轴测图与一般零件图的绘制区别。

二、任务分析

在机械制图中，轴测图是实际生产中常用的一种图样。轴测图通过一个投影同时反映物体三个方向的形状和大小，因而具有立体感。常用的轴测图有正等轴测图和斜二轴测图。物体上相互平行的直线段在轴测图中仍保持平行且比例相同。画轴测图可以帮助想象物体的形状，培养空间想象能力。本节将通过绘制如图 5－1 所示连接板的正等轴测图介绍在 AutoCAD 2014 中正等轴测图的绘制方法及技巧。

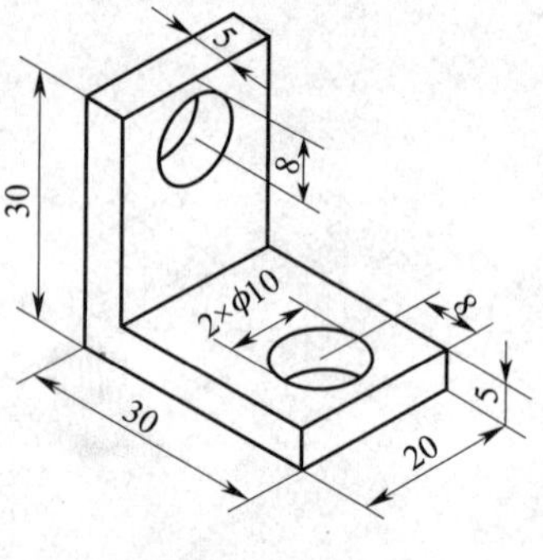

图 5－1　连接板

三、实践操作

1. 新建文件

新建一个图形文件，创建“粗实线”和“细实线”两个图层，并把“粗实线”图层设置为当前图层。

2. 激活轴测投影模式

（1）选择下拉菜单“工具 | 绘图设置”，系统弹出“草图设置”对话框，如图 5－2 所示。

（2）单击“捕捉和栅格”标签，在“捕捉类型”选项组中选中“栅格捕捉”和“等轴测捕捉”项，其他参数采用默认设置。

（3）单击对话框上的 确定 按钮，关闭“草图设置”对话框，返回绘图区，此时屏幕上的光标由如图 5－3 所示的标准捕捉模式变为如图 5－4 所示的等轴测捕捉模式。

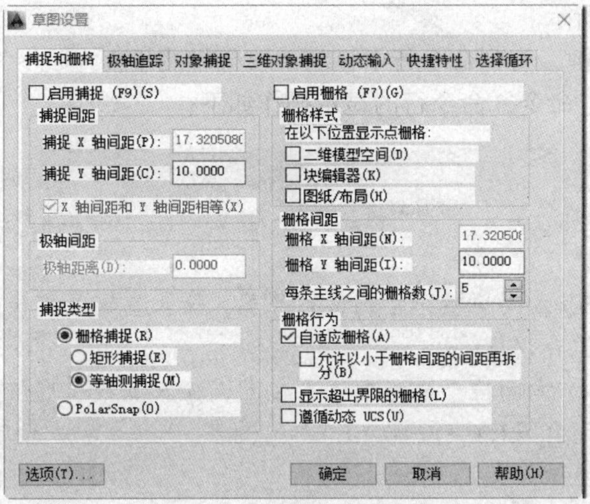

图 5－2 “草图设置”对话框

在轴测投影模式下绘制图形时，AutoCAD 2014 提供了三种等轴测绘制平面，分别为“等轴测平面右”“等轴测平面左”和“等轴测平面上”，这三种模式的切换方法及应用会在后面的操作中详细介绍。

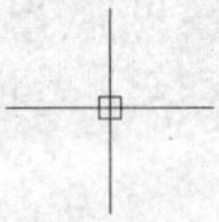

图 5－3 标准捕捉模式下的光标

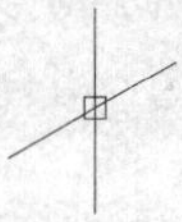

图 5－4 等轴测捕捉模式下的光标

3. 打开“正交”模式和“对象捕捉”功能

打开“正交”模式和“对象捕捉”功能，选择默认参数。

4. 利用“直线”命令绘制连接板的外轮廓线

在轴测投影模式下绘制直线最简单的方法就是利用对象捕捉功能和相对坐标。绘图时，特别需要指出的是，绘制与 X 轴平行的直线时，极坐标角度为 $-30°$ 或 $150°$；绘制与 Y 轴平行的直线时，极坐标角度为 $-150°$ 或 $30°$；绘制与 Z 轴平行的直线时，极坐标角度为 $90°$ 或 $-90°$。具体操作步骤如下：

（1）连续按下 F5 键，直到命令行中显示“ <等轴测平面右视>”为止。

（2）选择“直线”命令，命令行的显示操作如下：

命令：_line
指定第一点：　　　　//在绘图区适当位置拾取一点
指定下一点或［放弃（U）］：
　　//向 210°方向拖动光标到适当位置，输入直线长度值“20”，按下 Enter 键
指定下一点或［放弃（U）］：
　　//向 90°方向拖动光标到适当位置，输入直线长度值“5”，按下 Enter 键
指定下一点或［闭合（C）/放弃（U）］：　　　　//按下 Enter 键，结束操作

完成后如图 5 – 5 所示。

（3）连续按下 F5 键，直到命令行中显示“ <等轴测平面左视> ”为止。

（4）选择“直线”命令，命令行的显示操作如下：

```
命令：_line
指定第一点：                                          //捕捉如图 5 – 5 所示的终点
指定下一点或［放弃（U）］：
        //向 150°方向拖动光标到适当位置，输入直线长度值“25”，按下 Enter 键
指定下一点或［放弃（U）］：
        //向 90°方向拖动光标到适当位置，输入直线长度值“25”，按下 Enter 键
指定下一点或［闭合（C）/放弃（U）］：                   //按下 Enter 键，结束操作
命令：                                              //按下 Enter 键，重复直线命令
LINE
指定第一点：                                          //捕捉如图 5 – 5 所示的 A 点
指定下一点或［放弃（U）］：
        //向 150°方向拖动光标到适当位置，输入直线长度值“30”，按下 Enter 键
指定下一点或［放弃（U）］：
        //向 90°方向拖动光标到适当位置，输入直线长度值“30”，按下 Enter 键
指定下一点或［闭合（C）/放弃（U）］：                   //按下 Enter 键，结束操作
```

完成后如图 5 – 6 所示。

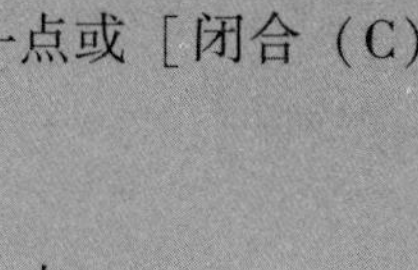

图 5 – 5　直线操作 1

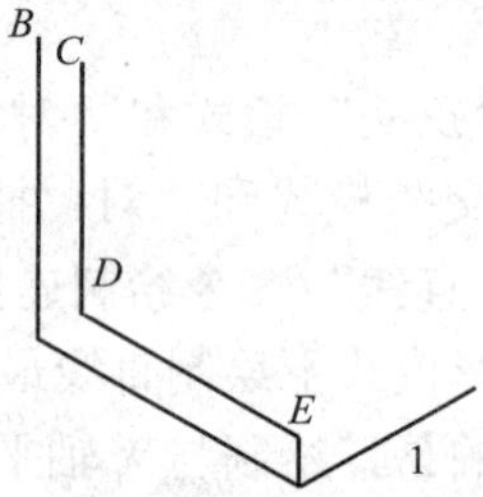

图 5 – 6　直线操作 2

（5）选择“复制”命令，命令行的显示操作如下：

```
命令：_copy                                                    //启动复制命令
选择对象：                                          //选择如图 5 – 6 所示的线段 1
选择对象：                                          //按下 Enter 键，结束对象选择
指定基点或［位移（D）］ <位移>：                          //捕捉线段 1 的左端点
指定第二个点或<使用第一个点作为位移>：                  //捕捉如图 5 – 6 所示的 E 点
指定第二个点或［退出（E）/放弃（U）］ <退出>：          //按下 Enter 键，结束操作
```

结果如图 5 – 7 所示。

（6）重复复制命令，拾取线段 1 为复制对象，以线段 1 的左端点为复制基点，分别拾

取如图5-6所示的 *B*、*C*、*D* 三点为复制目标点复制对象，结果如图5-8所示。

（7）选择“直线”命令，利用“对象捕捉”分别捕捉复制线各端点绘制直线，绘制结果如图5-9所示。

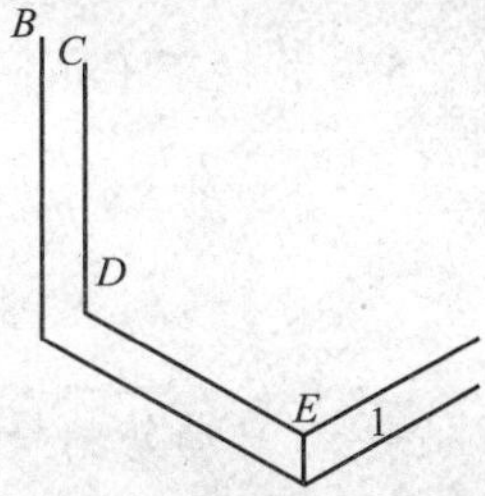

图5-7　复制操作1

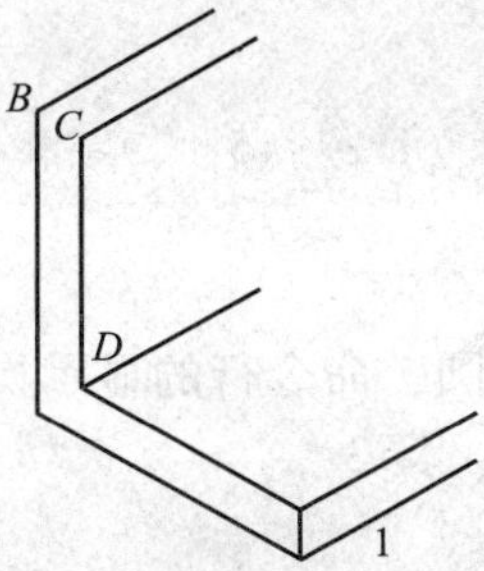

图5-8　复制操作2

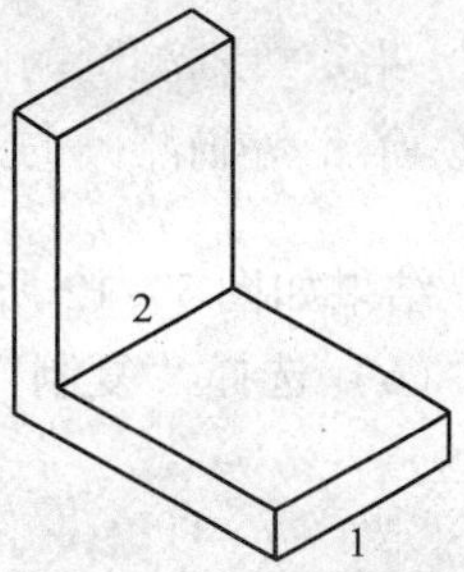

图5-9　直线操作3

5. 利用“椭圆”命令绘制连接板的圆孔

在等轴测图中，圆是以椭圆的形式显示的，而圆弧也是以椭圆弧的形式显示的。因此，绘制圆时应使用椭圆命令。需要特别指出的是，绘制圆弧时，首先绘制一个圆，然后用修剪工具去掉不需要的部分。

（1）选择“复制”命令，命令行的显示操作如下：

命令：_copy
选择对象：　//选择如图5-9所示的线段2
选择对象：　//按下 Enter 键，结束操作
指定基点或［位移（D）］＜位移＞：　//输入“d”并按下 Enter 键
指定第二个点或＜使用第一个点作为位移＞：
　//向330°方向拖动光标，输入距离“10”并按下 Enter 键
指定第二个点或［退出（E）/放弃（U）］＜退出＞：　//按下 Enter 键，结束操作

（2）同理，复制线段2到竖直方向上距离为“10”的位置，如图5-10所示。

（3）为了确定圆心点，选择“直线”命令，利用“对象捕捉”绘制如图5-11所示的辅助线。

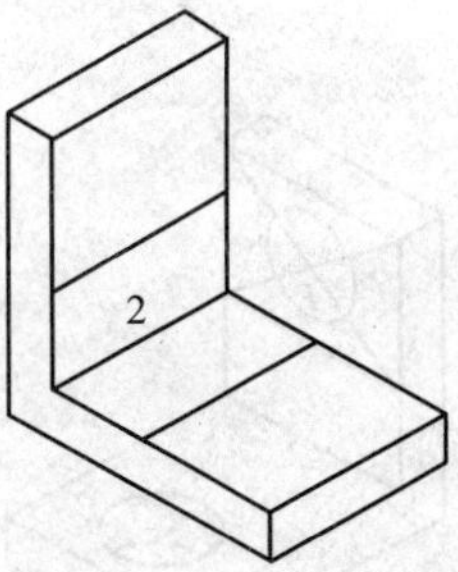

图5-10　复制操作3

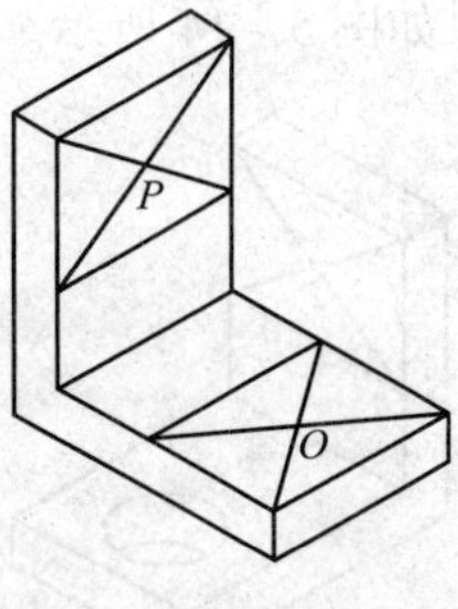

图5-11　绘制辅助线

（4）连续按下 F5 键，直到命令行中显示“＜等轴测平面俯视＞”为止。

（5）选择“椭圆”命令，命令行的显示操作如下：

```
命令：_ellipse                                                    //启动椭圆命令
指定椭圆轴的端点或［圆弧（A）/中心点（C）/等轴测圆（I）］：
                              //输入“i”并按下 Enter 键，切换到等轴测圆模式
指定等轴测圆的圆心：                                  //捕捉如图 5－11 所示的 O 点
指定等轴测圆的半径或［直径（D）］：5                  //输入半径“5”并按下 Enter 键
```

结果如图 5－12 所示。

（6）选择“复制”命令复制椭圆，命令行的显示操作如下：

```
命令：_copy                                                       //启动复制命令
选择对象：                                             //选择如图 5－12 所示的椭圆
选择对象：                                            //按下 Enter 键，结束对象选择
指定基点或［位移（D）］：          //输入“d”并按下 Enter 键，切换到位移模式
指定位移<0.0000，0.0000，－10.0000>：
                              //输入相对坐标值“@0，－5，0”，按下 Enter 键
```

（7）选择“删除”命令，删除如图 5－12 所示画椭圆时的三条辅助直线，完成后如图 5－13 所示。

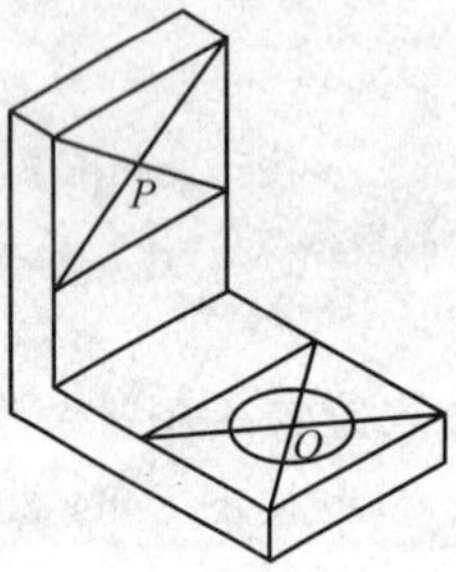

图 5－12　绘制椭圆

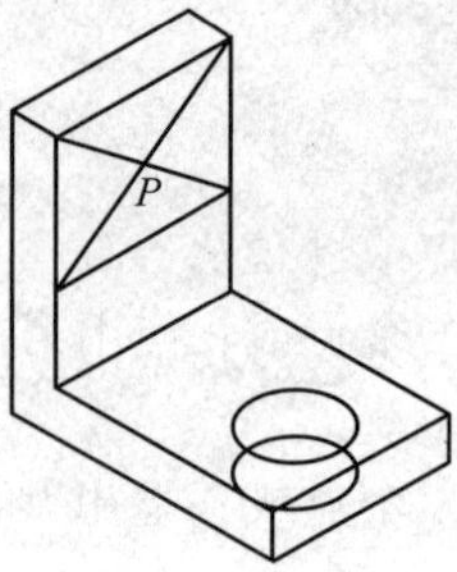

图 5－13　复制椭圆

（8）选择“修剪”命令，以如图 5－13 所示的原椭圆为剪切边，对复制的椭圆进行修剪操作，结果如图 5－14 所示。

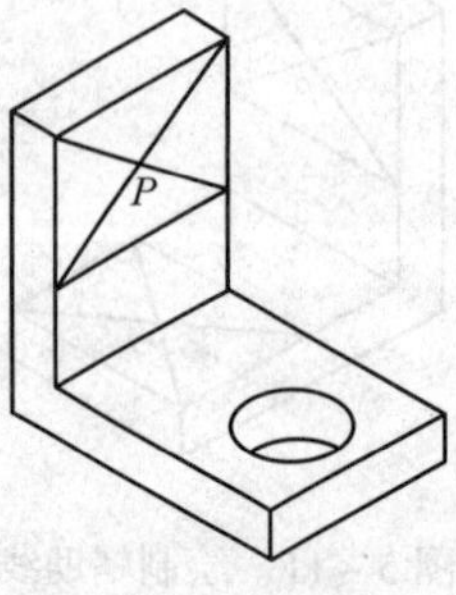

图 5－14　修剪椭圆

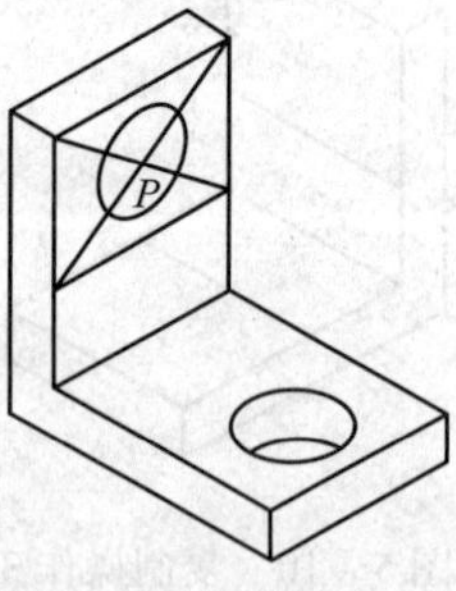

图 5－15　绘制椭圆

（9）连续按下 F5 键，直到命令行中显示“<等轴测平面右视>”为止。

（10）选择“椭圆”命令，在等轴测模式下，捕捉如图 5－14 所示的 P 点为圆的中心点，绘制半径为 5 mm 的等轴测圆，结果如图 5－15 所示。

（11）选择“复制”命令，以上一步绘制的椭圆为复制对象，指定点 C 为基点，点 B 为第二点进行“复制”操作，BC 为竖板厚度方向的棱线，结果如图 5－16 所示。

思考：沿棱线端点复制通孔轮廓线是否更快捷？

（12）选择“修剪”命令，以如图 5－16 所示的椭圆 1 为剪切边，对椭圆 2 进行修剪操作。

（13）选择“删除”命令，删除如图 5－16 所示绘制椭圆的三条辅助线，结果如图 5－17 所示。

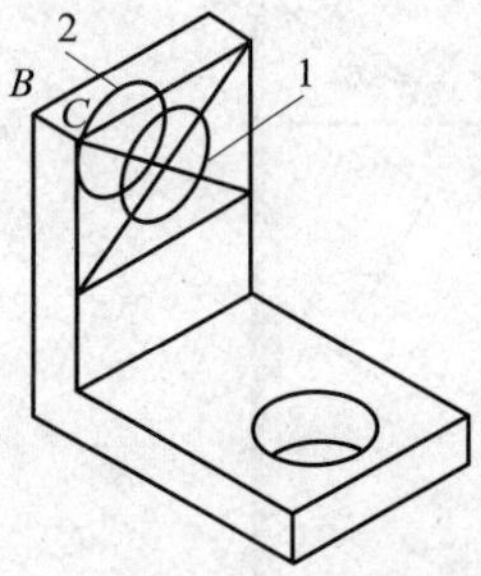

图 5－16　复制椭圆

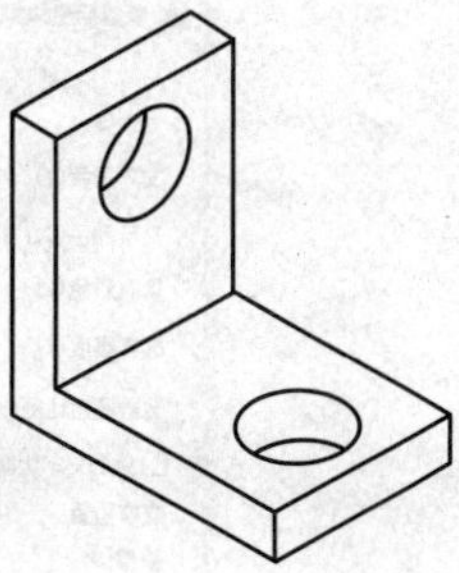

图 5－17　修剪椭圆

6. 对连接板进行尺寸标注

在等轴测模式下进行尺寸标注时，为了使尺寸标注与轴测面相协调，需将尺寸线、尺寸界线以及标注文字倾斜一定角度，使其与相应的轴测轴相平行。

（1）创建名为“机械 1”的文字样式，文字样式的参数如图 5－18 所示。

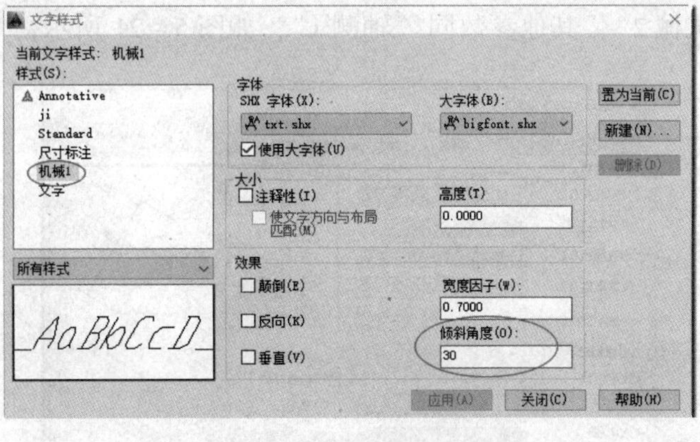

图 5－18　创建文字样式“机械 1”

（2）同理，创建名为“机械 2”、倾斜角度为“－30”、其他参数同“机械 1”的文字样式，如图 5－19 所示。

（3）创建名为“轴测 1”的标注样式，其“文字”选项卡中的参数设置如图 5－20 所示，其他参数操作者可自行设定。

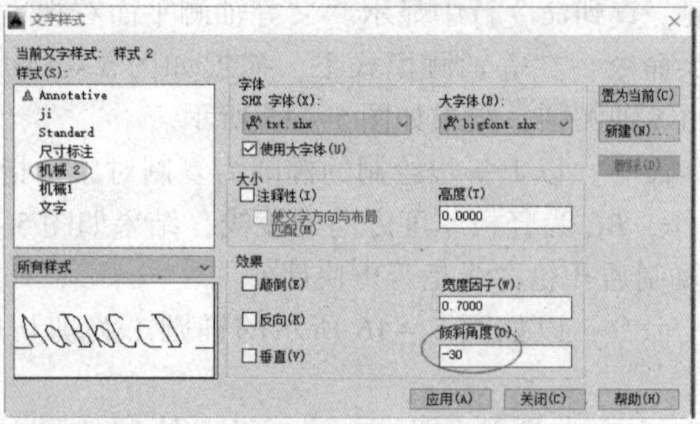

图 5 – 19　创建文字样式“机械 2”

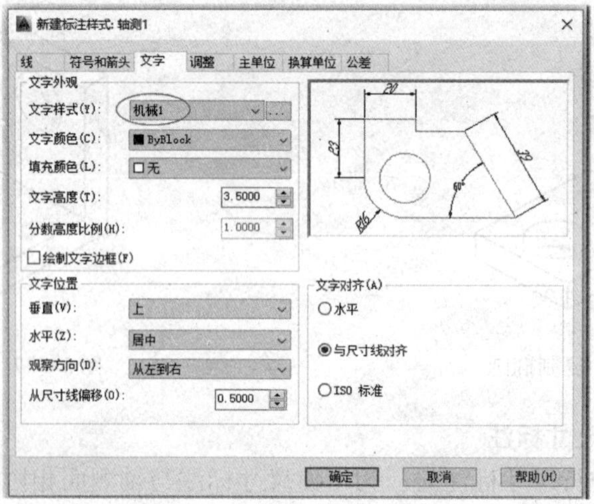

图 5 – 20　创建标注样式“轴测 1”

（4）利用同样的方法创建名为“轴测 2”的标注样式，并将“文字”选项卡中的“文字样式”设置为“机械 2”，其他参数同“轴测 1”，如图 5 – 21 所示。

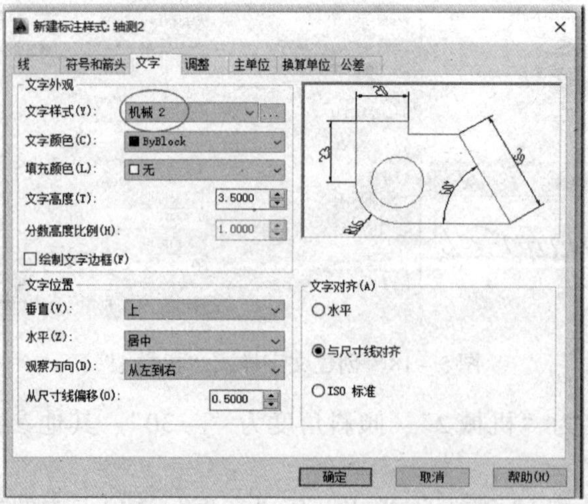

图 5 – 21　创建标注样式“轴测 2”

（5）将“轴测 1”样式设置为当前标注样式。

（6）选择“对齐”标注命令，分别捕捉如图 5 – 22 所示的 *A*、*B* 两点，创建对齐标注，如图 5 – 22 所示。

（7）在“标注”工具栏中选择“编辑标注”命令，命令行的显示操作如下：

```
命令：_dimedit                                                    //启动编辑标注命令
输入标注编辑类型［默认（H）/新建（N）/旋转（R）/倾斜（O）］ <默认>：
                                          //输入“o”并按下 Enter 键，切换到倾斜模式
选择对象：                                            //选择如图 5 – 22 所示的对齐标注
选择对象：                                                //按下 Enter 键，结束选择对象
输入倾斜角度（按 Enter 键表示无）：                  //输入倾斜角“30”并按下 Enter 键
```

结果如图 5 – 23 所示。

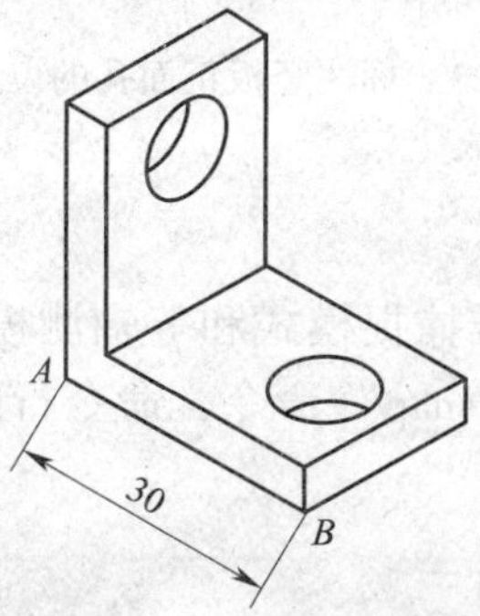

图 5 – 22　创建对齐标注

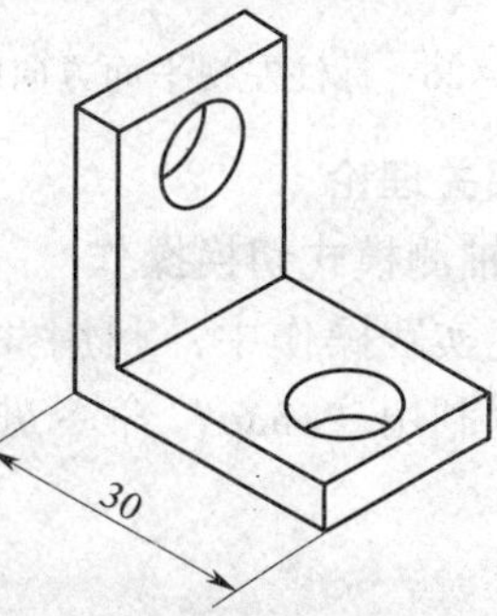

图 5 – 23　修改对齐标注

（8）用相同的操作方法标注水平面内连接件竖板的厚度 5 和孔的定位尺寸 8，如图 5 – 24所示。

（9）将“轴测 2”样式设置为当前标注样式。用上述类似的操作方法标注水平面内连接件水平板的宽度 20 和孔的定形尺寸 2 × ϕ10，如图 5 – 25 所示。不同的是在使用“编辑标注”命令时应输入倾斜角“ – 30”。

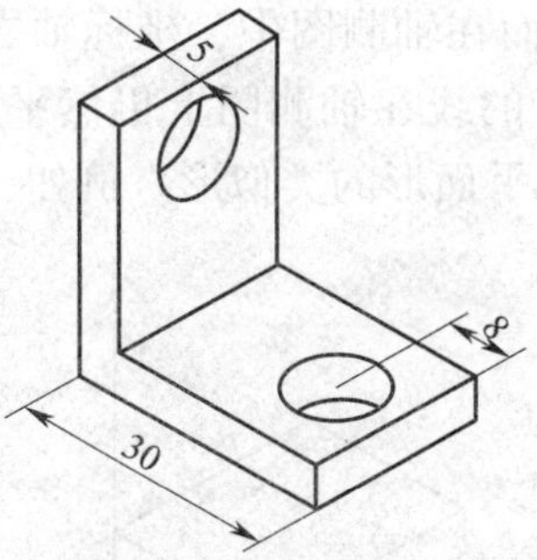

图 5 – 24　标注水平面的尺寸 5 和 8

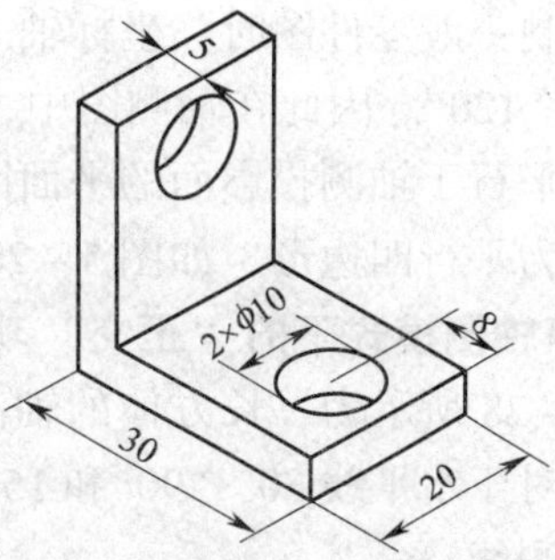

图 5 – 25　标注宽度和孔径

（10）连续按下 F5 键，直到命令行中显示“ <等轴测平面左视> ”为止，将“轴测 1”标注样式设置为当前样式。

（11）利用“对齐”命令和“编辑标注”命令分别对连接件的厚度 5 和高度 30 进行标注，如图 5－26 所示。

（12）连续按下 F5 键，直到命令行中显示“ <等轴测平面右视> ”为止，仍保持“轴测 1”标注样式设置为当前样式。利用上述操作方法标注竖板上孔的位置尺寸 8，如图5－27 所示。

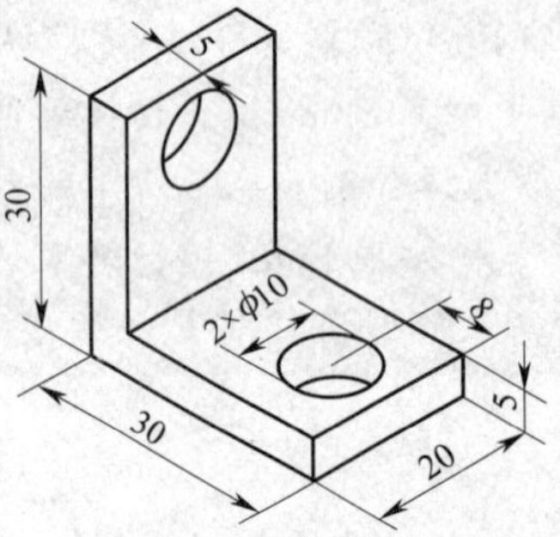

图 5－26　标注左视平面方向的尺寸

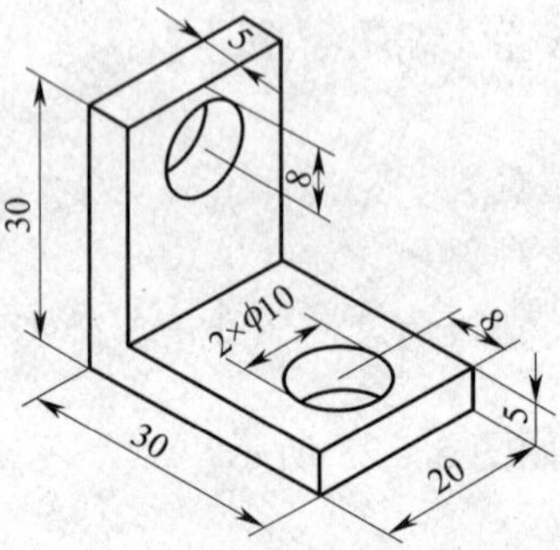

图 5－27　标注竖板正面孔的位置尺寸

四、相关理论

1. 等轴测模式切换操作

在上述实践操作中，利用“草图设置”命令实现标准捕捉模式和等轴测模式的切换。此外还可以利用“snap”命令进行切换。在命令行键入“snap”命令，命令行的显示操作如下：

```
命令：_snap                                                    //启动 snap 命令
指定捕捉间距或［开（ON）/关（OFF）/传统（L）/样式（S）/类型（T）］<
10.0000>：                              //输入“s”并按下 Enter 键，切换到样式模式
输入捕捉栅格类型［标准（S）/等轴测（I）］<S>：
                                      //输入“i”并按下 Enter 键，切换到等轴测模式
指定垂直间距<10.0000>：                        //按下 Enter 键，进入等轴测捕捉模式
```

2. 等轴测图的坐标系统

在绘制一般零件图时，坐标轴之间的夹角都成 90°，而在轴测图中，坐标轴之间的夹角为 60°或者 120°。因此在轴测图中，虽然物体上相互平行的线在轴测图上仍然平行，但是，物体上不平行于轴测投影面的平面图形在轴测图上变为原平面形的类似形。例如，长方形的轴测图变为平行四边形，如图 5－28 所示。

3. 等轴测模式下的“正交”功能

图 5－28 所示为一长方体的轴测图。长方体的可见边都是按相对于水平线 30°、90°和 150°来排列的，这些可见边称为轴测线。

图 5－28　长方体轴测投影视图

在轴测投影模式下，若启动“正交”模式，绘制出来的直线一定与轴测线相平行。如图 5－29a、b、c 分别为将“等轴测面俯视”“等轴测面左视”和“等轴测面右

视”设置为当前轴测面时绘制的直线。同样，在“正交”模式下移动屏幕上的图形实体时，拾取的实体也是沿轴测线移动的。

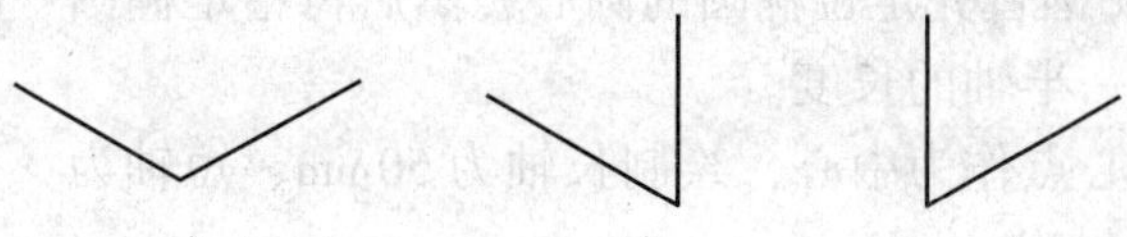

图 5－29　正交方式下绘制直线

a）等轴测面府视时　b）等轴测面左视时　c）等轴测面右视时

4. 等轴测模式下标注文字倾斜角设置原则

在等轴测模式下标注尺寸，标注文字需要与轴测面相匹配，应遵循以下几条原则：

（1）在“轴测面右视”中，如果标注文字与 X 轴平行，标注文字的倾斜角度为30°。

（2）在“轴测面左视”中，如果标注文字与 Z 轴平行，标注文字的倾斜角度为30°。

（3）在“轴测面俯视”中，如果标注文字与 Y 轴平行，标注文字的倾斜角度为30°。

（4）在“轴测面右视”中，如果标注文字与 Z 轴平行，标注文字的倾斜角度为－30°。

（5）在“轴测面左视”中，如果标注文字与 Y 轴平行，标注文字的倾斜角度为－30°。

（6）在“轴测面俯视”中，如果标注文字与 X 轴平行，标注文字的倾斜角度为－30°。

5. 椭圆

“椭圆”命令用于绘制两条不等的椭圆轴所控制的闭合曲线。在 AutoCAD 2014 中调用“椭圆”命令的方法有三种：一是单击“绘图”工具栏中的椭圆命令按钮 ；二是选择下拉菜单“绘图 | 椭圆 | 中心点”或“轴、端点”命令；三是在命令行中键入“ellipse”后按下 Enter 键。

AutoCAD 2014 提供了多种绘制椭圆的方式，包括“轴端点”式绘制椭圆、“中心点”式绘制椭圆以及“等轴测”模式下绘制椭圆等。在上述绘制连接板的操作实例中已具体介绍了在等轴测模式下绘制椭圆的方法，下面将举例介绍另外两种绘制椭圆的方式。

（1）“轴端点”式绘制椭圆

“轴端点”式绘制椭圆就是分别指定椭圆轴的两个端点，然后再给出椭圆另一条轴的半轴长度，即可精确绘制椭圆。

以绘制水平长轴为 100 mm、短轴为 50 mm 的椭圆为例。

单击“绘图”工具栏中的椭圆命令按钮 ，命令行的显示操作如下：

```
命令：_ellipse                                        //启动椭圆命令
指定椭圆的轴端点或［圆弧（A）/中心点（C）］：
                                  //在绘图区适当位置拾取一点作为椭圆的轴端点
指定轴的另一个端点：    //水平向左拖动光标，输入长度值“100”并按下 Enter 键
指定另一条半轴长度或［旋转（R）］：  //输入另一半轴长度“25”并按下 Enter 键
```

完成后如图 5 – 30 所示。

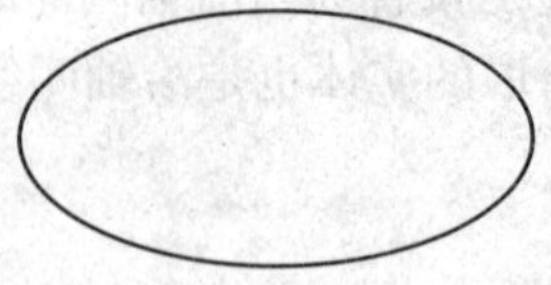

图 5 – 30 “轴端点”式绘制椭圆结果

(2) “中心点”式绘制椭圆

“中心点”式绘制椭圆首先定位椭圆的圆心，然后再指定椭圆轴的一个端点和椭圆另一半轴的长度。

以刚绘制的椭圆中心点作为中心，绘制长轴为 50mm、短轴为 30 mm 的椭圆为例。

选择“椭圆”命令，命令行的显示操作如下：

```
命令：_ellipse                                                    //启动椭圆命令
指定椭圆的轴端点或［圆弧（A）/中心点（C）］：
                    //输入“c”并按下 Enter 键，切换到“中心点”绘制椭圆模式
指定椭圆中心点：                              //捕捉如图 5 – 31 所示的椭圆圆心
指定轴的端点：                   //输入相对圆心点的坐标值“@0，25”，按下 Enter 键
指定另一条半轴长度或［旋转（R）］：   //输入另一半轴长度“15”并按下 Enter 键
```

完成后如图 5 – 32 所示。

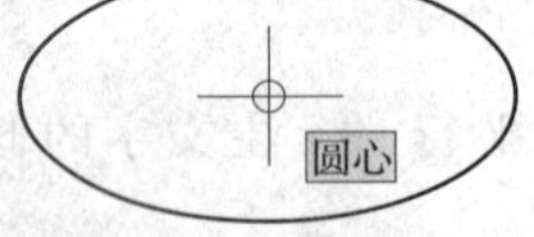

图 5 – 31 捕捉椭圆圆心

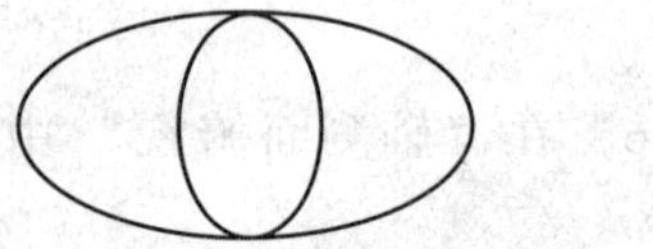

图 5 – 32 “中心点”式绘制椭圆结果

6. 绘制正等轴测图中的圆弧

正等轴测图中的圆弧实际上是椭圆的一部分，空间沿 X、Y、Z 轴三个正方向观察的圆对应正等轴测图中“轴测面左视”“轴测面右视”和“轴测面俯视”的不同方向的椭圆，如图5 – 33 所示。

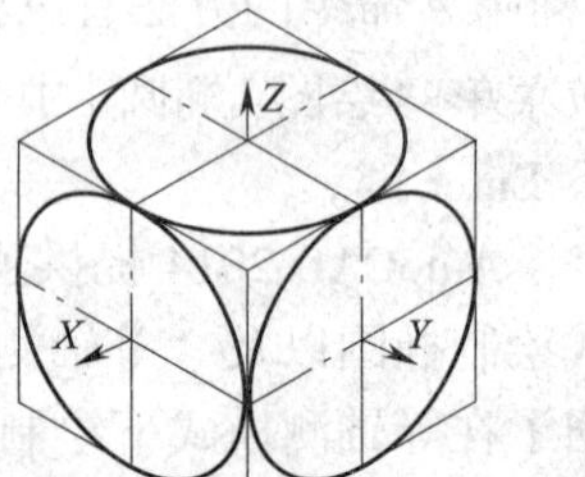

图 5 – 33 正等轴测图中三个正方向的椭圆及圆角关系

以水平面的圆（图 5 – 34a）为例，在 AutoCAD 2014 中对应“轴测面俯视”上的椭圆如图 5 – 34b 所示，将其沿中心线分解成四个椭圆弧（图 5 – 34c），若将椭圆弧沿对角移位可得到凹圆弧，如图 5 – 34d 所示。用此方法可绘制如图 5 – 35 所示带圆弧（凸或凹）的零件。

a) b) c) d)

图 5 – 34 水平面的椭圆与圆角的关系

a）水平圆 b）椭圆 c）分解成椭圆弧 d）椭圆弧移位

a)　　　　　　　　　　b)

图 5－35　带圆弧的零件

需要强调的是，绘制圆弧应首先明确圆弧所在平面的方向，再按 F5 键进行选择；然后利用椭圆命令绘制整个椭圆，同方向相同的圆弧可用复制命令进行绘制，最后利用剪切命令修剪掉多余的圆弧。

五、上机练习

1. 根据弯板零件图（图 5－36）绘制其轴测图（图 5－37）。

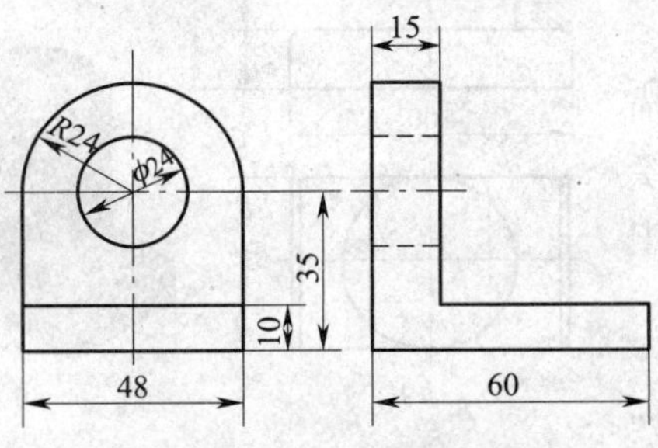

图 5－36　弯板零件图

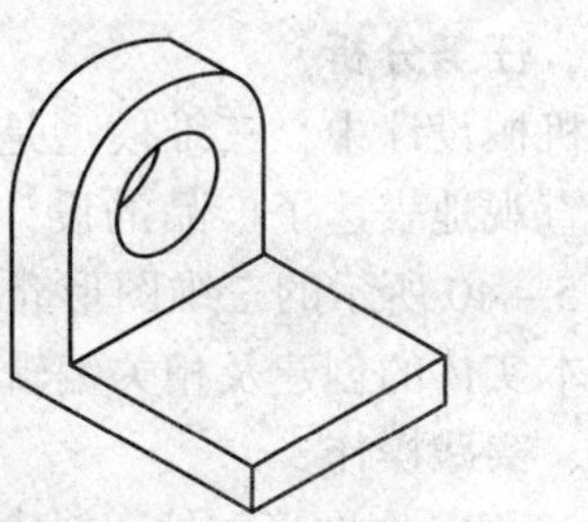

图 5－37　弯板轴测图

2. 根据支角零件图（图 5－38）绘制其轴测图（图 5－39）。

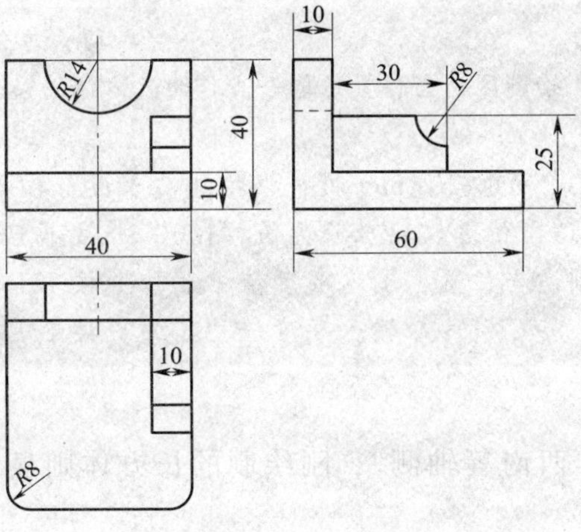

图 5－38　支角零件图

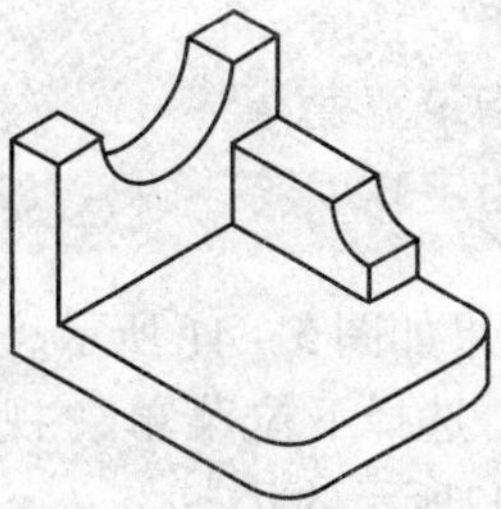

图 5－39　支角轴测图

§5-2 创建三维实体

一、教学目标

1. 掌握三维视图与视觉样式的操作设置。
2. 掌握三维基本实体的绘制。
3. 掌握三维中拉伸、旋转等基本操作命令。
4. 掌握集合命令中的差集、并集和交集。

二、任务分析

在机械设计中，三维模型是对三维形体的空间描述，它直观地表达了产品的设计效果，本节将通过绘制如图5－40所示的三维图形介绍在AutoCAD 2014中三维基本实体的创建及相关编辑操作。

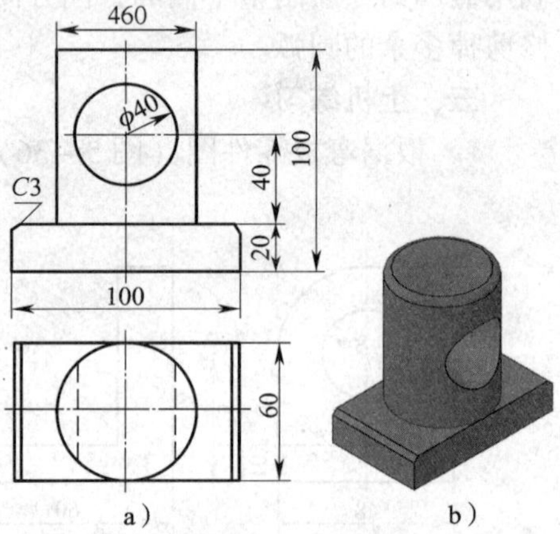

图5－40　由零件图绘制三维实体图
a）支座零件图　b）支座三维实体图

三、实践操作

1. 新建一个图形文件，创建“粗实线”“细实线”和“中心线”三个图层，并设置“粗实线”为当前图层。
2. 打开“正交”模式和“对象捕捉”功能。
3. 选择下拉菜单“绘图｜建模｜长方体”命令，命令行的显示操作如下：

```
命令：_box                                    //启动长方体命令
指定第一个角点或［中心（C）］：   //在绘图区适当位置拾取一点作为长方体的第一角点
指定其他角点或［立方体（C）/长度（L）］：
                         //输入“L”并按下Enter键，切换到“长度”输入模式
指定长度：      //向右拖动光标到适当位置，输入长度值“100”并按下Enter键
指定宽度：      //向下拖动光标到适当位置，输入宽度值“60”并按下Enter键
指定高度或［两点（2P）］：              //输入高度值“20”并按下Enter键
```

结果如图5－41所示。

4. 选择下拉菜单“视图｜三维视图｜西南等轴测”，刚绘制的长方体则显示为如图5－42所示的状态。

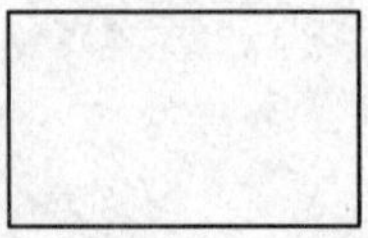

图5－41　绘制长方体

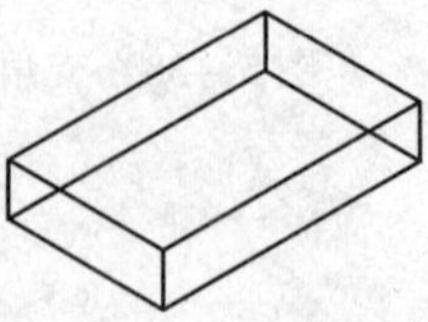

图5－42　转换视图

5. 切换到“中心线”图层，选择“直线”命令绘制辅助线，命令行的显示操作如下：

命令：_line
指定第一点：　　//捕捉如图5－43所示线框边1的中点
指定下一点或［放弃（U）］：　　//捕捉如图5－43所示线框边2的中点
指定下一点或［放弃（U）］：　　//按下Enter键，结束操作

结果如图5－44所示。

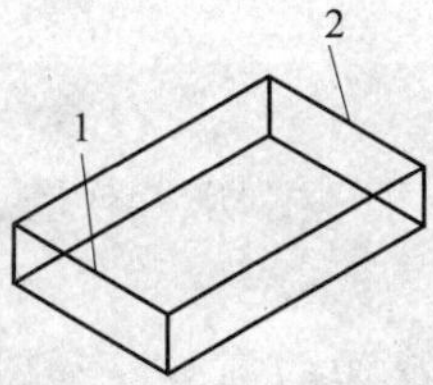

图5－43　标志线框边

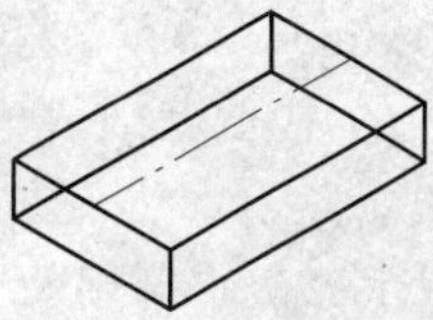
图5－44　绘制辅助中心线

6. 切换到“粗实线”图层，选择下拉菜单“绘图|建模|圆柱体”命令，命令行的显示操作如下：

命令：_cylinder　　//启动圆柱体命令
指定底面的中心点或［三点（3P）/两点（2P）/相切、相切、半径（T）/椭圆（E）］：
　　//选取如图5－44所示刚绘制的辅助中心线中点作为圆柱体底面中心点
指定底面半径或［直径（D）］：　　//输入圆柱体底面半径值“30”并按下Enter键
指定高度或［两点（2P）/轴端点（A）］<20.0000>：
　　//向上拖动光标，输入圆柱体的高度值“80”并按下Enter键

结果如图5－45所示。

7. 切换到“中心线”图层，选择“直线”命令绘制辅助铅直线，命令行的显示操作如下：

命令：_line
指定第一点：　　//捕捉如图5－45所示线框边3的中点
指定下一点或［放弃（U）］：　　//竖直向上拖动光标，输入长度值“80”并按下Enter键
指定下一点或［放弃（U）］：　　//按下Enter键，结束操作

结果如图5－46所示。

8. 选择下拉菜单“视图|三维视图|主视图”，结果图形显示为如图5－47所示的状态。

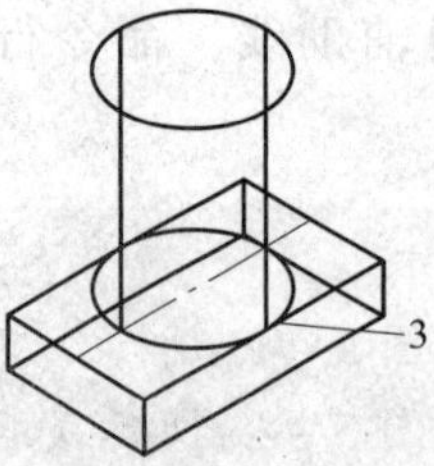

图 5－45　绘制竖直圆柱体

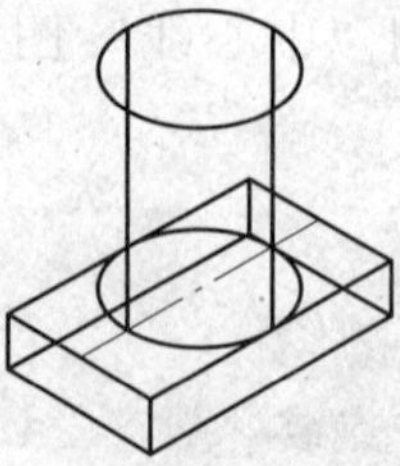

图 5－46　绘制铅垂线

9．切换到“粗实线”图层，选择下拉菜单“绘图 | 建模 | 圆柱体”命令，命令行的显示操作如下：

命令：_cylinder　//启动圆柱体命令
指定底面的中心点或［三点（3P）/两点（2P）/相切、相切、半径（T）/椭圆（E）］：
//捕捉步骤 7 中绘制的竖直铅垂线的中点作为圆柱体底面的圆心，如图 5－48 所示
指定底面半径或［直径（D）］＜30.0000＞：　//输入半径值“20”并按下 Enter 键
指定高度或［两点（2P）/轴端点（A）］＜60.0000＞：
//输入圆柱高度“－60”并按下 Enter 键（高度值为负时，圆柱体反方向拉伸）

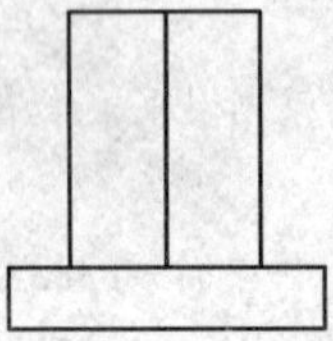

图 5－47　主视图显示结果

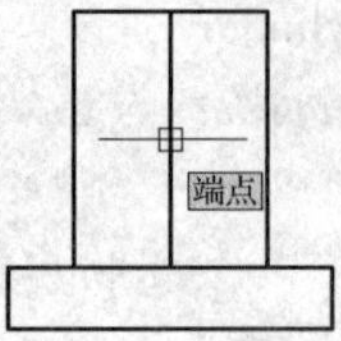

图 5－48　选择圆柱中心点

完成后如图 5－49 所示。

10．选择下拉菜单“视图 | 三维视图 | 西南等轴测”，切换到西南等轴测模式，结果如图 5－50 所示。

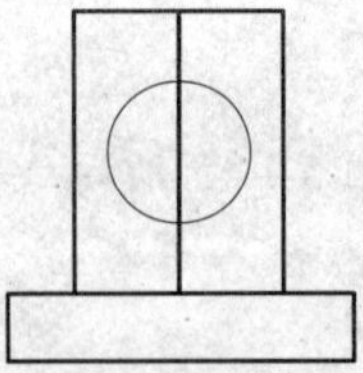

图 5－49　绘制水平圆柱体

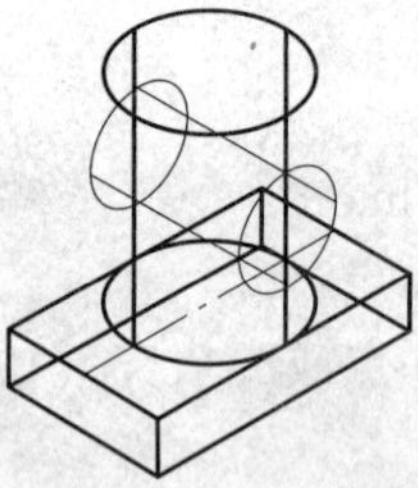

图 5－50　切换视图

11．选择下拉菜单“修改 | 实体编辑 | 差集”命令，命令行的显示操作如下：

命令：_subtract
选择要从中减去的实体或面域　//启动差集命令

选择对象：

//选择如图 5 –50 所示的底面半径为 30 mm 的大圆柱体作为被修剪的实体，按下 Enter 键

选择对象： //按下 Enter 键，结束修剪实体选择

选择要减去的实体或面域...

选择对象：

//选择如图 5 –50 所示底面半径为 20 mm 的小圆柱体作为要减去的实体，按下 Enter 键

选择对象： //按下 Enter 键，结束操作

结果如图 5 –51 所示。

12. 单击“修改”工具栏中的“倒角”命令（倒角命令不仅用于二维图形的倒角，也可用于三维实体中两个面之间的倒角），命令行的显示操作如下：

命令：_chamfer //启动倒角命令

（“修剪”模式）当前倒角距离 1 =0.0000，距离 2 =0.0000

选择第一条直线或［放弃（U）/多段线（P）/距离（D）/角度（A）/修剪（T）/方式（E）/多个（M）］： //选择如图 5 –51 所示的线框边 1

基面选择...

输入曲面选择选项［下一个（N）/当前（OK）］<当前（OK）>： //按下 Enter 键，将选定的表面设置为基面（如输入“n”，将选中实体边相邻的另一表面为基面）

指定基面的倒角距离： //输入基面上的倒角距离“3”并按下 Enter 键

指定其他曲面的倒角距离 <3.0000 >：

//输入另一表面的倒角距离“3”并按下 Enter 键

选择边或［环（L）］： //选择如图 5 –51 所示的线框边 1

选择边或［环（L）］： //按下 Enter 键，结束对象选择

13. 重复上述倒角操作，对如图 5 –51 所示的线框边 2 倒 3 mm ×3 mm 的角，结果如图 5 –52 所示。

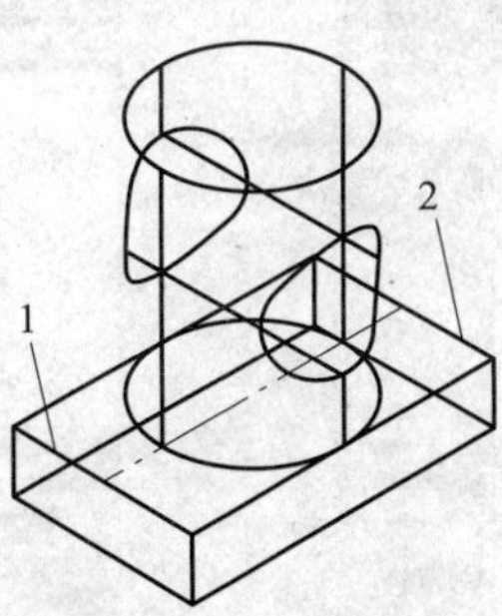

图 5 –51　差集操作

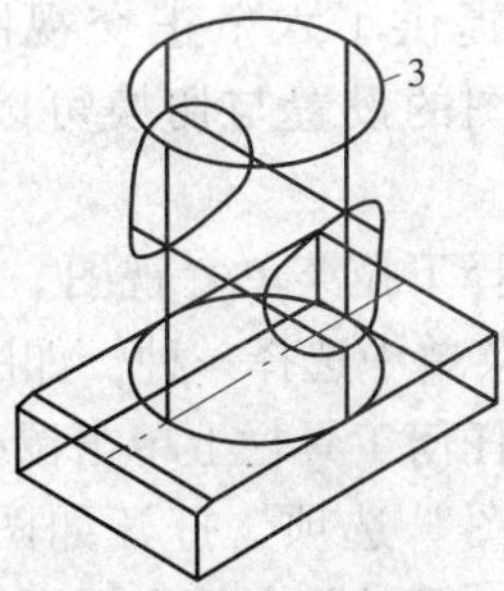

图 5 –52　倒角操作

14. 单击“修改”工具栏的“圆角”命令（圆角命令不仅用于二维图形的圆角，也可用于三维实体中两个面之间的圆角过渡），命令行的显示操作如下：

命令：_fillet　　//启动圆角命令
当前设置：模式 = 修剪，半径 = 0.0000
选择第一个对象或［放弃（U）/多段线（P）/半径（R）/修剪（T）/多个（M）］：
　　//输入“r”并按下 Enter 键，切换到半径模式
指定圆角半径 <0.0000>：　　//输入半径值“4”并按下 Enter 键
选择第一个对象或［放弃（U）/多段线（P）/半径（R）/修剪（T）/多个（M）］：
　　//选择如图 5 – 52 所示的线框边 3 作为圆角对象
输入圆角半径 <4.0000>：　　//按下 Enter 键，采用圆角半径“4”
选择边或［链（C）/半径（R）］：　　//选择如图 5 – 52 所示的线框边 3
已拾取到边　　//系统提示
选择边或［链（C）/半径（R）］：　　//按下 Enter 键，结束操作
已选定 1 个边用于圆角　　//系统提示

完成后如图 5 – 53 所示。

15. 选择下拉菜单“视图 | 视觉样式 | 概念”，三维图形变为如图 5 – 54 所示的状态。

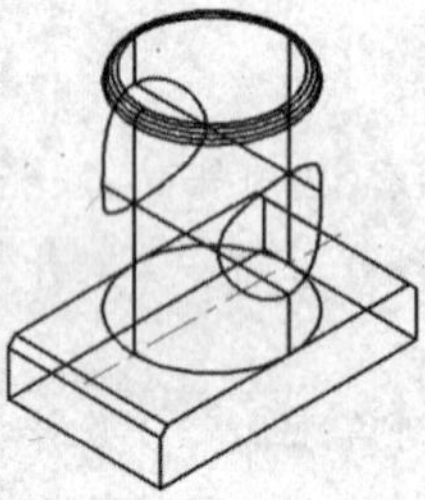

图 5 – 53　圆角操作

图 5 – 54　切换到“概念”视觉样式后

四、相关理论

1. 三维基本视图

为了便于观察和编辑三维模型，AutoCAD 2014 共为操作者提供了六个正交视图和四个等轴测图。这些基本视图的设置与切换可以通过以下两种方式进行。

（1）选择下拉菜单“视图 | 三维视图”选项，在展开的级联菜单中选择一种，如图5 – 55所示。

（2）在任何工具栏上单击鼠标右键，选择右键菜单中的“视图”选项，打开如图 5 – 56 所示的“视图”工具栏，通过单击相应视图的按钮即可激活或切换各视图。

上述基本视图是用于显示三维模型的主要特征视图，在绘图过程中，读者可根据操作需要在各视图间进行切换。

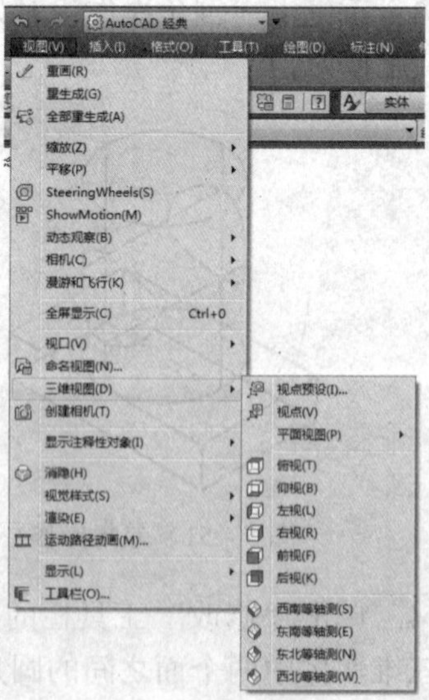

图 5 – 55　“三维视图”命令菜单

图 5－56 “视图”工具栏

2. 三维模型的视觉样式

AutoCAD 2014 为三维模型提供了几种控制模型外观的显示效果工具，在绘图过程中，巧妙运用这些着色功能，能快速显示三维物体的逼真形态。调用视觉样式工具的方法有两种：一是选择下拉菜单“视图 | 视觉样式”选项，打开如图 5－57 所示的级联菜单，在菜单上单击相应命令即可激活该着色功能；二是在任何工具栏上单击鼠标右键，选择右键菜单中的“视觉样式”选项，打开如图 5－58 所示的“视觉样式”工具栏，通过单击相应的按钮即可激活各着色功能。

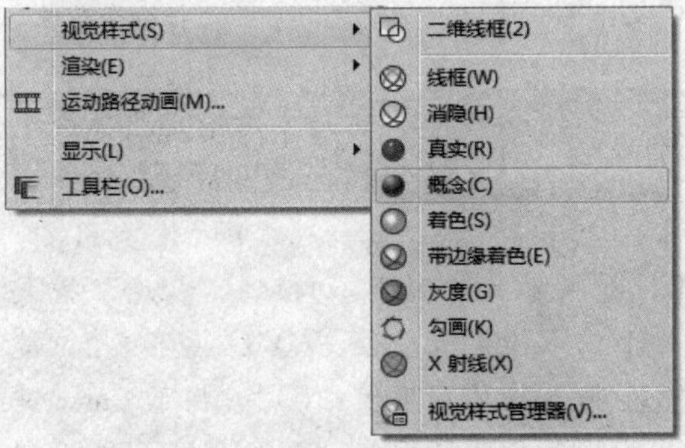

图 5－57 “视觉样式”级联菜单

图 5－58 “视觉样式”工具栏

（1）“二维线框”命令是用直线和曲线显示对象的边缘轮廓，对象的线型与线框都是可见的，如图 5－59a 所示。

（2）“三维线框”命令也是用直线和曲线显示对象的边缘轮廓，但与二维线框不同的是，其表示坐标系的按钮会显示成三维着色形式，并且对象的线型和线宽不可见，如图 5－59b 所示。

（3）“三维消隐”命令用于将三维对象中观察不到的线隐藏起来，只显示前面无遮挡的对象，如图 5－59c 所示。

（4）“真实”命令可使对象实现平面着色，如图 5－59d 所示。

（5）“概念”命令根据模型面上的颜色和着色外观，显示“无”“实时”和“古氏”着色，如图 5－59e 所示。

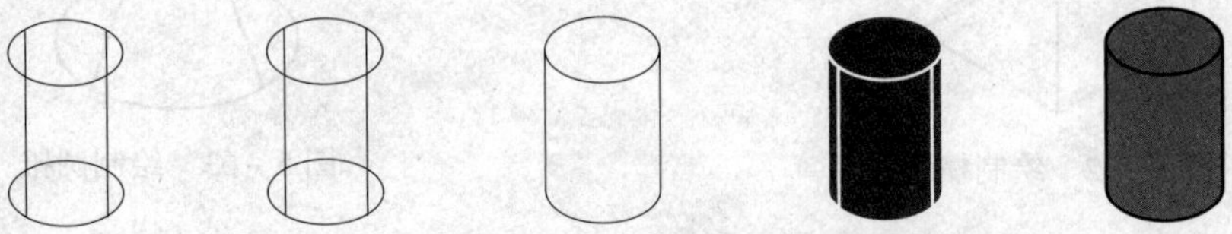

a） b） c） d） e）

图 5－59 “视觉样式”比较图

3. 创建基本三维实体

AutoCAD 2014 为读者提供了许多三维实体建模的工具，如图 5 – 60 所示为菜单内的绘制命令菜单，其工具按钮排列在如图 5 – 61 所示的“建模”工具栏上。

在上述实践操作中已具体介绍了用“长方体”和“圆柱体”命令创建三维模型的操作方法，下面将介绍菜单中其他常用建模命令的操作方法。

（1）楔体

“楔体”命令用于创建三维楔体模型，现通过创建如图 5 – 62 所示的楔体模型来介绍在 AutoCAD 2014 中“楔体”命令的操作方法。选择下拉菜单“绘图 | 建模 | 楔体”命令，激活楔体命令，命令行的显示操作如下：

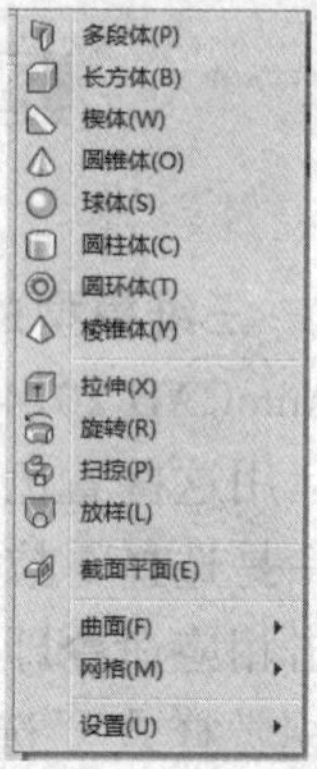

图 5 – 60　创建三维实体命令菜单

命令：_wedge　　//启动楔体命令
指定第一个角点或［中心（C）］：　　//在绘图区适当位置拾取一点
指定其他角点或［立方体（C）/长度（L）］：
　　//输入“L”并按下 Enter 键，切换到“长度”模式
指定长度 <60.0000>：　　//输入楔体长度值“60”，按下 Enter 键
指定宽度 <60.0000>：　　//输入楔体宽度值“60”，按下 Enter 键
指定高度或［两点（2P）］<60.0000>：　　//输入楔体高度值“70”，按下 Enter 键

完成后如图 5 – 62 所示。

（2）圆锥体

“圆锥体”命令用于创建三维圆锥或椭圆锥模型，现通过创建如图 5 – 63 所示的圆锥模型来介绍在 AutoCAD 2014 中“圆锥体”命令的操作方法。选择下拉菜单“绘图 | 建模 | 圆锥体”命令，激活圆锥体命令，命令行的显示操作如下：

图 5 – 61　“建模”工具栏

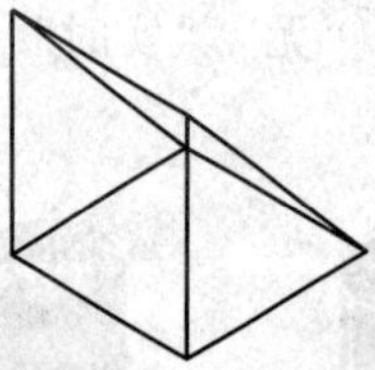

图 5 – 62　绘制楔体

图 5 – 63　绘制圆锥

命令：_cone　　//启动圆锥体命令
指定底面的中心点或［三点（3P）/两点（2P）/相切、相切、半径（T）/椭圆（E）］：　　//在绘图区适当位置拾取一点作为圆锥底面的中心

指定底面半径或［直径（D）］<30.0000>：
//输入圆锥底面半径“30”并按下 Enter 键
指定高度或［两点（2P）/轴端点（A）/顶面半径（T）］<60.0000>：
//输入圆锥的高度“60”，按下 Enter 键

结果如图 5－63 所示。

（3）球体

“球体”命令用于创建三维球体模型，现通过创建如图 5－64 所示的球体模型来介绍在 AutoCAD 2014 中“球体”命令的操作方法。选择下拉菜单“绘图|建模|球体”命令，激活球体命令，命令行的显示操作如下：

命令：_sphere //启动球体命令
指定中心点或［三点（3P）/两点（2P）/相切、相切、半径（T）］：
//在绘图区适当位置拾取一点作为球体中心
指定半径或［直径（D）］<30.0000>： //输入球体的半径“30”，按下 Enter 键

结果如图 5－64 所示。

（4）拉伸

“拉伸”命令用于将单个闭合对象按照给定的高度或绕指定的路径拉伸成三维实体模型，其广泛应用于柱状实体的建模。现通过绘制实践操作中的长方体底座简单介绍“拉伸”命令的操作方法。

1）操作步骤

①选择下拉菜单“视图|三维视图|西南等轴测”，将视图切换到西南等轴测模式下。

②选择“矩形”命令，绘制长为 100 mm、宽为 60 mm 的矩形，如图 5－65 所示。

图 5－64 绘制球体

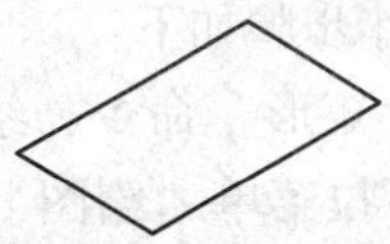

图 5－65 绘制矩形

③选择下拉菜单“绘图|建模|拉伸”命令，命令行的显示操作如下：

命令：_extrude //启动拉伸命令
当前线框密度：ISOLINES＝4
选择要拉伸的对象： //选择如图 5－65 所示的矩形
选择要拉伸的对象： //按下 Enter 键，结束对象选择
指定拉伸的高度或［方向（D）/路径（P）/倾斜角（T）］<60.0000>：
//输入拉伸高度“20”，按下 Enter 键

结果如图 5-66 所示。

2）注意事项

①一般来说，当创建截面较复杂的图形，尤其是利用三维标准实体命令难以创建的实体时，利用“拉伸”命令可简化操作。

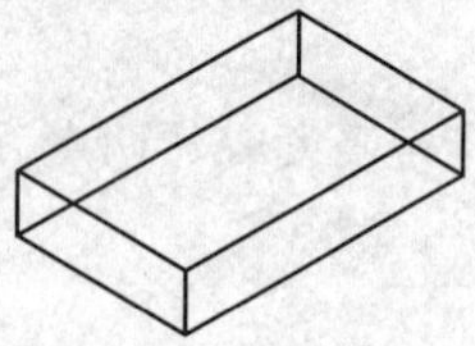

图 5-66　拉伸操作

②在利用“拉伸”命令拉伸对象创建实体时，不能拉伸具有相交或自相交的多段线，拉伸对象必须是封闭的。用于拉伸的路径可以是圆、圆弧、椭圆等。路径可以是封闭的，也可以是不封闭的。

③当拉伸对象由相交或自相交的多段线构成较复杂的图形时，应先利用工具栏中的“面域”命令，将多段线构成的图形建成封闭的面域，再利用拉伸命令进行拉伸，如图 5-67 所示。

a）　　b）　　c）

图 5-67　较复杂图形的拉伸

a）多段线图形　b）面域　c）拉伸

④当输入的拉伸高度为负值时，系统会反方向拉伸。

(5) 旋转

“旋转”命令用于将一个闭合对象绕某一中心轴旋转一定角度生成旋转实体。现通过绘制实践操作中底面直径为 60 mm、高度为 80 mm 的圆柱体来简单介绍“旋转”命令的操作方法。具体操作步骤如下：

1）选择“矩形”命令，绘制宽为 30 mm、长为 80 mm 的矩形，如图 5-68 所示。

2）选择下拉菜单“绘图 | 建模 | 旋转”命令，命令行的显示操作如下：

```
命令：_revolve                                              //启动旋转命令
当前线框密度：ISOLINES=4
选择要旋转的对象：            //选择如图 5-68 所示的矩形闭合框作为旋转的目标对象
选择要旋转的对象：                              //按下 Enter 键，结束对象选择
指定轴起点或根据以下选项之一定义轴 [对象（O）/X/Y/Z] <对象>：
                                  //选择如图 5-68 所示矩形框下侧水平边的左端点
指定轴端点：                      //选择如图 5-68 所示矩形框下侧水平边的右端点
指定旋转角度或 [起点角度（ST）] <360>：
                                  //按下 Enter 键，采用默认旋转角度“360”
```

完成后如图 5-69 所示。

图 5-68　矩形

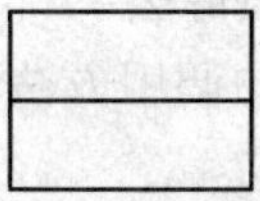

图 5-69　旋转操作后

3）选择下拉菜单“视图 | 三维视图 | 西南等轴测”，将视图切换到西南等轴测模式下，如图 5-70 所示。

4）切换到“概念”视觉样式，如图 5-71 所示。

对于轴类或盘类等回转体零件，可利用“旋转”命令绘制其三维模型，操作起来非常方便，如图 5-72 所示为创建轴的三维实体的过程。

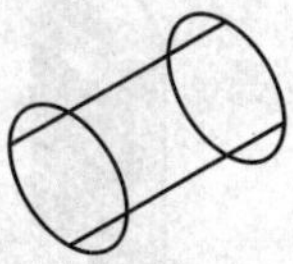

图 5-70　切换到“西南等轴测模式”后

图 5-71　切换到“概念”视觉样式后

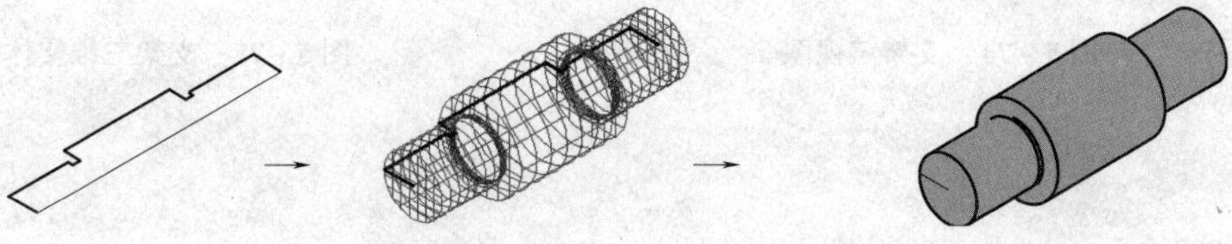

图 5-72　创建轴的三维实体的过程

4. 布尔运算命令

在 AutoCAD 2014 中，需在利用建模基本命令的基础上，灵活运用布尔运算命令创建比较复杂的实体。布尔运算命令主要包含“并集”“差集”和“交集”三种命令，其可应用于平面（面域）和实体。下面以两个平面域（圆和矩形）进行不同的布尔运算为例（图 5-73a）进行介绍。

（1）并集运算命令的主要功能是将所选的对象合并为一个图形整体，相当于做几何图形的加法，如图 5-73b 所示。

（2）差集运算命令的主要功能是从一个实体中移去与其相交的实体而生成新的实体，如图 5-73c 所示。

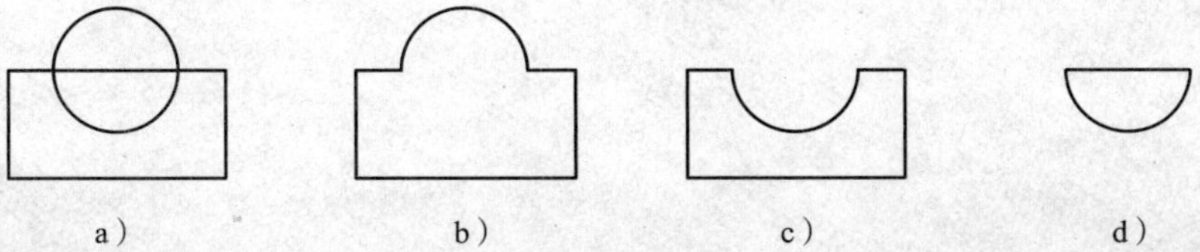

图 5-73　布尔运算示例

（3）交集运算命令的主要功能是将两个或两个以上实体对象所共有的那部分形成一个新的实体，同时删除公共部分以外的部分，如图 5－73d 所示。

这三种工具的调用方法和操作方法可参照本节实践操作中差集命令的应用操作。

五、上机练习

根据如图 5－74 所示支架三视图绘制如图 5－75 所示的三维实体图。

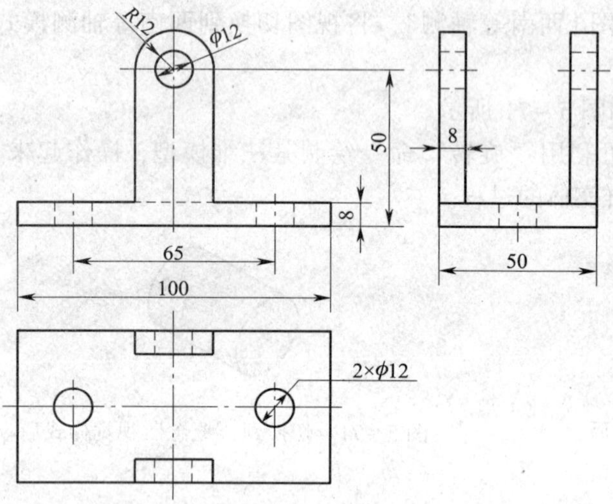

图 5－74　支架三视图

图 5－75　支架三维实体